深部硬岩地层水刀辅助TBM破岩机理研究与技术应用

蒋亚龙　许弘毅　徐彭楚璇　潘玉丛　著

Mechanism and Application of HPWJ-assisted
TBM Tunnelling in Deep Hard Rock Strata

中南大学出版社
www.csupress.com.cn
·长沙·

图书在版编目(CIP)数据

深部硬岩地层水刀辅助 TBM 破岩机理研究与技术应用
／蒋亚龙等著. --长沙：中南大学出版社，2024.12.
　　ISBN 978-7-5487-6105-1

Ⅰ. TU45

中国国家版本馆 CIP 数据核字第 20241EQ691 号

深部硬岩地层水刀辅助 TBM 破岩机理研究与技术应用
SHENBU YINGYAN DICENG SHUIDAO FUZHU TBM POYAN JILI YANJIU YU JISHU YINGYONG

蒋亚龙　许弘毅　徐彭楚璇　潘玉丛　著

□出 版 人	林绵优	
□责任编辑	刘颖维	
□责任印制	唐　曦	
□出版发行	中南大学出版社	
	社址：长沙市麓山南路	邮编：410083
	发行科电话：0731-88876770	传真：0731-88710482
□印　　装	广东虎彩云印刷有限公司	

□开　本	710 mm×1000 mm　1/16	□印张 13.5	□字数 272 千字
□版　次	2024 年 12 月第 1 版	□印次 2024 年 12 月第 1 次印刷	
□书　号	ISBN 978-7-5487-6105-1		
□定　价	78.00 元		

编委会

Editorial Committee

序 言

TBM 一旦遭遇高磨蚀性硬岩地层，掘进效率低下、刀具磨耗严重的问题将逐步突显，且深部高围压环境可能导致该问题进一步恶化。因此，深部硬岩地层 TBM 高效破岩掘进难题已引起学术界和工程界的高度关注。

针对上述工程难题，有学者提出了一种高压水刀-TBM 滚刀水力耦合破岩技术，通过水刀在隧道掌子面预切割垂直裂缝，并在后行 TBM 滚刀贯压或楔裂作用下形成大体积岩石片起，从而显著提高破岩效率。然而，该技术目前仍处于起步阶段，其宏细观破岩机理、破岩效率主控因素及影响规律等亟待进一步探索。

基于此，该书针对深部硬岩地层水刀辅助 TBM 破岩机理与技术应用这一关键问题展开系统研究。在全面总结国内外该技术研究现状的基础上，首先通过常规 TBM 破岩平面贯入模型试验、水刀预切缝辅助 TBM 破岩平面贯入模型试验和离散元数值仿真，揭示滚刀贯入过程中岩石损伤破裂细观过程与宏观力学响应机制，分析不同因素对贯入过程的影响规律；在此基础上，通过水刀切割试验研究水刀切缝形态变化与裂纹发展机理；进一步地，基于水刀预切缝辅助破岩全尺寸线性切割模型试验，分析揭示不同水刀与滚刀布局下的破岩性能与破岩机理；最后，以福建龙岩万安溪引水工程为例，探讨 TBM 水力耦合破岩技术的现场应用效果。

该书是作者团队针对深部硬岩地层水刀辅助 TBM 破岩从细观破裂机制到宏观力学响应进行系统分析和全面总结的结果。该书语言简练、图文并茂，具有较高的出版价值，非常值得 TBM 技术领域的相关科研人员、工程人员参考与品读。希望该书的出版能够推动我国 TBM 高效破岩新理论与技术应用的进步，以及高层次人才的培养！

2024 年 10 月

前 言

随着我国交通、水利、能源与矿业工程的大规模发展，地下空间开发需求日益增多，大量深埋长大隧洞应运而生。全断面隧道掘进机(full face tunnel boring machine，TBM)因兼具施工效率高、隧洞成型好、周边扰动小、作业安全等诸多优势，已在深长隧洞施工中得到广泛应用。然而，由于区域地质构造差异以及 TBM 长线穿越的地层条件复杂多变，隧道掘进过程中经常面临各类技术挑战。典型地，遭遇高磨蚀性硬岩地层，往往会导致 TBM 掘进效率低下，甚至进一步诱发诸如滚刀偏磨、刀圈崩裂、轴承破坏等严重磨耗问题，严重影响隧道施工进度及成本控制；特别地，深部高围压等复杂环境使上述问题进一步恶化。因此，深部硬岩地层 TBM 高效破岩掘进难题已引起学术界和工程界的高度关注。

就目前工程实践而言，主要通过合理优化刀盘布局和刀具参数，并辅以调节控制机器掘进参数来实现较低的刀具磨耗和较高的掘进效率。然而，对于高磨蚀性硬岩地层，仅依赖破岩掘进施力体(TBM 机器)相关参数的调整优化，忽略对受力体本身(掌子面岩体)破裂演化过程机理的规律性总结与合理利用，已无法在掘进效率及施工成本方面实现质的突破。

为了进一步提高 TBM 在高强度高磨蚀地层中的掘进效率，黄河勘测规划设计研究院有限公司、中国中铁工程装备集团有限公司等共同研究并提出一种高压水刀-TBM 滚刀水力耦合破岩方法，通过将高压射流喷嘴搭载到 TBM 刀盘上，利用先行高压水刀在 TBM 滚刀滚压迹线上或相邻迹线中心预切割垂直裂缝，从而使高强度高磨蚀性岩体在 TBM 滚刀循环滚压作用下发生侧向裂纹的萌生扩展与贯通，进而形成大体积片起，实现高效破岩。尽管目前水刀辅助 TBM 破岩技术已进入工程应用初期尝试阶段，然而这一涉及滚刀-流体-岩石多相复杂相互作用的新兴研究课题，仍然存在诸多问题亟待解决。因此，开展水刀辅助 TBM 破岩机制研究，探明高压水刀-TBM 滚刀联合破岩机理，探讨各类主要参数对联合破岩效果及能耗的影响规律，对于完善推广水刀辅助 TBM 破岩技术、提升高磨蚀硬岩地层 TBM 掘进效率，具有重要的理论和实践意义。

基于上述背景，本书作者在国家自然科学基金（42377169、42267022、42472351、42177140）、中国博士后基金面上项目（2024M750898）、江西省自然科学基金（20232BCJ23004、20232ACB214011、20224ACB204021）等课题的支持下，针对深部硬岩地层水刀辅助 TBM 破岩机理与技术应用展开系统研究。在充分调研国内外学者研究成果的基础上，通过室内模型试验、数值仿真和理论分析等综合手段，揭示了不同围压条件、岩石强度及不同切缝参数影响下常规 TBM 破岩及水刀辅助破岩细观破裂机制与宏观力学响应特征，研究了破岩效率影响因素及其规律特性，探讨了福建万安溪引水工程 TBM 水力耦合破岩技术现场应用效果。

本书共分为 8 章：第 1 章为绪论部分，概述了常规 TBM 破岩及水刀辅助 TBM 破岩理论与技术应用的研究现状；第 2 章基于常规 TBM 破岩平面贯入模型试验结果，揭示了滚刀贯入过程中岩石损伤演化规律，并探讨了刃角、磨损宽度、围压的影响；第 3 章基于开展的预切缝辅助 TBM 破岩平面贯入模型试验，分析了预切缝参数及围压对岩石破裂机制与宏观力学响应的影响规律；第 4 章基于离散元的预切缝辅助 TBM 破岩数值模拟，捕捉岩石细观裂纹扩展及力链演化过程，分析了垂直预切缝参数对力链场分布、岩石破坏模式及峰值贯入荷载的影响；第 5 章详细介绍了水刀切割试验与压头贯入试验方案设计及试验流程，研究了水刀切缝形态变化与裂纹发展机理；第 6 章详细介绍了水刀预切缝辅助破岩全尺寸线性切割模型试验方案设计及试验流程，分析了不同水刀与滚刀布局下的破岩性能，并探讨了相应的破岩机理；第 7 章详细介绍了 TBM 水力耦合破岩技术的实际应用——万安溪引水工程概况，阐述了 TBM 水力耦合破岩技术具体参数并分析现场掘进效果，验证了滚刀与水刀联合破岩的可行性；第 8 章为结论与展望，对本书的研究内容进行了总结归纳，并对文中不足之处与后续研究工作进行了探讨与展望。

本书由华东交通大学蒋亚龙、许弘毅、徐彭楚璇，武汉大学潘玉丛主编，华东交通大学曾建军、邱思宝、侯绍缤等参与编写部分内容。本书的研究工作得到了长江勘测规划设计研究有限责任公司刘琪博士、成都理工大学程建龙博士等专家的支持，依托工程的现场测试数据得到了中铁工程装备集团有限公司、北京工业大学等单位的大力支持，在此表示感谢。

深部硬岩地层水刀辅助 TBM 破岩涉及滚刀-流体-岩石多相复杂相互作用，仍然存在诸多难点亟待进一步研究。由于作者水平有限，书中难免存在不足之处，敬请各位读者批评指正。

蒋亚龙

2024 年 10 月

目 录

Contents

第1章
绪　论

1.1　研究背景及意义

              >>>

  随着我国"西部大开发"战略的深入实施和"一带一路"倡议的提出,一批跨流域调水、高速交通工程正在兴起,大量深埋长大隧洞应运而生[1]。硬岩隧道掘进机(full face tunnel boring machine, TBM)因其具有高效开挖、施工安全、经济环保、对围岩扰动小等优点,已在新疆大坂引水隧洞、青海引大济湟引水隧洞、乐西高速大凉山 1 号隧道等深长隧道掘进施工中应用[2](表 1-1)。然而,TBM 最适用于开挖单轴抗压强度为 30~150 MPa 的岩体,掘进中一旦遭遇极硬岩(高强度、强磨蚀性)地层,将不可避免地导致 TBM 掘进困难、刀具消耗严重等一系列问题(图 1-1),严重影响 TBM 施工进度及成本控制[3];特别地,深部高围压等复杂环境条件将加剧上述问题的恶化。

表 1-1　我国 TBM 深长隧道掘进施工工程[4]

机型	工程	施工时间/年	洞径/m	完成洞长/km
Robbins 1811-256	引大入秦 30A# 38#	1991—1992	5.53	17
Robbins 205-277	引黄入晋主干 8#	1994—1995	6.13	12
Robbins MB 264-310	大伙房水库输水隧洞 1 段	1988—1992	8.03	19.81
Robbins 155-274	引黄入晋 5 标	2000—2001	4.82	13
Wirth TB 803E	大伙房水库输水隧洞 2 段	2005—2008	8.03	19.22
Robbins MB 264-311	大伙房水库输水隧洞 3 段	2005—2007	8.03	18.49
Herrenknecht S-301	新疆大坂引水隧洞	2006—2010	6.76	19.71

续表1-1

机型	工程	施工时间/年	洞径/m	完成洞长/km
Wirth TB 593E/TS	青海引大济湟引水隧洞	2007—2015	5.93	19.97
Wirth TB 880E	吐库二线铁路中天山隧道右线	2007—2013	8.80	13.40
	吐库二线铁路中天山隧道左线	2007—2014	8.80	13.514
望京一号	望京隧道	2016—2018	10.87	3.168
龙岩号	福建龙岩万安溪引水工程隧洞	2019—	3.83	15
月城凉山号	乐西高速大凉山 1 号隧道	2020—2023	7.93	12.318
鹏城号	深圳妈湾跨海通道左线	2021—2024	15.53	2.06
妈湾号	深圳妈湾跨海通道右线	2021—2023	15.53	2.063
鮀岛号	汕头海湾隧道东线	2023—	13.42	2.99

国外典型工程如美国 Corbalis 至 Fox 供水项目[5]，在掘进过程中遭遇以辉绿岩为主的极硬岩地层（单轴抗压强度高达 345 MPa），TBM 掘进效率极低（3.7~4.0 m/d），刀具温度高、磨损严重；印度 AMR 输水隧道[6] TBM 穿越了以花岗岩和石英岩为主的高磨蚀性地层（石英含量高达 70%），导致 TBM 刀盘刀具严重磨损；土耳其 Bahce-Nurdag 高速铁路隧道[7] 在掘进过程中遭遇了由石英岩、页岩和灰岩等组成的高磨蚀性硬岩地层（单轴抗压强度为 136~327 MPa），导致掘进效率极低，严重影响工期。国内类似情况也屡见不鲜，以中国秦岭铁路隧道[8] 为例，全长 18.45 km 的 TBM 掘进段遭遇以花岗岩和片麻岩为主的极硬岩地层（单轴抗压强度高达 325 MPa），导致掘进速度（1 m/h）极低，刀具磨损极大（37.3 m³/刀具）；全长 18.275 km、埋深 500~2000 m 的引汉济渭秦岭西康铁路隧道 TBM 掘进段，岩体以高强度高磨蚀性二长花岗岩为主（最高单轴抗压强度达 242.0 MPa），用于刀具的费用占到掘进施工费用的 1/3，刀具更换时间占总施工时间的比例高达 1/3[9]。因此，高强度高磨蚀性地层 TBM 滚刀破岩问题已引起学术界和工程界的高度关注。就目前工程实践而言，通过优化刀具参数、刀盘布局、掘进参数与改良刀具材料[10] 等常规手段，已无法在该类特殊地层环境 TBM 掘进效率方面实现质的突破。

为了进一步提高 TBM 在高强度高磨蚀性地层中的掘进效率，黄河勘测规划设计研究院有限公司、中国中铁工程装备集团有限公司等共同研究并提出一种高压水刀-TBM 滚刀水力耦合破岩方法，通过将高压水刀喷嘴搭载到 TBM 刀盘上，利用先行高压水刀在相邻 TBM 滚刀滚压迹线中心预切割垂直裂缝，从而使高强度高磨蚀性岩体在 TBM 滚刀循环滚压作用下发生侧向裂纹的萌生扩展，并与垂

(a) 刀圈断裂　　　　　　　　　　　　(b) 滚轴破坏

(c) 滚刀偏磨

图 1-1　极硬岩地层 TBM 滚刀非正常损耗示例[11]

直裂缝贯通形成大体积片起，实现高效破岩(图 1-2)。目前，首台高压水力耦合破岩 TBM "龙岩号"已于郑州成功下线，并运用于福建龙岩万安溪引水工程 TBM 隧道的工程建设[12]。与此同时，部分专家学者提出了不同的高压水刀喷嘴布设方案，如刘征等[13]认为将先行高压水刀预切割裂缝迹线与后行 TBM 滚刀滚压迹线重合，将 TBM 滚刀楔入水刀预切割裂缝并对掌子面岩体产生"楔裂作用"使径向裂纹向深处扩展贯通形成有效片起，会更有利于 TBM 在深部高磨蚀性硬岩中的掘进。

　　尽管目前高压水刀辅助 TBM 破岩技术已进入工程应用初期尝试阶段，然而这一涉及滚刀-流体-岩石多相复杂相互作用的新兴研究课题，仍然存在诸多问题亟待解决。因此，开展高压水刀辅助 TBM 破岩宏观力学机制及其行为响应特征研究，探明高压水刀-TBM 滚刀联合破岩机理，探讨各类主要参数(典型的如水刀切割裂缝深度与宽度、水刀喷嘴-TBM 滚刀布设位置关系、赋存地应力与岩体力学参数等)对联合破岩效果及能耗的影响规律，对于完善、推广高压水刀辅助 TBM 破岩技术、提升高磨蚀地层 TBM 掘进效率，具有重要的理论和实践意义。

(a) 刀间侧向裂纹相贯通，形成有效岩石片起

(b) 刀间侧向裂纹与水刀切割迹线贯通，形成有效岩石片起

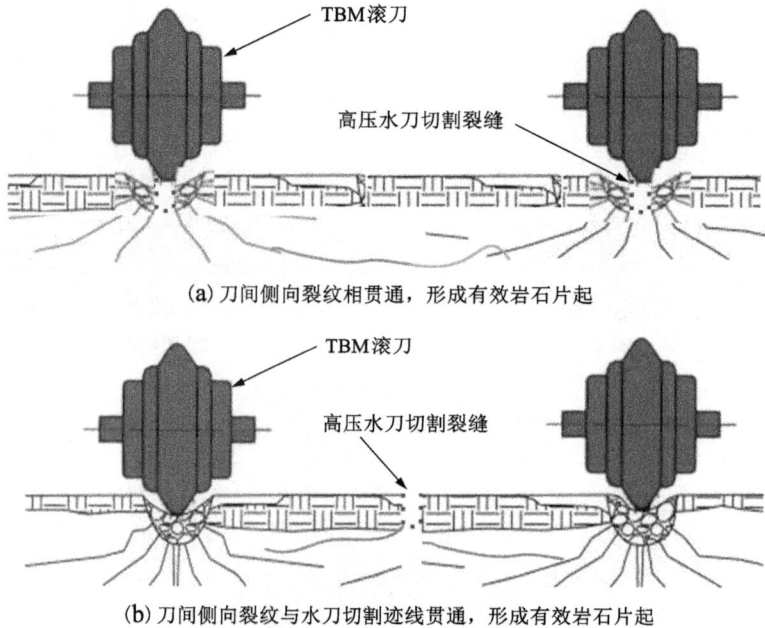

图 1-2 "龙岩号"水力耦合破岩 TBM 与辅助破岩原理示例

1.2 国内外研究现状

1.2.1 常规 TBM 破岩理论和技术研究

近些年来，国内外学者通过理论分析、室内模型试验、数值仿真及现场试验等手段，对常规 TBM 滚刀破岩的宏细观力学机制及其行为响应特征展开了大量研究[15-20]，其成果对于高压水刀辅助 TBM 破岩技术的工程实践具有极大的指导意义。下面将就上述四个方面的国内外研究现状分别进行简要阐述。

1. TBM 滚刀破岩理论

在 TBM 滚刀破岩的理论研究方面，国内外学者基于滚刀-岩体相互作用机制开展了大量工作，并根据不同的理论提出了相应的滚刀破岩预测分析模型：19 世纪 80 年代 Hertz[21]基于两弹性体相互作用研究贯入荷载超过临界荷载时接触点处的裂纹发展规律，并对弹性体中的应力分布及裂纹长度进行了推导计算，从而为压头贯入岩石的破坏分析提供了理论基础；切列尔巴诺夫[22]基于断裂力学理

论，将刀具破岩过程进一步分为线弹性变形阶段、赫兹裂纹开展阶段、径向裂纹开展阶段和破碎阶段；基于弹性力学理论，布希涅希克[23]获得了一集中力作用于半无限体边界时内部的应力分布情况；Cheatham 等[24]基于塑性力学中的滑移线场理论，对平底压头和楔形压头作用下材料的塑性破坏展开了分析，较好地补充和完善了滚刀破岩理论等。在滚刀-岩体相互作用理论的研究基础上，部分学者就滚刀破岩的基本原理展开了相关研究：Maurer[25]和 Cheatham[24]认为，刀具作用在岩石上将造成剪切破坏和拉伸破坏；张照煌[26]基于 TBM 盘形滚刀的工作过程建立了破岩模型，推导出岩石剥落角，并提出盘形滚刀的破岩是以剪切为主，其次为挤压和张拉；Lawn 和 Wilshaw[27]认为脆性材料在压头作用下由于拉伸产生裂纹而形成块体；Alehossein 等[28]和 Chen 等[29]根据空腔膨胀理论分别研究了钝形压头、楔形压头贯入下岩石的破坏过程，对岩石应力场进行分区，并认为在压头下方的弹塑性边界上会产生张拉裂纹等。在上述诸多理论模型基础上，更多学者尝试通过室内/现场试验以及数值仿真等多重手段展开研究，从而更真实全面地揭示不同物理力学条件下的 TBM 滚刀破岩机理。

2. TBM 滚刀破岩室内试验研究

TBM 滚刀破岩室内试验研究主要分为以下两类：只考虑法向力的 TBM 滚刀贯入试验、考虑法向力和滚动力的线性切割/回转切割试验(图 1-3)。Teale[30]通过对贯入试验过程中刀刃角与刀头荷载的研究，发现两者之间成反比关系；美国科罗拉多矿业学院 Ozdemir 等[31]对 3 种不同岩石进行贯入试验，获取了贯入荷载随贯入深度的变化规律；我国学者茅承觉等[32]基于贯入试验对科罗拉多矿业学院刀具受力公式进行了验证，并提出了综合考虑拉压剪作用的受力模型；马洪素[33]等通过压头贯入混凝土试验研究了节理倾角对滚刀破岩模式和掘进效率的影响等。部分学者通过开展 TBM 线性切割试验从而进一步研究滚动力对 TBM 破岩过程的影响：Snowdow 等[34]利用线性切割试验研究了沉积岩与花岗岩的破坏过程，对滚刀间距与切入深度比进行了优化；Rostami 和 Ozdemir[35]利用室内线性切割试验对双滚刀间岩片的形成机制展开研究，并对不同岩体条件下 TBM 的开挖效果进行预测；龚秋明等[36]通过对线性切割试验过程中产生的岩石碎片进行分析，从而对 TBM 滚刀破岩效率进行研究；余静[37]利用线性切割试验研究了滚刀破岩机理，提出了跃进式破岩理论，并建立了滚刀相关参数与破岩荷载的数学关系；屠昌峰[38]研究了不同类型滚刀的荷载变化规律，构建了相应的滚刀受力模型，并用数值软件进行了验证等。部分学者通过 TBM 滚刀环向回转切割试验进一步研究揭示了循环滚压切削作用下岩石破裂过程机理；谭青、夏毅敏等[39]利用环向切割试验机研究了滚刀的振动特性和磨损特性，得到了滚刀受力随刀具布置参数的变化规律；暨智勇[40]利用回转式切割机对二维数值模拟的最优刀间距结果进行了验证;龚秋明等[41]基于北京工业大学自主研制的机械破岩试验平台,分别对某引水工程花岗岩进行线性切割和旋转切割破岩试验,对比分析了两种切割方式对滚刀力、比能的影响等。在高压水刀辅助 TBM 破岩试验方面,目前开展的研究工作极少:周辉和徐福通等[42, 43]通过室内滚刀贯入试验,就预切槽对 TBM 刀具破岩机制的影响及联合破岩模式进行了初步探讨;Ciccu 等[44]基于自行设计的水刀辅助破岩系统,试验分析了组合作用下中等强度岩样的破岩性能等。

(a) 贯入试验[45]   (b) 线性切割试验[46]

(c) 回转切削试验[47]

图 1-3   滚刀破岩室内试验

室内模型试验能够很好地揭示 TBM 滚刀破岩宏细观机理及力学行为规律,是此类科学问题的基础性研究手段。然而,由于室内模型试验存在经济成本高、操作难度大等问题,往往需要借助合适的数值仿真平台,从而"大批量、多尺度"地对 TBM 滚刀破岩问题展开系统性研究。

3. TBM 滚刀破岩数值模拟研究

随着计算机技术的飞速发展,数值模拟逐渐成为岩石力学领域的主要研究手段。相较于传统试验研究方法，数值方法运行成本低、效率高，能够进行多种尺度(从室内试验尺度到实际工程尺度)、不同应力状态下岩石(体)的变形破坏特征模拟分析，具有较强的实用性、较高的可操作性与较好的可复制性。目前，TBM 滚刀破岩过程机理研究的最常用数值模拟方法主要可分为基于连续的数值方法和基于非连续的数值方法以及连续-非连续耦合数值方法三大类。

(1)基于连续的数值方法

在 TBM 滚刀破岩过程模拟方面，基于连续的数值方法目前仍然较为常用。Cook 等[16]基于有限元软件，对滚刀作用下岩体的破岩过程进行了模拟研究，并与试验结果进行了对比分析；Huang 等[48]运用基于有限差分格式的 FLAC^{3D} 软件对围压作用下楔形 TBM 滚刀的破岩机理及破岩效率进行了模拟研究；Geng 等[49]认为，常规基于有限元的 TBM 滚刀破岩模拟研究忽略了不同岩样塑性硬化与破坏行为的不同，且所使用的单元删除法无法捕捉滚刀与岩样间的挤压作用，并基于有限元提出了一种新的岩石材料定义方法；Kou 等[50]运用基于有限元方法和统计损伤力学理论发展而来的岩石破坏过程分析方法(rock failure process analysis，RFPA)[51]，对刀具-岩体相互作用形式及破岩机理进行了研究，模拟分析了岩石破碎与岩片形成过程；Liu 等[52]在 RFPA 的基础上进一步开发了能够有效模拟TBM 滚刀破岩的 R-T^{2D} 软件，并对滚刀作用下岩石内部裂纹扩展演化过程及应力场分布规律进行了模拟研究(图 1-4)；Mohammad 等[53]基于边界元(BEM)发展的高阶位移非连续方法(displacement discontinuity method，DDM)，对 TBM 滚刀破岩过程进行了模拟，并对裂纹萌生角度和扩展路径进行了预测分析；吴启星[54]运用 LS-DYNA 软件对三维情况下的 TBM 滚刀破岩机理进行了模拟研究，着重分析了滚刀滚压过程中刀圈和岩体内部的应力分布规律，并构建了滚刀-岩体接触应力分布函数；翟淑芳[20]采用基于无网格的广义粒子动力学算法(general particle dynamics，GPD)，对深部复杂地层的 TBM 滚刀破岩机理展开了系统研究，主要分析了节理、应力及软硬复合地层对 TBM 滚刀破岩的影响以及不同贯入度下复合岩体的滚刀破岩过程等(图 1-4)。

上述基于连续的数值方法在 TBM 滚刀破岩过程中岩石局部应力位移场计算、损伤演化规律统计以及岩石材料本构关系表征等方面具有较大优势。然而，基于连续的数值方法无法有效描述岩石内部的细观非连续性以及真实的细观损伤-裂纹萌生-扩展贯通这一连续-非连续渐进演化过程。此外，在岩石细观几何构造的有效表征方面目前仍存在较大局限性。

(2)基于非连续的数值方法

基于非连续的数值方法在直观描述岩石细观非连续性、破裂过程模拟以及细观接触作用方面具有独特优势，因此被广泛运用于 TBM 滚刀破岩过程的模拟分析。龚秋明等运用离散元软件 UDEC 就滚刀破岩过程中节理倾角[56]和节理间

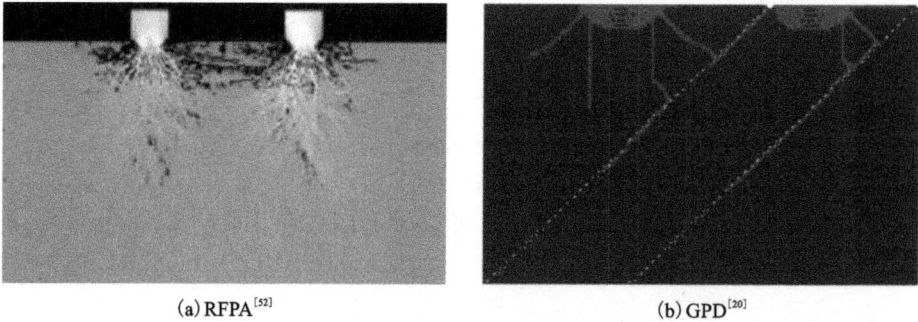

(a) RFPA[52]　　　　　　　　　　　(b) GPD[20]

图 1-4　基于连续方法的 TBM 滚刀破岩数值模拟

距[57]对裂纹萌生和扩展规律的影响展开了模拟研究[图 1-5(a)]，在此基础上对双滚刀破岩过程机理以及刀间距的优化进行了探索[57]；Li 等[58]通过在 PFC[2D] 软件中引入聚簇颗粒模型(clustered particle modeling，CLusPM)，对楔形滚刀破岩的细观力学机制进行了研究，并将模拟结果与室内试验进行了对比分析；Zhang 等[59]运用 PFC[2D] 对复合地层 TBM 破岩机理进行了仿真分析，得出结论认为在复合地层的掘进速率应适当降低以防滚刀发生破坏[图 1-5(b)]；蒋明镜等[60]通过将基于微观胶结试验获取的岩石微观力学模型植入 PFC[2D] 软件，对 TBM 滚刀破岩过程进行了模拟并重点分析了滚刀破岩各阶段的宏微观力学机理；杨圣奇和黄彦华[61]采用 PFC[2D] 对锦屏大理岩脆-延-塑性转化特征进行描述，对 TBM 滚刀侵入断续单裂隙岩体过程进行了模拟，分析了裂隙倾角和围压对破岩效果的影响规律并从细观层面探讨了滚刀破岩机理；施文俊和袁宝远[62]通过采用非连续变形分析方法(discontinuous deformation analysis，DDA)对岩石中的各类非连续结构面进行描述，并进行了 TBM 破岩过程的模拟分析等。

对比基于连续的数值方法可知，非连续的数值方法在捕捉岩石初始细观非连续性以及模拟真实的损伤破裂过程方面具有较大优势。然而就目前 TBM 滚刀破岩模拟所常用的非连续计算模型而言，尚无能够合理表征岩石细观构造以及物理力学非均质性特征的模拟方法；且其破裂模式均为沿颗粒边界破坏，很难对岩石真实存在的穿晶破坏进行捕捉。此外，基于非连续的数值方法无法较好地模拟岩石从峰前连续变形到峰后非连续变形的整个渐进破坏演化过程。

(3)连续-非连续耦合数值方法

由 Munjiza[63]提出的有限元-离散元耦合算法(FDEM)是一种运用于岩石材料变形破坏过程分析的典型连续-非连续耦合数值方法。该方法通过在离散的三节点三角形单元集合体公共边界插入 0 厚度节理单元，基于 FEM 模拟岩石材料的连续变形；当节理单元发生屈服破坏后，基于 DEM 模拟单元之间的接触、运动等

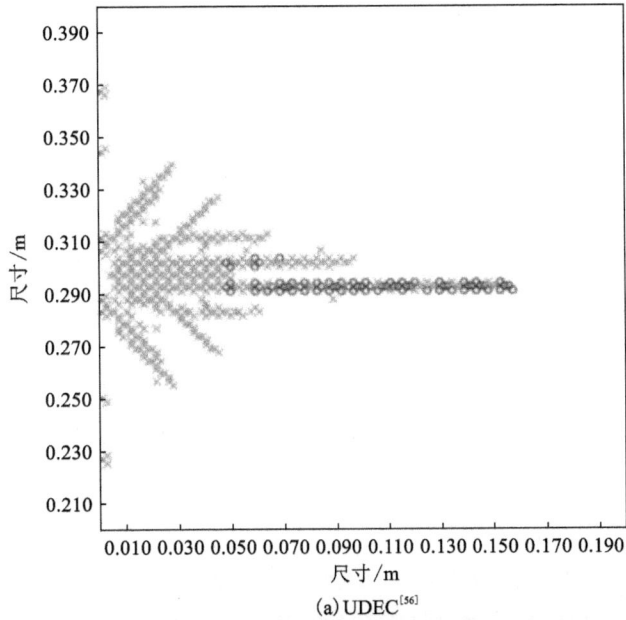

(a) UDEC[56]

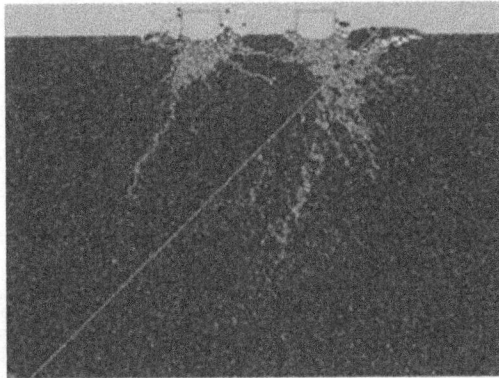

(b) PFC^{2D}[59]

图 1-5　基于非连续方法的 TBM 滚刀破岩数值模拟

非连续变形特征。目前该方法已初步运用于岩石室内试验仿真[64]、声发射特征分析[65]以及地下空间的变形失稳破坏过程模拟[66]等方面，然而在 TBM 滚刀破岩模拟方面目前尚无突破。

　　数值流形方法（numerical manifold method，NMM）是由石根华[67]在 DDA 基础上提出的一种连续-非连续耦合算法。该方法采用两套覆盖系统，即数学覆盖（mathematical cover，MC）和物理覆盖（physical cover，PC），通过 MC 定义权函数并控制计算精度，通过 PC 定义系统自由度，从而能够在同一计算架构下灵活高效地处理连续-非连续问题[68]；NMM 沿用了与 DDA 相同的接触检索计算方法，能够很好地模拟非连续面之间的挤压、剪切滑移等相互作用以及块体颗粒的平移、转动等大变形特征[69]。目前，NMM 已初步应用于 TBM 滚刀破岩的数值模拟工作：刘学伟等[70]基于 NMM 处理非连续问题的能力，通过引入弱不连续物理覆盖进行复合地层层理面的表征，提出了裂隙网络扩展过程模拟的数值流形算法，并对软硬不均的复合地层中不同刀间距的双滚刀破岩过程进行了仿真分析；Liu 等[71]通过 Voronoi 随机多边形和引入改进界面接触算法，发展了一种能够初步表征岩石细观几何特征的 VE-NMM 模型，并对楔形滚刀贯入作用下的大理岩样裂纹扩展机制以及贯入荷载演化规律进行了模拟分析，与试验结果具有较好的一致性。

NMM 在模拟类岩石材料复杂裂纹扩展等连续-非连续耦合问题方面具备的独特优势，以及 NMM 源程序较高的可移植性，有利于进行二次开发。

4. TBM 现场掘进性能研究

随着工程规模的扩大和地质条件的复杂化，TBM 现场掘进性能研究的重要性愈发凸显。进行 TBM 现场掘进性能研究主要有三个目的，其一，建立室内岩石切削试验与现场 TBM 掘进性能之间的相关关系，其典型例子如下：Balci[72]给出了完整岩石试样上的线性切削试验和高度破碎岩体中的 TBM 掘进性能之间的相关性；Bilgin 等[73]对 Kadikoy-Kartal 地铁隧道项目中遇到的主要岩石类型进行了线性切削试验，确定了若干 TBM 设计参数并进行了掘进性能预测。其二，预测净掘进速度和施工速度，其典型的例子如下：Armaghani 等[74]开发了一个混合智能模型来预测硬岩岩层中 TBM 的净掘进速度；Benardos 等[75]基于现场地质及掘进参数等数据采用人工神经网络方法建立了 TBM 净掘进速度预测模型；Delisio 和 Zhao 等[76, 77]揭示了块状岩体条件下现场贯入指数与单位体积节理数、岩石单轴抗压强度之间的关系，并评估了块状岩体条件下的净掘进速度、净施工速度和总施工速度。进行 TBM 现场掘进性能研究目的。其三，研究 TBM 在复杂地层中的掘进性能并为相似项目提供参考，包括在高强度高磨蚀、高地应力地层等不良地质条件下的掘进。同时，许多研究者也通过进行 TBM 现场掘进试验来获取破岩过程中 TBM 刀盘刀具状态信息和岩体状态信息，典型的例子如下：Entacher 等[78]和 Zhang 等[79-82]实测了现场 TBM 刀盘上不同位置处滚刀的受力情况以分析刀盘上切削力的分布规律；Exadaktylos 等[83]、Fukui and Okubo[84]和 Yamamoto 等[85]则提出了若干方法来预测隧道掘进面前方岩体的抗压强度和质量分级等信息。

1.2.2 硬岩地层常规 TBM 破岩技术优化研究

就目前工程实践而言，当 TBM 掘进遭遇高强度高磨蚀性地层时，主要通过合理优化刀盘布局(如滚刀间距、滚刀数量、易磨损件配置等)、刀具参数(如滚刀尺寸、刀刃类型、刀刃宽度以及耐磨性能等)，并辅以调节控制机器掘进参数(包括刀盘推力、转速和贯入速率等)来实现较低的刀具磨耗和较高的掘进效率。

在优化刀盘布局方面：孙振川等[86]依托引汉济渭岭南 TBM 工程开展室内试验，分析了秦岭二长花岗岩条件下 TBM 滚刀磨损规律，发现边缘区域滚刀磨损速率为正面区域的 2.6 倍，并认为在边缘区域增加滚刀数量可提高其耐磨性；龚秋明等[87]通过完整北山花岗岩试样线性切割试验探究了滚刀间距对破岩效率的影响，发现当滚刀间距与贯入度比值保持在 30 左右时比能值最小，此时破岩效率最高；Chang 等[88]对花岗岩试样开展了一系列线性切割试验，研究了切削深度、刀间距等参数对破岩效率的影响，发现当刀间距与贯入度比值在 10 至 12 之间时破岩效率最高；Gertsch 等[89]对粗粒花岗岩开展了全尺寸室内回转切割试验，发现滚刀间距对破岩效率的影响比贯入度更大，且当滚刀间距为 76 mm 时破岩效率最高；李纪东等[90]用不同锥齿对北山花岗岩开展了单齿贯入试验及齿间相互作用贯入试验，对镶齿滚刀上合金齿的齿形参数以及齿间距、排间距进行优化，得到了最优齿形参数和最优布齿参数，从而降低了破岩能耗，提高了掘进效率；Lu 等[91]针对青岛硬岩采用离散元方法研究了圆盘刀具在不同高度差下的破岩规律，得到了破岩的极限切削高度差；贺飞等[92]基于花岗岩全尺寸线性切割试验，探究了滚刀刃宽、滚刀间距等对 TBM 滚刀破岩的影响规律，发现破岩比能随滚刀间距的增大呈现先增大后减小的趋势，并且当刀间距为 75 mm 时破岩比能最小、破岩效率最高；Snowdon 等[93]采用单刃 V 形滚刀开展切割极硬花岗岩试验，发现比能随刀间距与贯入度之比呈现先减小后增大的变化趋势，且在刀间距与贯入度比值为 10 左右时比能出现最小值；张斌[94]采用 ABAQUS 建立了双滚刀顺次回转破碎花岗岩三维数值模型，研究了刀间距对破岩效率的影响，认为刀间距在 60 mm 左右时，破岩效率最高；类似地，陆峰等[95]采用有限元软件 ABAQUS 探究了滚刀间距对滚刀破岩效率的影响，并结合试验验证得到滚刀顺次加载和同时加载的最优刀间距为 80 mm 左右。

在优化刀具方面：目前主要通过改变滚刀刀圈材料、刀圈直径、刀刃类型以及刀刃倾角等参数进行优化设计。Robbins 滚刀采用通过热处理优化后的低合金高强度钢作为滚刀刀圈材料，具有较高的强度和韧性[96]；Wirth 滚刀采用热作模具钢作为刀圈基体材料，其中分布着大量 MC 型细小碳化物，使刀圈具有较高的刚度和耐磨性[97]；杨延栋等[98]通过理论推导和极硬岩地层现场掘进数据验证的方式，建立了一套滚刀磨损预测模型，发现滚刀磨损速率与滚刀安装半径成正比,与滚刀直径、刀刃屈服强度成反比;谭青等[99]利用 MATLAB 建立了盘形滚刀磨损预测模型,分析了贯入度、滚刀半径等因素对滚刀寿命的影响;Roby 等[100]提出通过增大刀圈直径与刀刃宽度来增加刀圈的耐磨性,但同时认为刀刃宽度增大会对滚刀贯入度产生影响,进而降低破岩效率;秦东晨等[101]基于济南 R2 线 TBM 掘进段高磨蚀性地层数据,建立了双刃滚刀破岩三维模型,发现在相同贯入度情况下,刀刃宽度为 16~20 mm 时的破岩效率较高;孙伟等[102]利用三维离散元软件建立双滚刀线性切削模型,分析刀刃角和刀刃宽对滚刀破岩的影响,发现刃宽对破岩量及滚刀受力的影响大于刃角;Zhang 等[103]和 Liu 等[104]基于颗粒流进行了不同刀刃滚刀切削高磨蚀性硬岩的数值模拟,发现楔形刀刃较圆弧刀刃能显著降低破岩力、提高破岩效率。

在调节机器掘进参数方面,Yang 等[106]基于兰州水源地工程数据分析,提出通过控制掘进参数减少刀具磨损的方法,认为贯入速率应保持在 12 mm/r 以下,旋转速度应控制在 5 r/min 以下;龚秋明等[107]通过实时监测引绰济辽工程 TBM 掘进过程中刀具的磨损情况,研究了掘进参数对滚刀磨损速率的影响,发现滚刀磨损速率随着单把滚刀推力呈指数增长;黄俊阁[108]和康斌等[109]基于引汉济渭秦岭隧道高磨蚀性硬岩地段施工情况,对 TBM 在高磨蚀性硬岩地层掘进速度影响因素进行了分析,结果表明在高磨蚀性硬岩地层中,TBM 掘进参数应采取“高转速、高推力、低贯入度、低扭矩”模式;Frenzel 等[110]通过现场试验对硬质岩石地层 TBM 刀具磨损进行研究,发现在掘进速度相同的情况下,调整刀盘推力和转速可降低滚刀磨损速率;杨继华等[111]基于兰州水源地建设工程输水隧道 TBM 掘进高磨蚀性地层现场数据,研究了贯入度与 TBM 推力、刀盘扭矩之间的关系,发现贯入度与推力呈幂指数关系,与刀盘扭矩呈线性关系;陈子义[112]基于正交试验方法研究了极硬岩地层 TBM 掘进刀盘推力、掘进速度、刀盘转速、扭矩等参数对刀具磨损的影响规律,发现 TBM 掘进速度对刀具磨损量影响较小,而适当增大刀盘转速可减小滚刀磨损量;吴杰[113]通过建立三维全尺度 TBM 掘进模型,研究了掘进参数对 TBM 推力和扭矩的影响规律,发现掘进稳定阶段 TBM 的推力和扭矩大致呈正态分布,且分布规律受掘进参数影响较小。

然而,对于高磨蚀性硬岩地层,仅仅依赖破岩掘进施力体相关参数的调整优化,而忽略对受力体本身破裂演化过程机理的规律性总结,已无法在掘进效率和施工成本方面实现质的突破。

1.2.3 新型 TBM 辅助破岩技术研究

为了进一步提高 TBM 在高磨蚀性硬岩地层中的破岩效率和掘进速度,学者和技术专家们提出了几种创新的破岩理念,其中主要包括激光、微波、超声波、热力耦合等辅助破岩手段(图 1-6)。对此,相关学者开展了一系列基础研究工作。

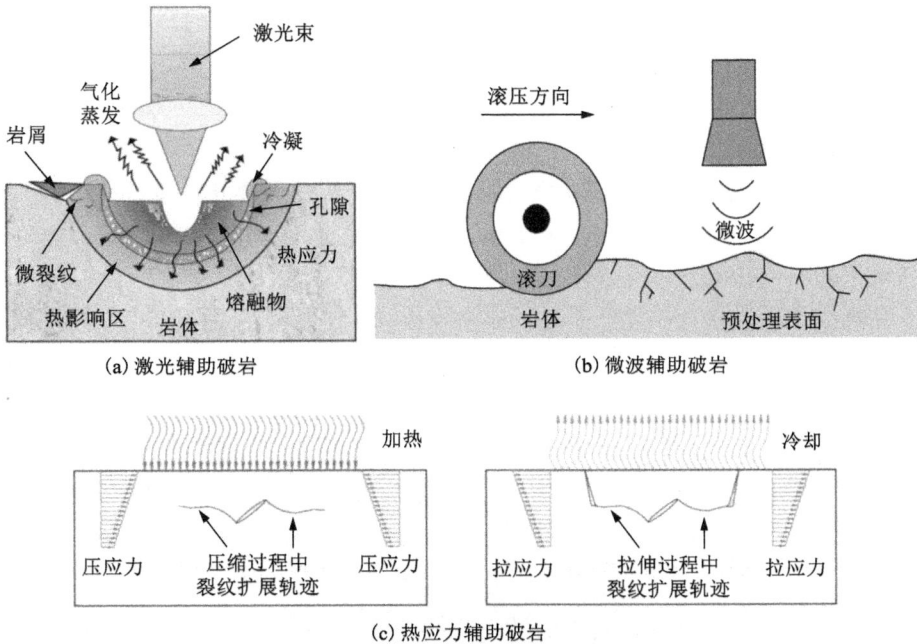

(a) 激光辅助破岩　　　　　　　　(b) 微波辅助破岩

(c) 热应力辅助破岩

图 1-6　极硬岩地层新型辅助破岩理念示意图[129-131]

在激光辅助破岩方面：李俊昌[114]通过理论计算对不同激光功率照射条件下岩样破坏机理进行分析，认为岩石由于温度梯度产生的热应力而碎裂；刘浩等[115]、官兵等[116]通过理论研究和数值仿真分析了激光破岩作用机理，并研究了激光功率、离焦量等参数对激光破岩的影响；Li 等[117]采用高功率激光对不同参数的砂岩进行岩石破碎，发现激光功率对裂纹尺寸有较大的影响；Rui 等[118]发现激光照射对岩石力学性质有较强的弱化作用，基于此提出了激光辅助 TBM 滚刀破岩的猜想；张魁等[119]进行了激光辅助滚刀贯入试验，发现激光的辅助作用可以促进岩石张拉裂纹的萌生、扩展，提高滚刀的掘进效率。

在微波辅助破岩方面：Hartlieb 等[120]和 Lu 等[121]通过室内试验探究了微波照射对花岗岩力学性质的影响，结果表明微波辅助显著改变了花岗岩的物理性质，降低了岩石强度；Hassani F 等[122]通过量热仪技术量化微波加热对岩石、矿石等破裂的影响，发现微波功率对岩石表面热损伤量具有正向影响；秦立科等[123]采用颗粒流程序 PFC^{2D} 从细观角度研究了微波照射下裂纹演化发展规律，发现微波可在较低温度和较短照射时间情况下使岩石产生微裂纹，且该裂纹以张拉裂纹为主；卢高明等[124]通过室内试验和数值模拟，研究了微波加热过程中在不同微波功率和辐射时间作用下岩石的强度折减程度，并认为采用微波加热技术辅助 TBM

13

掘进，能够有效降低机械刀具磨耗，提高 TBM 掘进性能。

在超声波辅助破岩方面：Zhao 等[125]利用热红外无损检测技术对超声波振动载荷下岩石损伤特性进行了探究，认为破坏过程分为弹性变形、微裂缝与屈服、宏观裂纹与破坏 3 个阶段；Yin 等[126]通过单轴压缩试验验证了超声波振动可有效降低花岗岩的强度；Zhao 等[127]基于 PFC^{2D} 构建了非均质花岗岩模型，研究了超声波辅助 TBM 滚刀破岩岩石内部裂纹形成机理和发展规律；韩君鹏等[128]采用离散元软件 PFC 对超声波辅助 TBM 滚刀破岩过程进行模拟研究，发现超声波辅助加快了岩石内部裂纹的生成速度，减少了跃进破坏的次数。

在热损伤辅助破岩方面：Lauriello 和 Fritsch[129]基于室内试验和理论分析研究了火焰热水刀对岩石的弱化作用机制；Chen 等[130]基于室内试验研究了高温处理引起花岗岩微观结构的变化规律，并进一步揭示高温热作用下岩样宏观失效特征规律；唐旭海等[131]和 Shao 等[132]基于室内试验对高温-液氮循环处理下的花岗岩损伤劣化机制进行了研究，探讨了不同温度与高-低温循环处理次数对花岗岩宏观力学性质的劣化程度的影响规律。

需要指出的是，目前上述新型破岩方式大部分还停留在理论研究和室内试验探索阶段，在工业应用之前还存在较多的技术瓶颈。

1.2.4　水刀辅助 TBM 破岩技术研究

相较于前述四类新型辅助破岩理念，高压水刀辅助 TBM 破岩技术目前已搭载于"龙岩号"TBM，并在福建万安溪引水 TBM 隧洞成功下线。然而，高压水刀辅助 TBM 破岩技术目前仍处于初期尝试阶段，这一涉及滚刀-流体-岩石多相复杂相互作用的新兴技术仍然存在诸多亟待解决的问题。对此，国内外学者主要通过室内试验与现场掘进试验以及数值模拟(图 1-7)对高压水刀辅助 TBM 滚刀破岩机理及破岩效率展开探索。

在试验研究方面，Fenn 等[133]开展了室内高压水刀辅助 TBM 滚刀贯入试验，发现 TBM 滚刀滚动力和推力可降低 40%；Ciccu 等[134]基于自行设计的水刀辅助破岩系统，试验分析了组合作用下中等强度岩样的破岩性能；Cheng 等[135, 136]通过室内贯入试验研究了高压水刀预切缝参数对岩石破碎力学行为的影响，结果表明峰值荷载随着预切缝深度的增大而减小，随预切缝间距的增大而增大；Zhang 等[137]开展了 TBM 滚刀与高压水刀联合破岩试验研究，发现 TBM 破岩比能随着预切缝深度的增加而减小；周辉等[138]开展了常截面滚刀贯入预切槽岩样试验，研究发现预切槽的存在有利于裂纹的扩展贯通，从而促进岩石的破碎；徐福通等[139]通过开展不同岩性有无预切槽试样的 TBM 滚刀贯入试验，研究了预切槽对滚刀破岩效果的影响规律，发现有预切槽岩样破碎时法向力可降低 44.13% ~

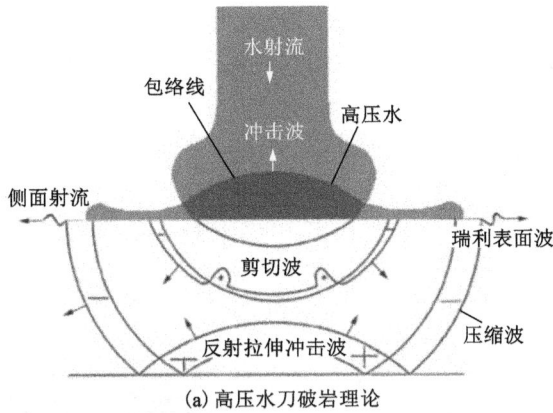

(a) 高压水刀破岩理论

(b) 线性切割试验

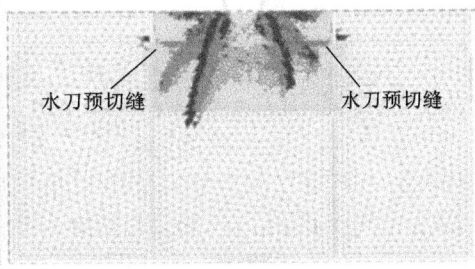

(c) 数值模拟

图 1-7 高压水刀辅助 TBM 滚刀破岩机理研究[135, 136, 151]

53.05%;汤胜旗等[140]采用带有临空面的板状花岗岩试样进行室内贯入试验,探究了围压、不同临空面参数等对岩样破坏形式及破岩比能耗的影响,发现临空面可大幅度降低破岩比能耗;韩伟锋[141]采用高压水刀辅助 TBM 滚刀破岩测试系统对坚硬花岗岩进行滚动切割试验,发现在高压水刀辅助作用下岩石碎片尺寸明显增大,且岩石以张拉破坏为主;张旭辉等[142]开展有无高压水刀临空面滚刀线性切割红砂岩破岩试验,发现临空面有利于岩石内部裂纹扩展,形成大块岩渣,并且临空面工况下破岩载荷和破岩比能也显著降低。部分学者对高压水刀辅助 TBM 破岩技术进行了现场测试,如 Zheng 等[143]采用搭载高压水刀的改进 TBM 进行现场试验,发现在高压水刀辅助作用下,TBM 掘进速度可增加 40%~48%;德国某煤矿采用搭载 400 MPa 高压水刀的 Demag TBM,发现峰值荷载及刀具磨损状况得到较大的改善[144];Zhang 等[145]在万安溪引水工程现场进行高压水刀辅助 TBM 滚刀破岩试验,发现在水刀辅助作用下,刀盘推力和刀具磨损量可降低 30%~40%。

在数值模拟研究方面:Wang 等[146]采用有限元法和光滑粒子流体动力学

(SPH)方法建立滚刀与水刀联合破岩数值模型，研究了水水刀辅助破岩机理，发现高压水刀辅助技术可提高 TBM 掘进效率和降低刀盘刀具的磨损；Li 等[147]采用离散元方法对预切槽辅助破岩技术进行研究，发现预切槽主要通过促进岩石的拉伸破坏以达到辅助破岩的效果；张旭辉等[142]采用离散元方法探究了临空面工况与常规工况下滚刀破岩差异，发现临空面工况下的法向力和破岩比能得到显著的改善；耿麒等[148]基于 PFC2D 构建等效晶质岩石材料数值模型，研究了预切槽参数对破岩载荷、裂纹分布和贯入比能的影响规律，提出"窄直切槽、错缝切削、滚刀中置"的最优排布模式；郭璐等[149]采用离散元方法建立预切缝辅助破岩模型，揭示了不同预切槽辅助破岩模式的破岩机理和破岩规律，并进一步探究了预切缝深度和间距对滚刀破岩裂纹发展的影响规律；汪珂[150]采用 PFC^{2D} 开展多种临空面参数下的滚刀破岩模拟研究，发现法向力峰值主要受临空面间距影响，而破岩比能主要受临空面高度影响。

1.2.5　存在的主要问题与解决思路

在力学机理方面，常规 TBM 滚刀破岩的相关研究工作及成果较多，涉及高压水刀辅助 TBM 滚刀破岩的相关研究成果报道较少。尽管目前该新技术已首次运用于实际工程，然而其宏观破岩机制、破岩效率影响因素及规律特征等方面仍然亟待深入探究，从而填补理论上的空白。可见，有必要进行系统性室内模型试验、数值模拟与理论分析，揭示高压水刀辅助 TBM 破岩宏观力学响应原理，探究破岩效率主控因素与影响规律，形成基于 TBM 掘进参数、水刀主控参数、刀盘刀具设计参数的效率优化方法，从而为典型深埋高磨蚀性地层 TBM 掘进隧道高压水刀辅助破岩效率预测及技术应用优化提供新的研究思路与方法。

1.3　主要内容

本书在国家自然科学基金、中国博士后基金面上项目、江西省自然科学基金等课题的支持下，针对深部硬岩地层水刀辅助 TBM 破岩机理与技术应用展开了系统研究。在全面总结国内外研究现状的基础上，首先通过常规 TBM 破岩平面贯入模型试验、水刀预切缝辅助 TBM 破岩平面贯入模型试验和离散元数值仿真，揭示了滚刀贯入过程中岩石损伤破裂细观过程机制与宏观力学响应原理，分析了不同因素对贯入过程的影响规律；然后在此基础上，通过水刀切割试验研究了水刀切缝形态变化与裂纹发展机理，并基于水刀预切缝辅助破岩全尺寸线性切割模型试验，分析揭示了不同水刀与滚刀布局下的破岩性能与破岩机理；最后，以福建龙岩万安溪引水工程为例，探讨了 TBM 水力耦合破岩技术的现场应用效果。

参考文献

[1] YIN L J, GONG Q M, MA H S, et al. Use of indentation tests to study the influence of confining stress on rock fragmentation by a TBM cutter [J]. International Journal of Rock Mechanics and Mining Sciences, 2014, 72: 261-276.

[2] LIU Q S, JIANG Y L, WU Z J, et al. Investigation of the Rock Fragmentation Process by a Single TBM Cutter Using a Voronoi Element-Based Numerical Manifold Method [J]. Rock Mechanics and Rock Engineering, 2018, 51: 1137-1152.

[3] 周建军, 杨振兴. 深埋长隧道 TBM 施工关键问题探讨 [J]. 岩土力学, 2014, 35(S2): 299-305.

[4] 齐梦学. 我国 TBM 法隧道工程技术的发展、现状及展望 [J]. 隧道建设 (中英文), 2021, 41(11): 1964-1979.

[5] ROBBINS. Alimineti Madhava Reddy (AMR) [OL/OB]. The Robbins Company, 2017. http://www.therobbinscompany.com/projects/alimineti-madhava-reddy-amr.

[6] ROBBINS. Bahce-Nurdag high speed rail tunnels [OL/OB]. The Robbins Company, 2017. http://www.therobbinscompany.com/projects/bahce-nurdag.

[7] ROBBINS. Caving hard rock with a small diameter double shield [OL/OB]. The Robbins Company, 2014.

[8] LIU P, LIANG W H. Design considerations for construction of the Qinling Tunnel using TBM [J]. Tunnelling and Underground Space Technology, 2000, 15(2): 139-146. DOI: 10.1016/S0886-7798(00)00041-9.

[9] 洪开荣. 高强度高磨蚀地层 TBM 滚刀破岩与磨损研究 [J]. 隧道与地下工程灾害防治, 2019, 1(1): 64-73.

[10] 周子龙, 董晋鹏, 王少锋, 等. 硬岩隧道 TBM 施工中的典型掘进破岩难题与对策 [J]. 中国有色金属学报, 2023, 33(4): 1297-1317.

[11] 时凯. 复合地层 TBM 盘形滚刀破岩机理及刀盘-掘进面相互作用 [D]. 武汉: 中国科学院大学, 2013.

[12] NONE. "穿山甲" 舞 "水刀" 我国首台高压水力耦合破岩 TBM 下线 [J]. 隧道建设 (中英文), 2019, 39(6): 945.

[13] 刘征, 胡蒙蒙, 张超, 等. 搭载于 TBM 上的射流辅助滚刀破岩装置及应用 [P]. 201910130181.2.

[14] 杨延栋, 陈馈, 李凤远, 等. 盘形滚刀磨损预测模型 [J]. 煤炭学报, 2015, 40(6): 1290-1296.

[15] 赵伏军, 李夕兵, 冯涛, 等. 动静载荷耦合作用下岩石破碎理论分析及试验研究 [J]. 岩石力学与工程学报, 2005(8): 1315-1320.

[16] COOK N G W, HOOD M, TSAI F. Observations of crack growth in hard rock loaded by an indenter [J]. Int J Rock Mech Min Sci Geomech Abstr, 1984, 21: 97-107.

[17] YIN L J, GONG Q M, MA H S, et al. Use of indentation tests to study the influence of confining stress on rock fragmentation by a TBM cutter[J]. International Journal of Rock Mechanics & Mining Sciences, 2014, 72: 261-276.

[18] LI G, WANG B, CHEN Y D, et al. Numerical Simulation of the Rock Fragmentation Process Induced by TBM Cutters[J]. Applied Mechanics and Materials, 2012, 249-250: 1069-1072.

[19] 杨圣奇, 黄彦华. TBM 滚刀破岩过程及细观机理颗粒流模拟[J]. 煤炭学报, 2015, 40(6): 1235-1244.

[20] 翟淑芳. 深部复杂地层的 TBM 滚刀破岩机理研究[D]. 重庆: 重庆大学, 2017.

[21] JOLIUSON. 接触力学[M]. 徐秉业, 译. 北京: 高等教育出版社, 1992.

[22] 于骁中, 谯常忻, 周群力, 等. 岩石和混凝土断裂力学[M] 长沙: 中南工业大学出版社, 1991.

[23] GLADWELL G M L, 范天佑. 经典弹性理论中的接触问题[M]. 北京: 北京理工大学出版社, 1991.

[24] CHEATHAM. An analysis study of rock penetration by a single bit tooth[D]. Twin Cities. University of Minnesota: 1958.

[25] MAURER W C. The state of rock mechanicsknowledge in drilling[C]. The 8th US Symposium on Rock Mechanics (USRMS) New York: University of Minesota, 1966: 355-395.

[26] 张照煌. 全断面岩石掘进机盘形滚刀破岩机理的探讨[J]. 矿山机械, 1995(10): 27-29.

[27] LAWN B, WILSHAW R. Indentation fracture: principles and applications[J]. Journal of Materials Science. 1975, 10(6): 1049-1081.

[28] ALEHOSSEIN H, DETOURNAY E, HUANG H. An analytical model for the indentation of rocks by blunt tools[J]. Rock Mechanics & Rock Engineering, 2000, 33(4): 267-284.

[29] CHEN L H, LABUZ J F. Indentation of rock bywedge-shaped tools[J]. International Journal of Rock Mechanics and Mining Sciences. 2006, 43(7): 1023-1033.

[30] TEALE R. The concept of specific energy in rock drilling[C]. International Journal of Rock Mechanics and Mining Sciences & Geomechanics Abstracts. Pergamon, 1965, 2(1): 57-73.

[31] OZDEMIR L, MILLER R, WANG F D. Mechanical tunnel boring prediction and machine design annual report[M]. Colorado School of Mines, 1977.

[32] 茅承觉, 刘春林, 沈连福, 等. 全断面岩石掘进机盘形滚刀压痕试验[C]. 中国工程机械学会第一届年会论文, 北京: 1987.

[33] 马洪素, 纪洪广. 节理倾向对 TBM 滚刀破岩模式及掘进速率影响的试验研究[J]. 岩石力学与工程学报 2011, 30(1): 152-163.

[34] SNOWDOW R A, RYLEY M D, TEMPORAL J. A study of disc cutting in selected British rocks[J]. International Journal of Rock Mechanics and Mining Sciences, 1982, 19(3): 107-121.

[35] ROSTAMI J, OZDEMIR L. A new model for performance prediction of hard rock TBMs[C]. Proceedings of Rapid Excavation and Tunnelling Conference. Boston, 1993: 793-809.

［36］龚秋明，周小雄，殷丽君，等.基于线性切割试验碴片分析的滚刀破岩效率研究［J］.隧道建设，2017, 3(43)：118-123.

［37］余静.滚压破岩机理和参数计算［J］.金属矿山，1981(7)：2-10.

［38］屠昌锋.盾构机盘形滚刀垂直力和侧向力预测模型研究［D］.长沙：中南大学，2009.

［39］谭青，易念恩，夏毅敏，等.TBM 滚刀破岩动态特性与最优刀间距研究［J］.岩石力学与工程学报，2012(12)：2453-2464.

［40］暨智勇.盾构掘进机切刀切削软岩和土壤受力模型研究及实验验证［D］.长沙：中南大学，2009.

［41］龚秋明，董贵良，殷丽君，等.线性和旋转切割方式滚刀破岩试验对比研究［J］.施工技术，2017, 46(11)：61-66.

［42］周辉，徐福通，卢景景，等.切槽对 TBM 刀具破岩机制的影响研究［J/OL］.岩土力学，2022(3)：1-10［2022-02-25］.

［43］徐福通，卢景景，周辉，等.预切槽和 TBM 机械滚刀的新型联合破岩模式研究［J］.岩土力学，2021, 42(5)：1363-1372. DOI：10.16285/j.rsm.2020.1468.

［44］CICCU RAIMONDO, GROSSO BATTISTA. Improvement of Disc Cutter Performance by Water Jet Assistance［J］. Rock Mechanics and Rock Engineering, 2013(47)：733-744.

［45］LIU Q, PAN Y, LIU J, et al. Comparison and discussion on fragmentation behavior of soft rock in multi-indentation tests by a single TBM disc cutter［J］. Tunnelling and Underground Space Technology, 2016, 57：151-161.

［46］ENTACHER M, SCHULLER E, GALLER R. Rock failure and crack propagation beneath disc cutters［J］. Rock Mechanics and Rock Engineering, 2015, 48：1559-1572.

［47］龚秋明，董贵良，殷丽君，等.线性和旋转切割方式滚刀破岩试验对比研究［J］.施工技术，2017, 46(11)：61-66.

［48］HUANG H, DAMJANAC B, DETOURNAY E. Normal Wedge Indentation in Rocks with Lateral Confinement［J］. Rock Mechanics & Rock Engineering, 1998, 31(2)：81-94.

［49］GENG Q, WEI Z, REN J. New rock material definition strategy for FEM simulation of the rock cutting process by TBM disc cutters［J］. Tunnelling and Underground Space Technology, 2017, 65：179-186.

［50］KOU S Q, LINDQVIST P A, TANG C A, et al. Numerical simulation of the cutting of inhomogeneous rocks［J］. International Journal of Rock Mechanics & Mining Sciences, 1999, 36(36)：711-717.

［51］TANG C, TANG C. Numerical simulation of progressive rock failure and associated seismicity［J］. International Journal of Rock Mechanics & Mining Sciences, 1997, 34(2)：249-261.

［52］LIU H, KOU S, LINDQVIST P, et al. Numerical simulation of the rock fragmentation process induced by indenters［J］. International Journal of Rock Mechanics & Mining Sciences, 2002, 39(4)：491-505.

［53］MOHAMMAD F M, HASAN H N, AMIN H M. Numerical modeling of crack propagation in rocks under tbm disc cutters［J］. J Mech Mater Struct, 2009, 4(3)：605-627.

[54] 吴起星. 复合地层中盾构机滚刀破岩力学分析[D]. 广州：暨南大学，2011.

[55] GONG Q M, ZHAO J, JIAO Y Y. Numerical modeling of the effects of joint orientation on rock fragmentation by TBM cutters [J]. Tunnelling and Underground Space Technology, 2005, 20(2)：183-191.

[56] GONG Q M, JIAO Y Y, ZHAO J. Numerical modelling of the effects of joint spacing on rock fragmentation by TBM cutters [J]. Tunnelling and Underground Space Technology, 2006, 21(1)：46-55.

[57] GONG Q M, ZHAO J, HEFNY A M. Numerical simulation of rock fragmentation process induced by two TBM cutters and cutter spacing optimization [J]. Tunnelling & Underground Space Technology Incorporating Trenchless Technology Research, 2006, 21(3)：263-263.

[58] LI X F, LI H B, LIU Y Q, et al. Numerical simulation of rock fragmentation mechanisms subject to wedge penetration for TBMs[J]. Tunnelling and Underground Space Technology incorporating Trenchless Technology Research, 2016, 53(5)：96-108.

[59] ZHANG X P, JI P Q, LIU Q S, et al. Physical and numerical studies of rock fragmentation subject to wedge cutter indentation in the mixed ground[J]. Tunnelling and Underground Space Technology, 2018, 71：354 365.

[60] 蒋明镜，孙亚，王华宁，等. 全断面隧道掘进机破岩机理离散元分析[J]. 同济大学学报（自然科学版），2016, 44(7)：1038-1044.

[61] 杨圣奇，黄彦华. TBM滚刀破岩过程及细观机理颗粒流模拟[J]. 煤炭学报，2015, 40(6)：1235-1244.

[62] 施文俊，袁宝远. DDA 模拟 TBM 破岩机理[J]. 科学技术与工程，2012, 12(20)：5101-5104.

[63] MUNJIZA A. The combined Finite-Discrete Element Method[M]. London：John Wiley & Sons, Ltd, 2004.

[64] TATONE B S A, GRASSELLI G. A calibration procedure for two-dimensional laboratory-scale hybrid finite discrete element simulations [J]. International Journal of Rock Mechanics and Mining Sciences, 2015, 75：56-72.

[65] LISJAK A, LIU Q, ZHAO Q, et al. Numerical simulation of acoustic emission in brittle rocks by two-dimensional finite-discrete element analysis[J]. Geophys. J. Int. , 2013, 195：423-443.

[66] LISJAK A, FIGI D, GRASSELLI G. Fracture development around deep underground excavations：insights from FDEM modelling[J]. J Rock Mech Geotech Eng, 2014, 6：493-505.

[67] SHI G H. Modeling rock joints and blocks by manifold method[M]. In：Proc of the 32rd US Symp On Rock Mechanics Sanata Fe. New Mexico. ；American Rock Mechanics Association, 1992：639-48.

[68] ZHENG H, XU D D. New strategies for some issues of numerical manifold method in simulation of crack propagation[J]. Int J Numer Methods Eng, 2014, 97(13)：986-1010.

[69] HE J, LIU Q S, MA G W, et al. An improved numerical manifold method incorporating hybrid crack element for crack propagation simulation[J]. Int J Fract, 2016, 199(1)：21-38.

［70］ 刘学伟, 魏莱, 雷广峰. 复合地层 TBM 双滚刀破岩过程数值流形模拟研究［J］. 煤炭学报,
2015, 40(6)：1225-1234.

［71］ LIU Q, JIANG Y, WU Z, et al. Investigation of the Rock Fragmentation Process by a Single
TBM Cutter Using a Voronoi Element-Based Numerical Manifold Method［J］. Rock Mechanics
and Rock Engineering, 2018, 51：1137-1152.

［72］ BALCI C. Correlation of rock cutting tests with field performance of a TBM in a highly fractured
rock formation：a case study in Kozyatagi-Kadikoy metro tunnel, Turkey［J］. Tunnelling and
Underground Space Technology, 2009, 24(4)：423-435.

［73］ BILGIN N, COPUR H, BALCI C, et al. The selection of a TBM using full scale laboratory tests
and comparison of measured and predicted performance values in Istanbul Kozyatagi -
Kadikoy metro tunnels［C］//World Tunnel Congress, Akra, India. 2008：1509-1517.

［74］ ARMAGHANI D J, MOHAMAD E T, NARAYANASAMY M S, et al. Development of hybrid
intelligent models for predicting TBM penetration rate in hard rock condition［J］. Tunnelling and
Underground Space Technology, 2017, 63：29-43.

［75］ BENARDOS A G, KALIAMPAKOS D C. Modelling TBM performance with artificial neural networks
［J］. Tunnelling and Underground Space Technology, 2004, 19(6)：597-605.

［76］ DELISIO A, ZHAO J, EINSTEIN H H. Analysis and prediction of TBM performance in blocky
rock conditions at the Lötschberg Base Tunnel ［J］. Tunnelling and Underground Space
Technology, 2013, 33：131-142.

［77］ DELISIO A, ZHAO J. A new model for TBM performance prediction in blocky rock conditions
［J］. Tunnelling and Underground Space Technology, 2014, 43：440-452.

［78］ ENTACHER M, WINTER G, GALLER R. Cutter force measurement on tunnel boring machines-
Implementation at Koralm tunnel［J］. Tunnelling and Underground Space Technology, 2013,
38：487-496.

［79］ ZHANG Z X, KOU S Q, LINDQVIST P A. Measurements of cutter forces and cutter temperature
of boring machine in Äspö Hard Rock Laboratory［J］. 2001.

［80］ ZHANG Z X. Estimate of loading rate for a TBM machine based on measured cutter forces
［J］. Rock Mechanics and Rock Engineering, 2004, 37(3)：239-248.

［81］ ZHANG Z X, KOU S Q, LINDQVIST P A. In-situ measurements of cutter forces on boring machine
at Äspö hard rock laboratory part Ⅱ. characteristics of cutter forces and examination of cracks
generated［J］. Rock Mechanics and Rock Engineering, 2003, 36：63-83.

［82］ ZHANG Z X, KOU S Q, TAN X C, et al. In - situ measurements of cutter forces on
boring machine at Äspö hard rock laboratory Part I. Laboratory calibration and in - situ
measurements［J］. Rock Mechanics and Rock Engineering, 2003, 36：39-61.

［83］ EXADAKTYLOS G, STAVROPOULOU M, XIROUDAKIS G, et al. A spatial estimation model
for continuous rock mass characterization from the specific energy of a TBM［J］. Rock mechanics
and rock engineering, 2008, 41：797-834.

［84］ FUKUI K, OKUBO S. Some attempts for estimating rock strength and rock mass classification from cutting force and investigation of optimum operation of tunnel boring machines［J］. Rock Mechanics and Rock Engineering, 2006, 39：25-44.

［85］ YAMAMOTO T, SHIRASAGI S, YAMAMOTO S, et al. Evaluation of the geological condition ahead of the tunnel face by geostatistical techniques using TBM driving data［M］//Modern Tunneling Science and Technology. Routledge, 2017：213-218.

［86］孙振川, 杨延栋, 陈馈, 等. 引汉济渭岭南 TBM 工程二长花岗岩地层滚刀磨损研究［J］. 隧道建设, 2017, 37(9)：1167-1172.

［87］龚秋明, 何冠文, 赵晓豹, 等. 掘进机刀盘滚刀间距对北山花岗岩破岩效率的影响实验研究［J］. 岩土工程学报, 2015, 37(1)：54-60.

［88］CHANG S H, CHOI S W, BAE G J, et al. Performance prediction of TBM disc cutting on granitic rock by the linear cutting test［J］. Tunnelling and Underground Space Technology, 2006, 21(3)：271.

［89］GERTSCH R, GERTSCH L, ROSTAMI J. Disc cutting tests in Colorado Red Granite：Implications for TBM performance prediction［J］. International Journal of rock mechanics and mining sciences, 2007, 44(2)：238-246.

［90］李纪东, 龚秋明, 殷丽君, 等. 锥形齿齿形参数及间距优化试验研究［J］. 地下空间与工程学报, 2022, 18(4)：1259-1265.

［91］LU Z L, WANG X C, TENG H W, et al. Rock-breaking laws of disc cutters with different height differences hard rock strata［J］. Advances in Civil Engineering, 2022. https：//doi. org/10. 1155/2022/2282830

［92］贺飞, 田彦朝, 尚勇, 等. 全尺度 TBM 滚刀线性切削花岗岩试验研究［J］. 隧道建设(中英文), 2018, 38(12)：2063-2070.

［93］SNOWDON R A, RYLEY M D, TEMPORAL J. A study of disc cutting in selected British rocks［C］. International Journal of Rock Mechanics and Mining Sciences & Geomechanics Abstracts. Pergamon, 1982, 19(3)：107-121.

［94］张斌. 全断面岩石掘进机刀具磨损研究及刀具布局优化［D］. 天津：天津大学, 2014.

［95］陆峰, 张弛, 孙健, 等. 基于 TBM 双滚刀破岩仿真的实验研究［J］. 工程设计学报, 2016, 23(1)：41-48.

［96］向源, 胡锋, 周雯, 等. 盾构机滚刀刀具用钢研究现状及进展［J］. 钢铁研究学报, 2021, 33(2)：91-102. DOI：10. 13228/j. boyuan. issn1001-0963. 20200127.

［97］张孟琦. TBM 刀具材料力学性能测试分析［D］. 长春：吉林大学, 2018.

［98］杨延栋, 陈馈, 李凤远, 等. 盘形滚刀磨损预测模型［J］. 煤炭学报, 2015, 40(6)：1290-1296. DOI：10. 13225/j. cnki. jccs. 2014. 3037.

［99］谭青, 孙鑫健, 夏毅敏, 等. TBM 盘形滚刀磨损预测模型［J］. 中南大学学报(自然科学版), 2017, 48(1)：54-60.

［100］ROBY J, SANDELL T, KOCAB J, et al. The current state of disc cutter design and development directions［C］//Proceedings of 2008 North American Tunnelling Conference (NAT2008), Society for Mining, Metallurgy & Exploration, 2008：36-45.

[101] 秦东晨, 李帅远, 周鹏, 等. TBM 双刃滚刀破岩过程模拟研究[J]. 重庆理工大学学报(自然科学), 2020, 34(6): 97-101.

[102] 孙伟, 郭莉, 周建军, 等. TBM 双滚刀破岩过程模拟及刀圈结构设计[J]. 煤炭学报, 2015, 40(6): 1297-1302. DOI: 10.13225/j. cnki. jccs. 2014. 3032.

[103] ZHANG X H, WU J J, HU D B, et al. Comparative study on rock breaking performances by arc and wedge TBM hob with two blades[J]. Geotechnical and Geological Engineering, 2021, 39: 4581-4591.

[104] LIU Y, LIU B, JIANG Y, et al. Stress Analysis and Model Test of Rock Breaking by Arc Blade Wedged Hob[J]. Journal of Engineering Science & Technology Review, 2015, 8(5): 67-73.

[105] 温森, 周书宇, 盛桂琳. 复合岩层中滚刀旋转切割破岩效率试验研究[J]. 岩土力学, 2019, 40(7): 2628-2636. DOI: 10.16285/j. rsm. 2018. 1321.

[106] YANG J H, ZHANG X P, JI P Q, et al. Analysis of disc cutter damage and consumption of TBM1 section on water conveyance tunnel at Lanzhou water source construction engineering[J]. Tunnelling and Underground Space Technology, 2019, 85: 67-75.

[107] 龚秋明, 谢兴飞, 黄流, 等. 引绰济辽工程二标隧洞段 TBM 滚刀磨损规律[J]. 隧道与地下工程灾害防治, 2022, 4(4): 1-10. DOI: 10.19952/j. cnki. 2096-5052. 2022. 04. 01.

[108] 黄俊阁. 高磨蚀性硬岩地段敞开式 TBM 掘进参数优化和适应性研究[J]. 水利水电技术, 2017, 48(8): 90-95. DOI: 10.13928/j. cnki. wrahe. 2017. 08. 018.

[109] 康斌, 雷龙. 引汉济渭秦岭输水隧洞硬岩 TBM 掘进施工技术[J]. 人民黄河, 2020, 42(2): 103-108.

[110] FRENZEL C, KÄSLING H, THURO K. Factors influencing disc cutter wear[J]. Geomechanik und Tunnelbau: Geomechanik und Tunnelbau, 2008, 1(1): 55-60.

[111] 杨继华, 郭卫新, 闫长斌, 等. 基于掘进能耗的 TBM 掘进参数优化研究[J]. 现代隧道技术, 2021, 58(1): 54-60. DOI: 10.13807/j. cnki. mtt. 2021. 01. 007.

[112] 陈子义. 基于正交试验的盾构滚刀磨损分析[D]. 郑州: 华北水利水电大学, 2018.

[113] 吴杰. TBM 掘进过程三维全尺度模拟分析与掘进参数变化规律研究[D]. 济南: 山东大学, 2022. DOI: 10.27272/d. cnki. gshdu. 2022. 005091.

[114] 李俊昌. 激光的衍射及热作用计算[M]. 北京: 科学出版社, 2002.

[115] 刘浩, 易万福, 朱双亚. 激光破岩耦合场仿真分析[J]. 激光与光电子学进展, 2015, 52(1): 153-159.

[116] 官兵, 李士斌, 张立刚, 等. 激光破岩技术影响因素的研究进展[J]. 激光与光电子学进展, 2020, 57(3): 39-51.

[117] LI M Y, HAN B, ZHANG Q, et al. Investigation on rock breaking for sandstone with high power density laser beam[J]. Optik, 2019, 180: 635-647.

[118] RUI F X, ZHAO G F. Experimental and numerical investigation of laser-induced rock damage and the implications for laser-assisted rock cutting[J]. International Journal of Rock Mechanics and Mining Sciences, 2021, 139: 104653.

[119] 张魁, 杨长, 陈春雷, 等. 激光辅助 TBM 盘形滚刀压头侵岩缩尺试验研究[J]. 岩土力

学, 2022, 43(1): 87-96.

[120] HARTLIEB P, TOIFL M, KUCHAR F, et al. Thermo-physical properties of selected hard rocks and their relation to microwave-assisted comminution[J]. Minerals Engineering, 2016, 91: 34-41.

[121] LU G M, LI Y H, HASSANI F, et al. Review of theoretical and experimental studies on mechanical rock fragmentation using microwave-assisted approach[J]. Chin J Geotech Eng, 2016, 38(8): 1497-1506.

[122] HASSANI F, SHADI A, RAFEZI H, et al. Energy analysis of the effectiveness of microwave-assisted fragmentation[J]. Minerals Engineering, 2020, 159: 106642.

[123] 秦立科, 徐国强, 甄刚. 基于颗粒流模型微波辅助破岩过程数值模拟[J]. 西安科技大学学报, 2019, 39(1): 112-118.

[124] 卢高明, 李元辉, HASSANI F, 等. 微波辅助机械破岩试验和理论研究进展[J]. 岩土工程学报, 2016, 38(8): 1497-1506.

[125] ZHAO D J, ZHANG S L, ZHAO Y, et al. Experimental study on damage characteristics of granite under ultrasonic vibration load based on infrared thermography[J]. Environmental Earth Sciences, 2019, 78: 1-12.

[126] YIN S, ZHAO D, ZHAI G. Investigation into the characteristics of rock damage caused by ultrasonic vibration[J]. International Journal of Rock Mechanics and Mining Sciences, 2016, 84: 159-164.

[127] ZHAO D J, HAN J P, ZHOU Y, et al. Rock Crushing Analysis of TBM Disc Cutter Assisted by Ultra-High-Frequency Loading[J]. Shock and Vibration, 2022. https://doi.org/10.1155/2022/1177745.

[128] 韩君鹏, 赵大军, 张书磊, 等. 基于离散元的超声波振动辅助 TBM 滚刀碎岩分析[J]. 钻探工程, 2021, 48(3): 46-55.

[129] LAURIELLO P J, FRITSCH C A. Design and economic constraints of thermal rock weakening techniques[C]. International Journal of Rock Mechanics and Mining Sciences & Geomechanics Abstracts. Pergamon, 1974, 11(1): 31-39.

[130] CHEN Y L, WANG S R, NI J, et al. An experimental study of the mechanical properties of granite after high temperature exposure based on mineral characteristics[J]. Engineering geology, 2017, 220: 234-242.

[131] 唐旭海, 邵祖亮, 许婧璟, 等. 高温-液氮循环处理下花岗岩损伤劣化机制[J]. 隧道与地下工程灾害防治, 2022, 4(1): 18-28.

[132] SHAO Z L, WANG Y, TANG X H. The influences of heating and uniaxial loading on granite subjected to liquid nitrogen cooling[J]. Engineering geology, 2020, 271: 105614.

[133] FENN O, PROTHEROE B E, JOUGHIN N C. Enhancement of roller cutting by means of water jets[C]. In: Mann CD, Kelley MN (eds) Rapid excavation and tunnelling conference. New York, 1985: 341-356.

[134] CICCU R, GROSSO B. Improvement of disc cutter performance by water jet assistance[J].

Rock mechanics and rock engineering, 2014, 47: 733-744.

[135] CHENG J L, JIANG Z H, HAN W F, et al. Breakage mechanism of hard-rock penetration by TBM disc cutter after high pressure water jet precutting[J]. Engineering Fracture Mechanics, 2020, 240: 107320.

[136] CHENG J L, WANG Y X, WANG L G, et al. Penetration behaviour of TBM disc cutter assisted by vertical precutting free surfaces at various depths and confining pressures[J]. Archives of Civil and Mechanical Engineering, 2021, 21: 1-18.

[137] ZHANG J L, LI Y C, ZHANG Y S, et al. Using a high-pressure water jet-assisted tunnel boring machine to break rock[J]. Advances in Mechanical Engineering, 2020, 12(10): 1-16.

[138] 周辉, 徐福通, 卢景景, 等. 切槽对 TBM 刀具破岩机制的影响研究[J]. 岩土力学, 2022, 43(3): 625-634.

[139] 徐福通, 卢景景, 周辉, 等. 预切槽和 TBM 机械滚刀的新型联合破岩模式研究[J]. 岩土力学, 2021, 42(5): 1363-1372.

[140] 汤胜旗, 曾亚武, 叶阳. 临空面对 TBM 楔刀贯入破岩效果影响试验研究[J]. 人民长江, 2021, 52(11): 175-182, 189.

[141] 韩伟锋. 高压水射流前方切缝辅助 TBM 滚刀破岩试验研究[J]. 铁道标准设计, 2023, 67(4): 130-135.

[142] 张旭辉, 胡定邦, 廖雅诗, 等. 临空面与常规工况下 TBM 滚刀切割红砂岩对比研究[J]. 应用基础与工程科学学报, 2022, 30(6): 1575-1584.

[143] ZHENG Y L, HE L. TBM tunneling in extremely hard and abrasive rocks: Problems, solutions and assisting methods[J]. Journal of Central South University, 2021, 28(2): 454-480.

[144] BAUMANN L, HENEKE J. Attempt of Technical-Economical Optimization of High-Pressure Jet Assistance for Tunneling Machines[C]. Fifth International Symposium on Jet Cutting Technology. Hanover, Germany, 1980: 119-140.

[145] ZHANG J L, YANG F W, CAO Z G, et al. In situ experimental study on TBM excavation with high-pressure water-jet-assisted rock breaking[J]. Journal of Central South University, 2022, 29(12): 4066-4077.

[146] WANG F C, ZHOU D P, ZHOU X, et al. Rock breaking performance of TBM disc cutter assisted by high-pressure water jet[J]. Applied Sciences, 2020, 10(18): 6294.

[147] LI B, HU M M, ZHANG B, et al. Numerical simulation and experimental studies of rock-breaking methods for pre-grooving-assisted disc cutter[J]. Bulletin of Engineering Geology and the Environment, 2022, 81(3): 90.

[148] 耿麒, 卢智勇, 张泽宇, 等. 全断面隧道掘进机滚刀预切槽破岩数值模拟[J]. 西安交通大学学报, 2021, 55(9): 9-19.

[149] 郭璐, 罗星臣, 何山, 等. 预切缝对滚刀破岩裂纹扩展的影响规律研究[J]. 工程科学与技术, 2022, 54(5): 168-177.

[150] 汪珂.临空面辅助滚刀破岩的数值模拟研究[J].铁道工程学报, 2020, 37(10)：96-102.

[151] 卢义玉, 黄杉, 葛兆龙, 等.我国煤矿水射流卸压增透技术进展与战略思考[J].煤炭学报, 2022, 47(9)：3189-3211. DOI：10.13225/j.cnki.jccs.SS22.0602.

第 2 章
常规 TBM 破岩平面贯入模型试验研究

2.1　引言

>>>

硬岩掘进机 TBM 的刀盘设计和破岩技术革新离不开滚刀破岩的机制研究，在七十余载的 TBM 现代化发展历程中，研究者们设计了各种类型、规模的物理试验以直接反馈滚刀与掌子面岩体的相互作用，从而揭示不同刀具参数、岩体参数下的滚刀破岩机制。按照试验尺度大小及对真实破岩过程的还原程度来划分，这些物理试验可归为三类，分别为室内小尺寸压头贯入试验、全尺寸滚刀破岩试验和采用真实 TBM 的现场掘进试验。三类试验将在本书中依次呈现，其中室内小尺寸压头贯入试验由于试验现象直观、成本经济而被广泛应用。

本章介绍的平面贯入模型试验又称板状试样刀具贯入试验，是室内小尺寸压头贯入试验的一种，可在板状试样两侧实时观察刀具贯入过程中裂纹开展情况。试验采用了花岗岩与砂岩两种典型岩石试样，结合红外热像（IRT）和声发射（AE）等无损检测手段，观测了板状岩石试样损伤演化过程，定量分析了不同楔刀刃型与围压对过程的影响作用，并基于试验现象探讨了既有的岩石损伤模型的不足之处。

2.2　试验装置与方案设计

>>>

2.2.1　试验装置及布置

试验装置如图 2-1 所示，为笔者自行设计加工的岩石二维楔刀贯入试验装置，并结合已有的伺服液压试验机进行了相关试验。该装置包含一个具有足够刚度的侧向约束试验框架，用以平衡加载侧向约束应力时产生的反作用力，一个侧向水平加载千斤顶及两个承压板，用以对上述试样侧面施加均匀的侧向约束应力。同时，设计加工了一组具有不同几何参数的楔形压头，如图 2-2 所示。其中，为研究楔刀刃角对破岩的影响加工了 60°、90°、120°、150° 四种不同刃角的楔形压头，为模拟实际工况下不同程度的刀具磨损（V 形滚刀）对破岩过程的影响，以 120° 楔形压头为基础分别加工了具有 2 mm、4 mm 及 6 mm 磨损刃宽的三种压头，压头宽度及刃角长度均为 40 mm。同时，楔形压头采用高硬度的油淬热处理合金钢材 Cr12MoV 制作，其洛氏硬度达到 HRC64，使其在贯入破岩过程中相对于岩石材料可近似视为刚体。采用武汉大学 RMT-301 伺服液压试验机提供竖直方向上的贯入荷载，该试验机由中国科学院岩土力学研究所研制，可自动记录荷载曲线峰值前后的加载全过程。

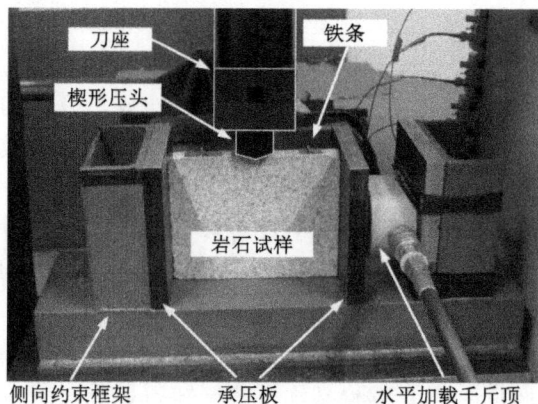

图 2-1　侧向约束装置

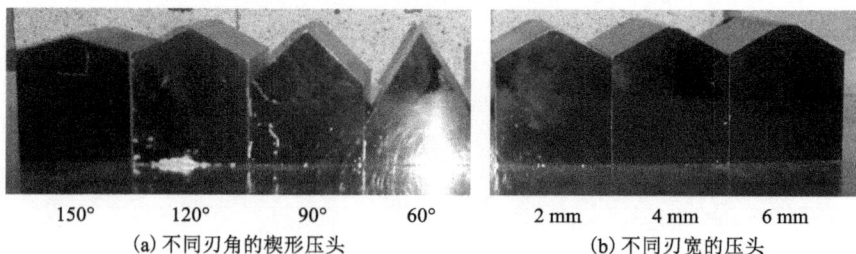

| 150° | 120° | 90° | 60° |
| (a) 不同刃角的楔形压头 |

| 2 mm | 4 mm | 6 mm |
| (b) 不同刃宽的压头 |

图 2-2　楔刀几何特征

试验中采用的主要监测设备包括红外热像仪和多通道声发射系统，用以同步采集楔刀贯入破坏过程中岩石的损伤破裂演化信息。岩石试样表面的红外热像监

测设备采用了一台高像素中波热红外成像仪 FLIR SC7700M,其主要技术指标为:
温度测量精度 20 mK,图形分辨率 640×512 像素,最大拍摄速率 115 Hz。经过调
试,在试验过程中镜头与试样距离设置为 0.85 m,图像采集速率设置为 25 Hz。

多通道声发射系统采用了美国物理声学公司(Physical Acoustic Corporation,
PAC)生产的 PCI-2 型声发射仪,对岩石贯入过程进行了同步的声发射监测。为
提高声发射事件定位精度,采用了 6 枚 Nano30 型声发射传感器对称布置于板状
试样背面,以对微破裂事件进行平面定位,其布置如图 2-3 所示。Nano30 型声发
射传感器的响应频率范围为 125~750 kHz,因此试验过程中通过采集卡设置的模
拟滤波器滤波范围为 100~400 kHz,声发射采集频率及阈值则分别设置为 2 MHz
及 40 dB。特别地,为解决声发射传感器不易贴合于岩石试样的问题,采用 3 mm
厚硅胶片制作了如图 2-3 中所示的硅胶圈用以将传感器固定在指定位置。硅胶
圈具有内径为 7.5 mm 的中心孔,利用打孔器制作,其略小于传感器直径
(8 mm)。在试验准备阶段,先使用硅胶胶水将硅胶圈牢固地固定于指定的传感
器位置,再将涂有真空脂的传感器嵌入中心孔内,利用硅胶的弹性收缩特性便可
良好地固定传感器。其中,采用真空脂作为耦合介质,有助于弹性应力波的传
导,从而被 AE 传感器灵敏地检测到。

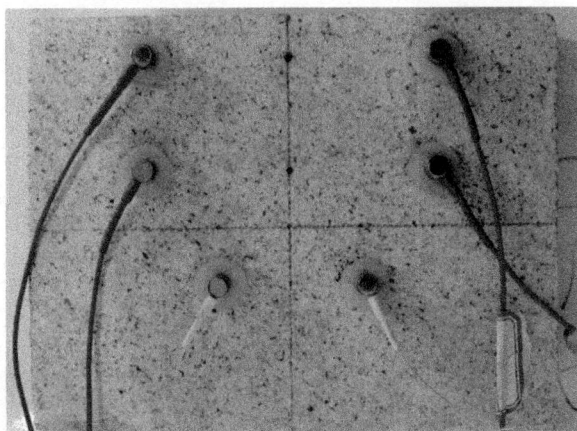

图 2-3　试样背面的声发射传感器阵列

如图 2-4 所示,为贯入试验示意图,其显示了试样与加载装置的作用关系以
及声发射传感器在试样背面的布置情况;图 2-5 为试验过程中各类试验装置的整
体布置图;图 2-6 则为试验整体布置的示意图。

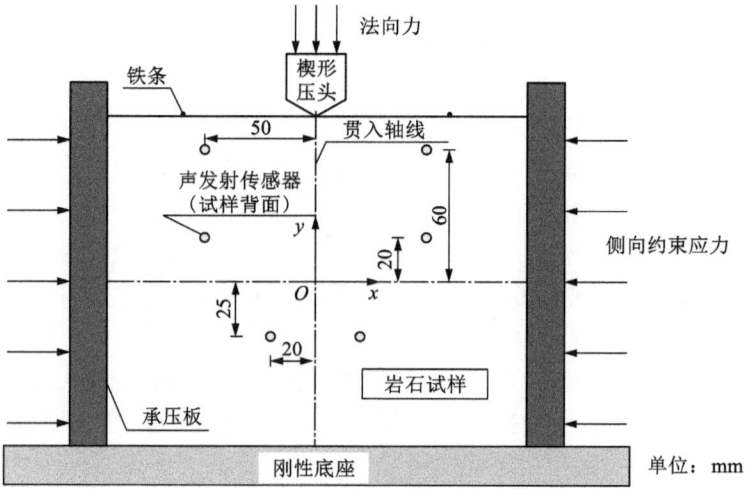

图 2-4　贯入试验示意图

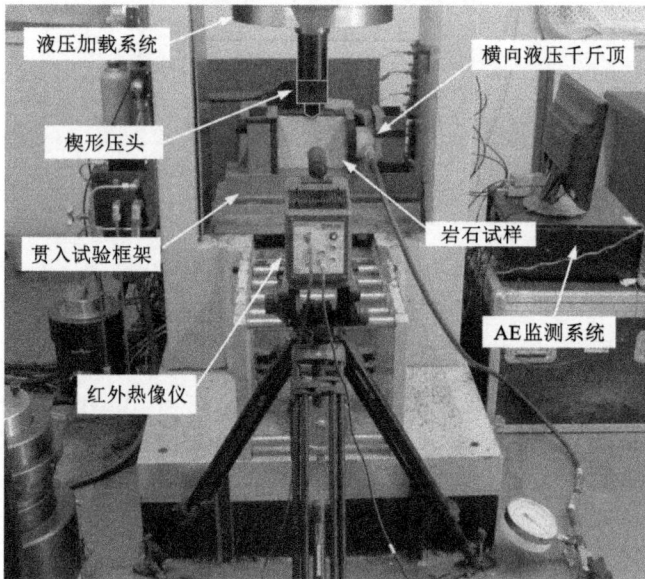

图 2-5　试验装置的整体布置图

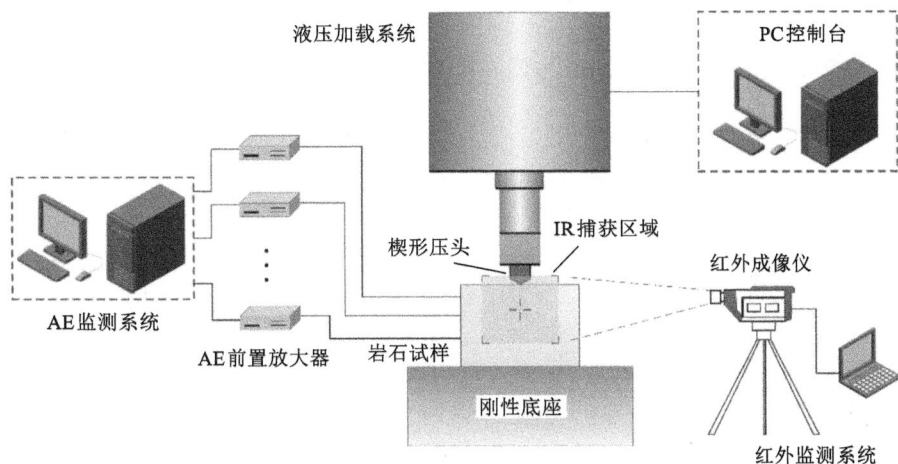

图 2-6　试验整体布置的示意图

2.2.2　岩石试样准备

为研究楔刀贯入不同天然岩石的荷载响应特征，选取了两种典型岩石类型，花岗岩(火成岩，$\sigma_c = 148.45$ MPa，产地为河南)及青砂岩(沉积岩，$\sigma_c = 60.46$ MPa，产地为重庆)，进行二维贯入试验。按照国际岩石力学学会推荐的试验方法加工了标准岩石试样(图 2-7)，采用单轴压缩试验、巴西劈裂试验、三轴压缩试验及

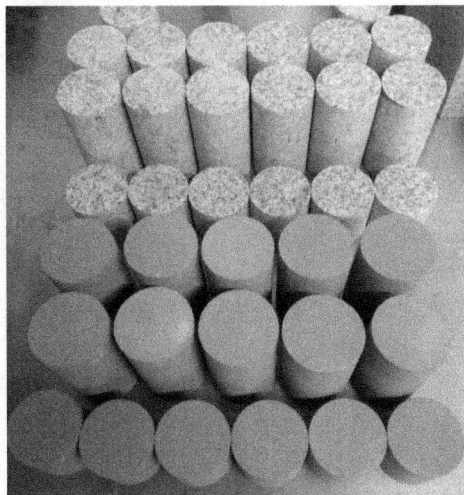

图 2-7　岩石试样

波速测试等测定了岩石的主要物理力学参数(图 2-8 ~ 图 2-10)。岩石的物理力学参数如表 2-1 所示。其中 σ_c 为单轴抗压强度, E 为弹性模量, ν 为泊松比, σ_t 为单轴抗拉强度, c 为黏聚力, φ 为内摩擦角, v_p 为 P 波波速, ρ 为岩石密度。

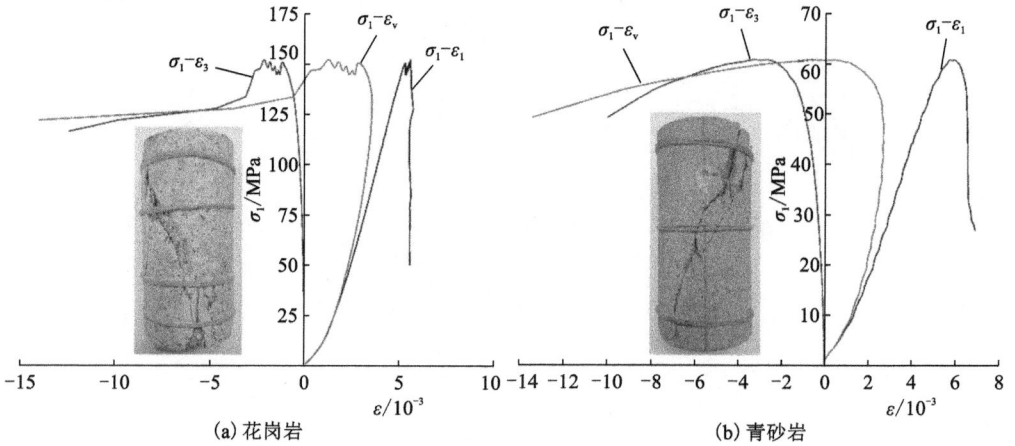

(a) 花岗岩　　　　　　　　　　(b) 青砂岩

图 2-8　典型试样单轴试验曲线

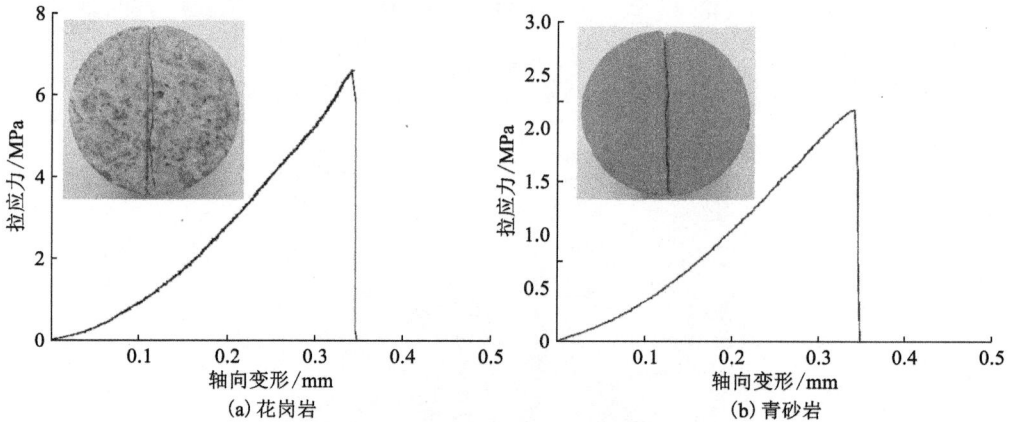

(a) 花岗岩　　　　　　　　　　(b) 青砂岩

图 2-9　典型试样巴西劈裂试验曲线

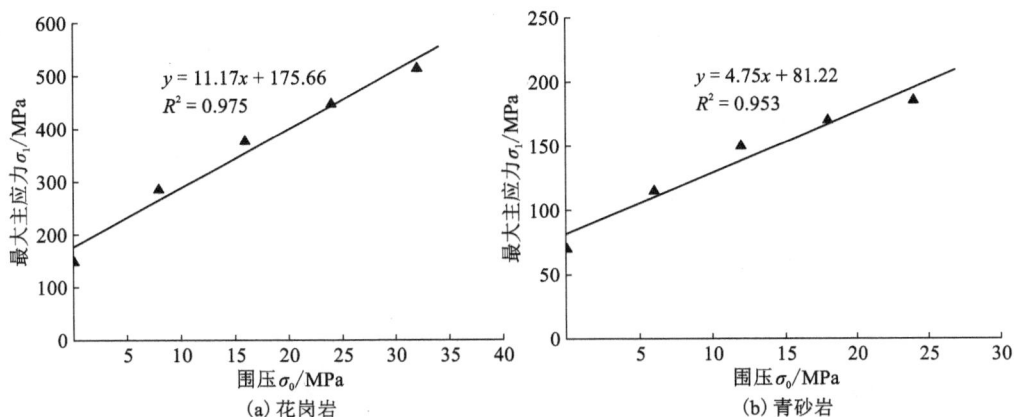

(a) 花岗岩　　　　　　　　　　(b) 青砂岩

图 2-10　典型试样三轴压缩试验参数拟合

表 2-1　花岗岩及青砂岩的物理力学参数

岩石	物理力学参数							
	σ_c/MPa	E/GPa	ν	σ_t/MPa	c/MPa	φ/(°)	v_p/(m·s^{-1})	ρ/(g·cm^{-3})
花岗岩	148.45	37.22	0.26	6.68	26.28	56.68	3343	2.64
青砂岩	60.46	13.55	0.29	2.36	18.64	40.69	2573	2.25

在测量岩石的基本物理力学参数试验中,也对部分砂岩试样进行了同步的声发射监测(单轴压缩试验与巴西劈裂试验)。获得的声发射演化信息可作为后续数值模拟参数标定过程中的重要参照。图 2-11 为砂岩试验过程中的声发射监测传感器布置图。

(a) 单轴压缩试验　　　　　　　　(b) 巴西劈裂试验

图 2-11　砂岩试验过程中声发射监测传感器布置图

在后文分析中须对岩石破坏机制进行微观解释，因此同时也对岩石进行了 XRD（X-ray diffraction，X 射线衍射）测试及偏光显微观测，用以了解岩石的矿物成分及微观组成结构。XRD 分析结果表明，花岗岩的主要矿物成分包括石英（Qz，12.84%）、钠长石（Ab，64.03%）、黑云母（Bt，0.82%）及钾长石（Mc，22.31%）；青砂岩的主要矿物成分包括石英（Qz，35.98%）、钠长石（Ab，33.27%）、白云母（Ms，10.03%）、钾长石（Mc，9.73%）、斜绿泥石（Cl，6.52%）及其他矿物。完整岩石试样的偏光显微镜观测结果如图 2-12 所示。

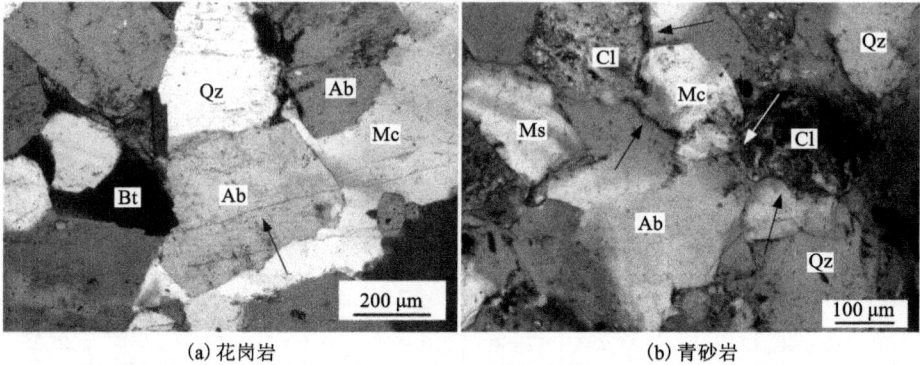

(a) 花岗岩　　　　　　　　　　　　(b) 青砂岩

图 2-12　岩石薄片的偏光显微镜观测图

可以看出，花岗岩具有紧密镶嵌的晶粒结构，粒间具有较强的结合强度，岩石在破坏过程中易沿图 2-12(a)中的箭头所示的裂纹产生穿晶破坏。青砂岩中矿物颗粒则以线接触胶结的形式相连，颗粒之间的间隙充填有少量黏土基质的胶结物[如图 2-12(b)中箭头所示]。由于黏土基质胶结强度要小于花岗岩中紧密镶嵌的晶粒结合方式，在应力场作用下，沿晶破坏（包含张拉劈裂与剪切）可能是青砂岩的主要破坏形式。

为确保岩石试样具有相似的力学性质并避免可能的尺寸效应，试样均从同一较大的花岗岩或青砂岩岩块上切割，加工成尺寸为 190 mm×150 mm×22 mm（长×宽×厚）的板状。同时，打磨四个边角至 90°，以确保侧向约束应力能够均匀地施加在岩石试样侧面。之后再对岩石试样表面进行打磨和抛光处理，这有助于提高试样表面平整度并获得稳定的初始热辐射场。最后将所有岩石试样在 50 ℃ 下烘干约 24 h。

2.2.3　方案设计

为研究影响刀具破岩的若干因素，试验中设置了以下若干试验变量。（1）具有不同力学性质的两种岩石，即花岗岩和青砂岩；（2）具有不同几何参数的楔形压头，几何参数变量包括不同的楔刀刃角（60°、90°、120° 和 150°）及不同的磨损刃宽（0 mm、2 mm、4 mm 和 6 mm）；（3）不同的侧向约束应力，即 0 MPa、2 MPa、5 MPa、8 MPa 和 11 MPa。试样设置及编号如表 2-2 所示。

表 2-2　试样设置及编号

试验参数变量	刃角/（°）			
	60	90	120	150
试样编号	SA60	SA90	S0	SA150
	GA60	GA90	G0	GA150
试样参数变量	磨损刃宽/mm			
	0	2	4	6
试样编号	S0	SW2	SW4	SW6
	G0	GW2	GW4	GW6
试样参数变量	侧向约束应力/MPa			
	0.1	2	5	8	11
试样编号	S0	SC2	SC5	SC8	SC11
	G0	GC2	GC5	GC8	GC11

其中，试样编号中不同的符号具有不同的含义，"S"表示青砂岩，"G"表示花岗岩，"A"表示楔刀刃角，"W"表示刀尖磨损宽度，"C"表示侧向约束应力，数值表示相关变量的大小。特别地，"G0"和"S0"分别表示采用 120°刃角的无磨损压头，且在 0.1 MPa 侧向约束应力下贯入的花岗岩及青砂岩试样，其设置用于与不同加载条件下的试样进行对比。试验时，对非围压组试样施加 0.1 MPa 侧向约束应力，以避免峰值贯入荷载后试样迅速失稳。对围压组则均使用 120°刃角的无磨损楔形压头进行岩石贯入。

贯入荷载施加之前，在试样上表面关于贯入轴线对称地粘贴两小铁条，铁条方向垂直于试样表面，且距离设置为固定的 120 mm，用以标定红外热像图中观测区域的实际尺寸。为确保声发射传感器与试样表面耦合良好，并对 2D 定位精度进行校准，试验前按照美国材料与试验协会 ASTM[1] 推荐方法在试样表面进行多次断铅试验。定位校正完毕后，将侧向约束力缓慢施加至预定值，待试样表面温度场稳定后，控制试验机开始以 0.005 mm/s 的恒定加载速率施加竖向贯入荷载。同时，红外热像监测与声发射采集也同步开始，直至出现一显著的荷载跌落和明显的宏观裂纹。显著的荷载跌落后继续贯入加载一定的深度(约 3 mm),以使岩石破坏模式更加明显。此外,试样加载过程中的红外热像监测须尽可能减小环境热源的干扰,要求关闭门窗,避免阳光射入,照明仅采用冷光光源(试验中采用 LED 照明),避免人员走动,同时对试验框架周围采用纸板进行必要的遮挡处理。试验过程中记录的环境温湿度分别为 16.7 ℃和 66%。

2.3 试验结果分析

2.3.1 贯入过程中的岩石损伤演化发展

红外热像图显示的是岩石试样表面的红外辐射温度分布,可间接地反映岩石损伤破裂的剧烈程度。为突出由楔刀贯入加载引起的试样表面温度变化并减小由环境干扰和试样表面不均匀出射度对温度测量造成的影响,在分析过程中对试验采集到的红外热像数据均做了差值处理,即以初始温度场稳定后贯入加载开始时的第一帧数据为基础,随后的红外热像图均对该帧数据进行差值计算[2],得到的便是温度场变化量,正值表示温度升高,负值则相反。图 2-13 为在 150°楔形压头贯入作用下,花岗岩试样在宏观开裂前的红外热像温度差值图。如不加以说明,本章中与红外热像有关的分析均以差值结果为基础。

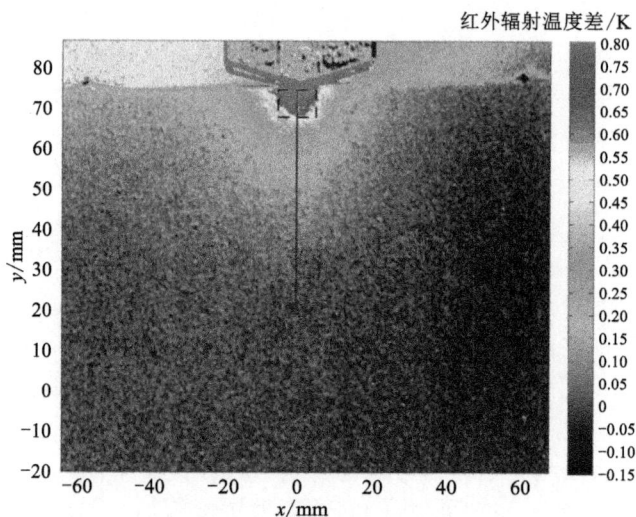

图 2-13 GA150 试样红外热像温度场(宏观裂纹出现前)

由图 2-13 可见，在楔形压头贯入作用下，岩石试样表面出现了不均匀的温升现象。压头尖端下方存在一高温区，根据 Truman 等人[3, 4]对楔刀贯入过程的弹性应力场分析，高温区对应着贯入作用下的应力集中区(图 2-14)。岩石区域距离压头尖端越远，温升幅度越低。同时，温度变化场关于贯入轴线几乎是对称的。可以得出这样的结论：红外辐射温升区的出现是楔刀贯入作用下岩石试样中存储的应力应变能逐渐耗散的结果。为定量地反映岩石损伤演化机制，可选定楔形压头下一矩形区域及一竖直剖面线上的温度场分布作为研究对象，如图 2-13 所示，用以分析其辐射温度分布及演化特征。为表示方便，记上述矩形区内的平均辐射温度为 AIRT(average infrared temperature)，单位为 K(开尔文)。

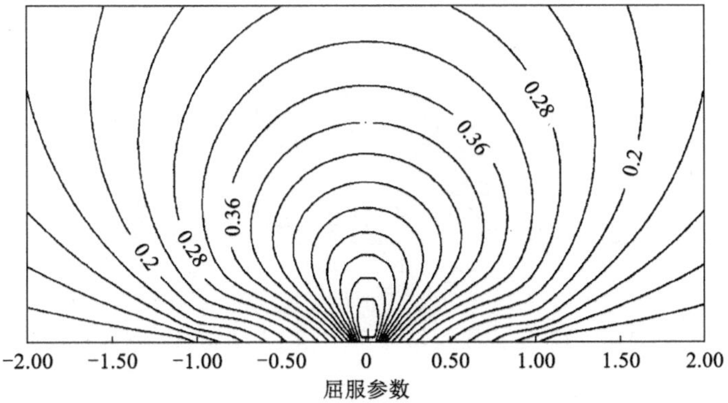

图 2-14　楔刀贯入下的岩石弹性应力场[3]

贯入荷载、AIRT、AE 撞击随楔刀贯入深度的变化关系如图 2-15 所示，其中，左侧纵轴表示贯入力除以试样厚度的值，右侧的两纵轴分别表示 AIRT 和 AE 撞击值。可以看到，宏观开裂点出现之前，贯入荷载及 AIRT 随贯入深度近似线性增长。而 AE 撞击值经过一不活跃的初始平静期后，约在 50%峰值荷载时开始逐渐迅速增长，表明此时岩石开始进入损伤破裂活跃期。在试样的应力集中区，随着塑性损伤及微破裂的产生，试样中部分累积的机械能持续地转化为热能及波动能形式而耗散，这导致了 AIRT 及 AE 撞击值的持续增长。当试样应力状态达到临界条件时，一宏观裂纹突然从刀具下方出现并迅速贯通岩石试样，同时伴随着贯入荷载的显著跌落及 AIRT 和 AE 撞击值的迅速跃升，表明宏观裂纹的产生及扩展过程存在着剧烈的能量释放及转换。由于侧向约束的存在，峰值荷载后试样并未完全失去承载力，荷载-贯入深度曲线进入残余强度阶段，出现了增长-跌落的交替变化状态，这一过程伴随着往复的机械能累积与释放。每一处荷载大幅跌落处均伴随着 AIRT 和 AE 撞击值的显著增长，对应着新的宏观裂纹产生和岩石的进一步损伤破裂。为揭示楔刀贯入作用下岩石损伤区的演化规律，选取了加载过程中 A ~ F 点（分别对应宏观开裂点贯入深度的 20%、40%、60%、80%、100%、110%）的红外热像图进行分析。

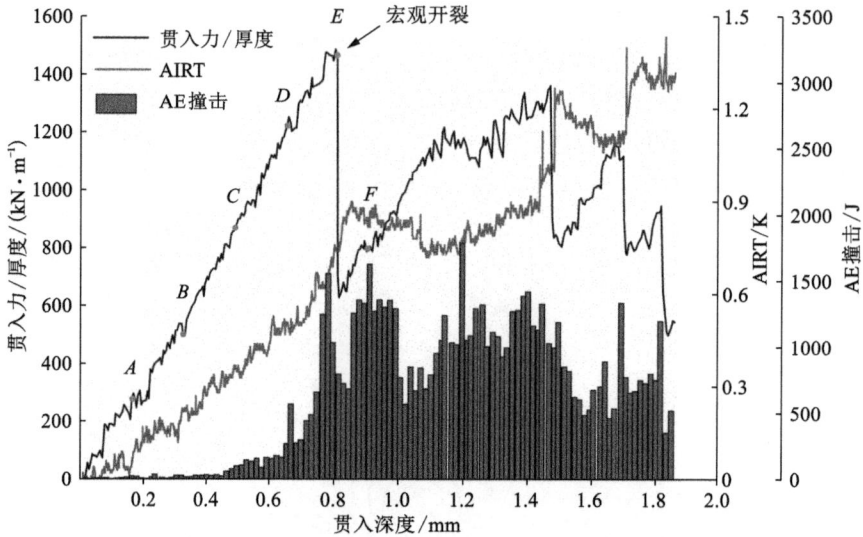

图 2-15　150°楔形压头贯入作用下的花岗岩试样的力学及声发射响应

GA150 试样加载过程中的红外辐射温度场演化如图 2-16 所示。初始阶段[图 2-16(a)]，楔形压头尖端下存在一温升区，但温升幅度不大，温升区范围也较小；随着贯入深度的增加[图 2-16(b) ~ (d)]，其范围逐渐扩大，温升幅度也逐渐增加，越接近楔刀尖端则温升越明显，表明楔刀贯入作用下岩石的损伤程度和损伤范围均在增加。图 2-16(e)为试样宏观裂纹出现的前一帧红外热像图，由图可见，高温区近似半圆形且关于贯入轴对称，核心区温升幅度超过了 0.8 K，而远离核心区处温度变化不明显。图 2-16(f)对应宏观裂纹出现之后，其温度变化条带可较好地反映宏观裂纹位置。

图 2-17 分别为楔形压头作用下 GA150 试样的破裂模式与经典空腔膨胀模型，两者具有较高的一致性。当采用楔形压头贯入岩石时，压头下方可根据岩石的应力及变形特征分为由内到外的以下三个损伤或变形区：①半圆形的静水压力核心区，其半径为 r_1，该区域内岩石由于较大的压应力而被压碎，后经过压实作用形成密实的粉碎体，又称密实核，其内部应力状态近似为静水压力状态，并将压应力均匀传导至周围岩体；②塑性区，其内半径为 r_1，外半径为 r_2，该区域岩石达到屈服条件并服从塑性流动的力学行为特征，一般地，为便于理论计算可假定岩石表现为服从 Mohr-Coulomb 强度准则的理想弹塑性材料[5]；③弹性区，该区

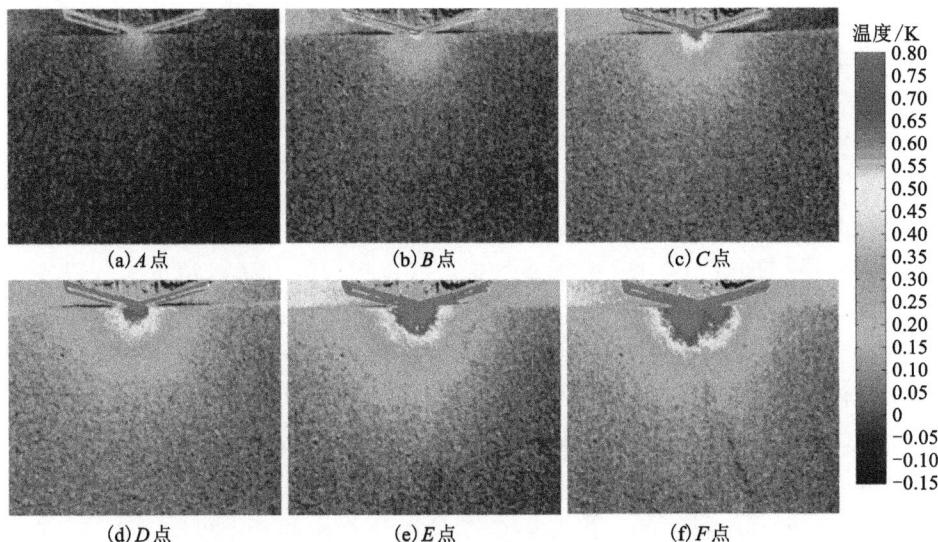

(a)A 点　　　　　(b)B 点　　　　　(c)C 点

(d)D 点　　　　　(e)E 点　　　　　(f)F 点

图 2-16　贯入作用下 GA150 试样的差值热像演化过程

域主要产生可逆的弹性变形[6]，应力状态未达到岩石的屈服条件。基于经典的空腔膨胀模型对岩石不同损伤区的基本假设，可以认为模型中的核心区、塑性区、弹性区的主要温升机制分别为破裂热效应、热塑效应及热弹效应[7]。岩石在不同的热力耦合效应下其能量耗散速率不同，产生了不同幅度的温升，其中破裂热效应最为剧烈，能量耗散速度最快，因而产生最高幅度的温升现象；热塑效应对应于岩石塑性变形中产生的应力应变能不可逆耗散，这部分对应的温升幅度次之；热弹效应对应于岩石在应力作用下由于弹性变形引起的温度变化，这部分温升最不明显。利用岩石不同损伤区热力耦合机制的差异所造成的温升幅度不同，可对相应岩石损伤区范围进行定量划分。

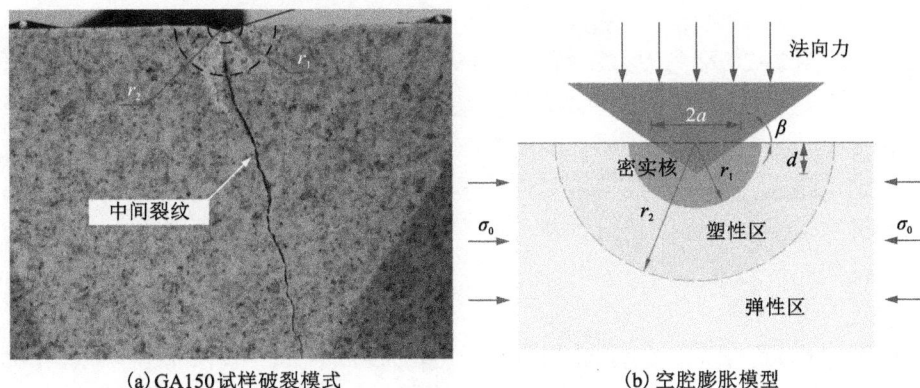

(a)GA150 试样破裂模式　　　　　(b)空腔膨胀模型

图 2-17　楔形压头作用下 GA150 试样的破裂模式与经典空腔膨胀模型

图 2-18 表示 GA150 试样在楔形压头贯入作用下沿中心线上的红外辐射温度分布及其演化过程，其中"h"为中心线上一点距压头尖端的距离，"ΔT"为红外辐射温度增长量。在不同的加载阶段，温度图呈现出相似的趋势，即中心线上的红外辐射温度增长量随"h"值的增加而逐渐下降，且下降斜率的绝对值逐渐减小。Clienti 等[8]以及 La Rosa 等[9]通过塑料、金属等材料上观测点的红外辐射温度随时间变化曲线的斜率拐点来确定材料的疲劳极限。因此，借鉴上述定量划分方法及空腔膨胀模型理论，采用了分段线性拟合确定拐点的方法以定量地获得各损伤区的范围。当楔刀贯入深度较小时[图 2-18(a)~(b)]，剖面线依据拟合线的斜率可划分为两段，即以半径 r_2 为圆弧边界的塑性区和弹性区，两相邻拟合线交点的横坐标值可近似认为是弹塑性界面的半径。随着刀具贯入深度的继续增加[图 2-18(c)~(d)]，核心区温升幅度增大，剖面线可划分为三段，包括最内层半径为 r_1 的核心区、分别以 r_1 和 r_2 为内外半径的塑性区以及最外层的弹性区。特别地，在宏观裂纹出现之前，核心区与塑性区边界附近出现了显著的温升现象[图 2-18(e)]，而其他试样中亦出现了类似的现象，表明此处在宏观开裂产生前出现了剧烈的损伤破裂活动。损伤区半径(r_1 及 r_2)与归一化的楔刀贯入深度(楔刀实际贯入深度除以宏观破裂点对应的贯入深度)关系曲线如图 2-19 所示。由图 2-19 可知，在归一化贯入深度约为 0.4 mm 之前，塑性区外半径 r_2 迅速增加，超过该值后则开始以较缓的速度增长。其增长趋势近似服从对数曲线，在宏观开裂点处该值为 14.21 mm。相反地，当塑性区增长开始出现减缓迹象时，具有最高温升的核心区开始出现，其最终区域半径为 4.81 mm。试验观测结果表明，在楔刀贯入作用下岩石内的损伤塑性区与核心区顺次出现并向外扩展，且在接近宏观裂纹产生时均已进入平缓扩展阶段，这与经典的空腔膨胀模型中塑性区与核心区同时产生及发展的假定不一致。借助于高精度的红外热像观测，本试验也定量地划分了应力场作用下岩石不同损伤区的具体范围，这可为今后同类型的试验分析提供借鉴。

为从另一角度验证红外热像观测结果，列出了 GA150 试样的 AE 事件累积演化过程，如图 2-20 彩色散点图所示。其中，颜色接近红色的点表示高能量事件，而颜色接近蓝色的点表示低能量事件。某一 AE 事件的平面定位需要被最少三个声发射传感器接收到相关信号，增加参与定位的声发射通道则有助于减小微破裂事件的定位误差。为了提高定位精度，图 2-20 中仅显示了可同时被六个传感器侦测到的 AE 事件。通过断铅试验与校准，在使用二维单纯形定位算法后，完整花岗岩试样在传感器阵列覆盖区域中，经计算后的震源位置的平均误差在 ±3 mm 范围内。

微破裂引起的 AE 事件累积演化可反映岩石损伤的发展。在初始阶段[图 2-20(a)~(b)]，由于应力集中效应的存在，楔刀下方开始聚集一些 AE 事

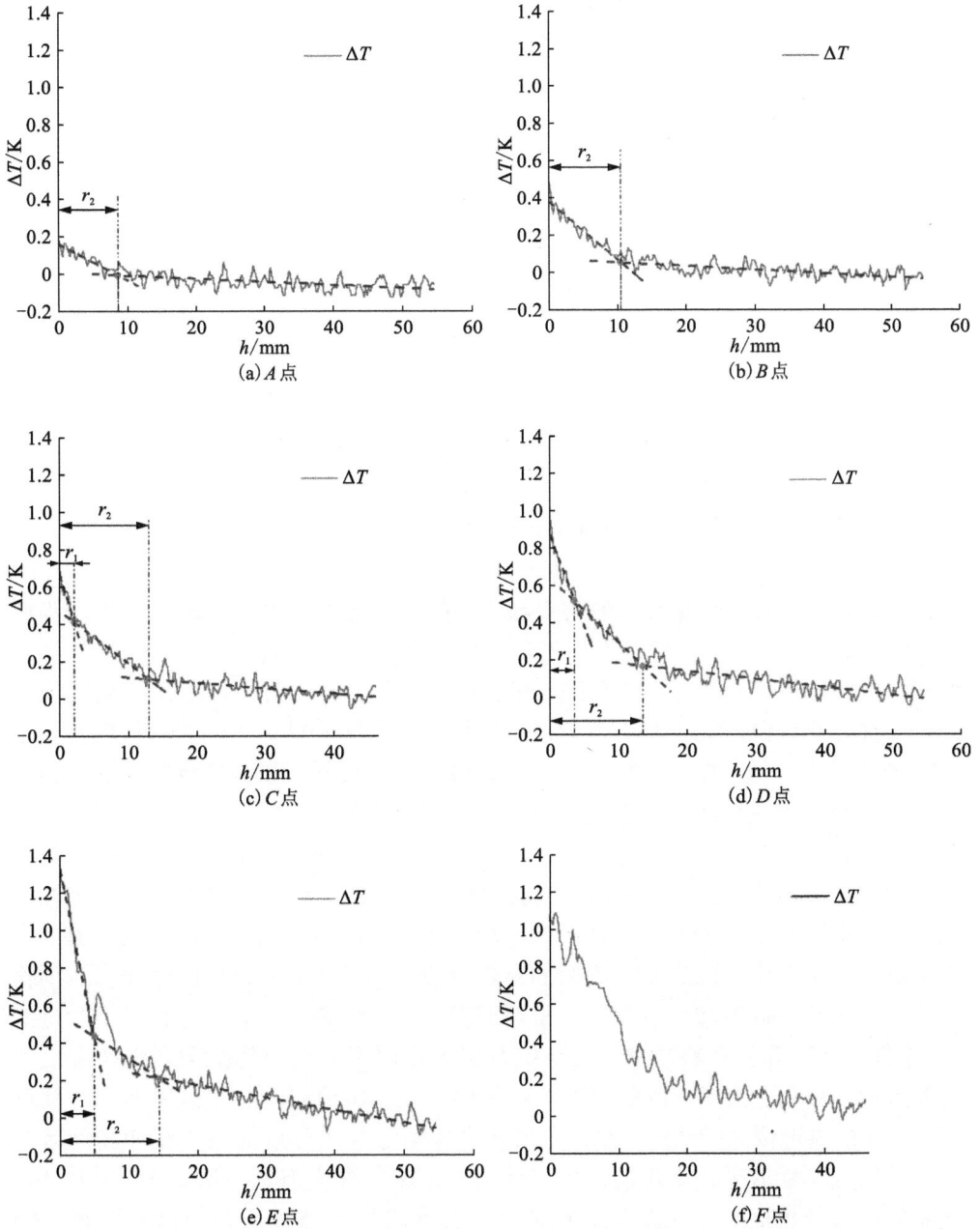

图 2-18　GA150 中心线上的温度分布演化及相应的损伤区范围划分

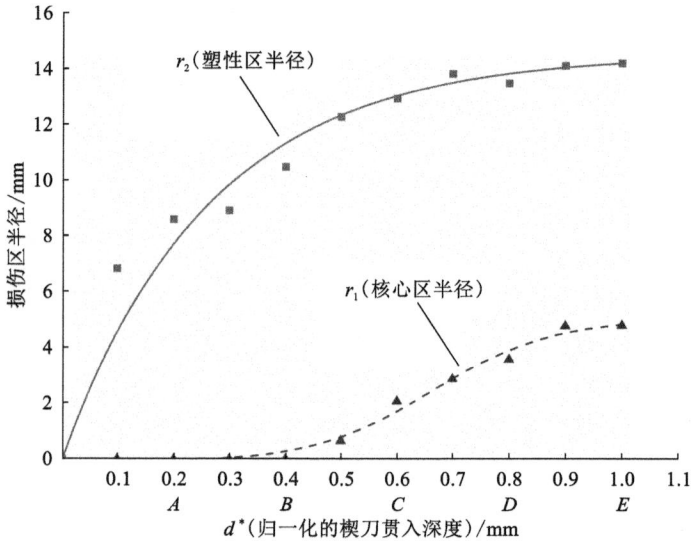

图 2-19 GA150 试样损伤区半径随贯入深度的演化规律

件，这对应着岩石损伤塑性区的萌生与迅速扩大。随着刀具贯入深度的进一步增加［图 2-20(c)~(d)］，楔刀下方出现了更多的声发射事件，并且在由红外热像图确定的塑性区附近存在 AE 事件的显著局部聚集，声发射事件定位结果的演化过程与红外热像监测结果具有良好的一致性。这表明塑性区内的岩石材料发生了进一步的损伤劣化，并意味着随着楔刀尖端附近岩石材料抗力的逐渐丧失，刀具下方的岩石破碎核心区开始出现并发展。当接近峰值荷载时［图 2-20(e)］，定位到的微破裂事件数激增，特别是塑性区中具有高能量的 AE 事件，这暗示着临界的中间裂纹正在萌生扩展。同时，也观察到一些 AE 事件定位到了远离损伤区的位置。这主要是由于岩石力学性质的不均匀性，即由于初始天然损伤的存在，在楔刀贯入作用下岩石内产生了离散的力学响应。另外，由应力波反射和岩石损伤积累引起的定位偏差增大也是一个重要原因。与 IRT 观测一样，具有不同能量的 AE 事件的演化和分布特征也可反映楔刀贯入作用下岩石损伤范围和损伤程度的发展过程。然而，由于声发射事件的离散性以及其定位误差随着试验的进行而增加，仅仅根据定位到的 AE 事件分布来准确地确定并区分包括核心区和塑性区在内的损伤区尺寸似乎是困难的。可以认为，在该二维楔刀贯入试验中，基于 IRT 观测的定量分析比基于 AE 定位的对岩石损伤发展的描述更加直观和准确。因此，在之后的二维楔刀贯入分析中，将 IRT 观测作为岩石损伤分析的主要方法。

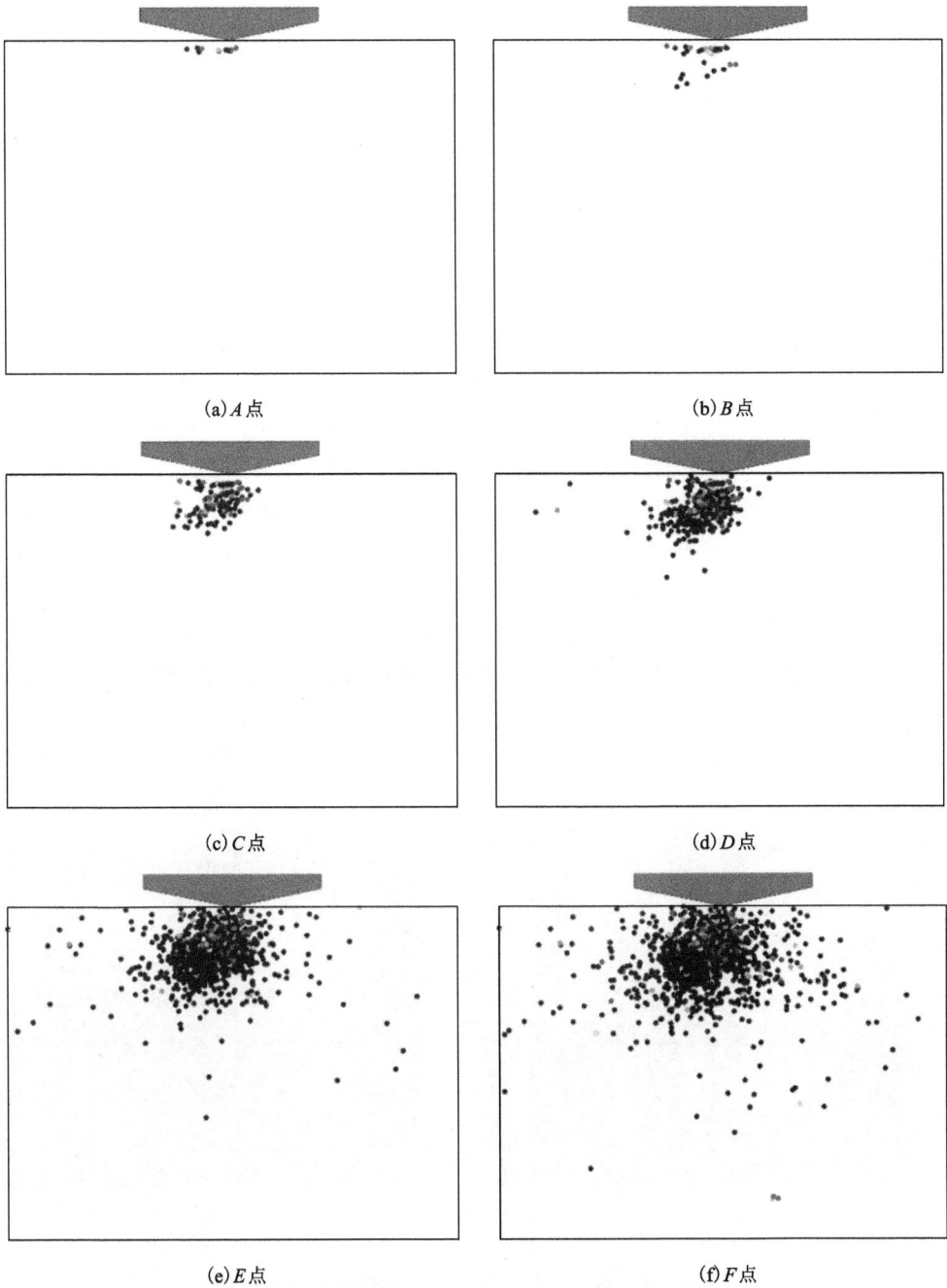

(a) A 点

(b) B 点

(c) C 点

(d) D 点

(e) E 点

(f) F 点

颜色接近黑色的点表示高能量事件，而颜色接近灰色的点表示低能量事件。

图 2-20　刀具贯入作用下 GA150 试样的声发射事件演化

2.3.2　楔刀刃角的影响

TBM 在早期发展过程中常采用刀圈断面形式为楔形的 V 形滚刀，刀刃角一般为 60°~120°，当开挖硬岩时一般采用较大的刀刃角，开挖较软的岩石时则采用较小的刀刃角。为揭示楔刀几何特征参数对岩石损伤和破碎发展的影响，试验中采用了 60°~150° 的楔形压头进行贯入加载。

图 2-21 为典型试样 G0 和 SA150 的红外热像图，G0 为采用 120° 楔形压头贯入的花岗岩试样，SA150 为采用 150° 楔形压头贯入的砂岩试样。可以观察到两贯入试验存在相似的温升特征，即在靠近楔刀尖端的区域其温升幅度比其他区域更高。由于不同试样宏观裂纹出现时其临界贯入深度不同，因此定义了无量纲损伤区半径 r_1^* 和 r_2^*，即试样宏观开裂出现时的 r_1 及 r_2 除以对应的临界贯入深度，表示压头贯入单位深度时在岩石中产生的损伤破裂区范围，可用以评价不同楔形压头的损伤破岩效果。无量纲损伤区半径随楔角变化关系如图 2-22 所示，采用了二次多项式函数对其进行了拟合。对于两种不同的岩石，r_1^* 及 r_2^* 在初始阶段均随楔角的增加而增加，而超过某临界值后则开始减小，其峰值出现在 120° 楔角附近。特别地，刀具楔角的变化对砂岩破岩效果的影响相较于花岗岩更为显著。由于有效的破岩取决于相邻滚刀间裂纹的贯通并形成可剥落的岩片，因此损伤区越宽越有利于滚刀间岩片的形成，从而也越有利于破岩效率的提高。因此可以认为，120° 楔形压头具有较高的破岩效率，其在砂岩等中等强度岩石中更为明显。

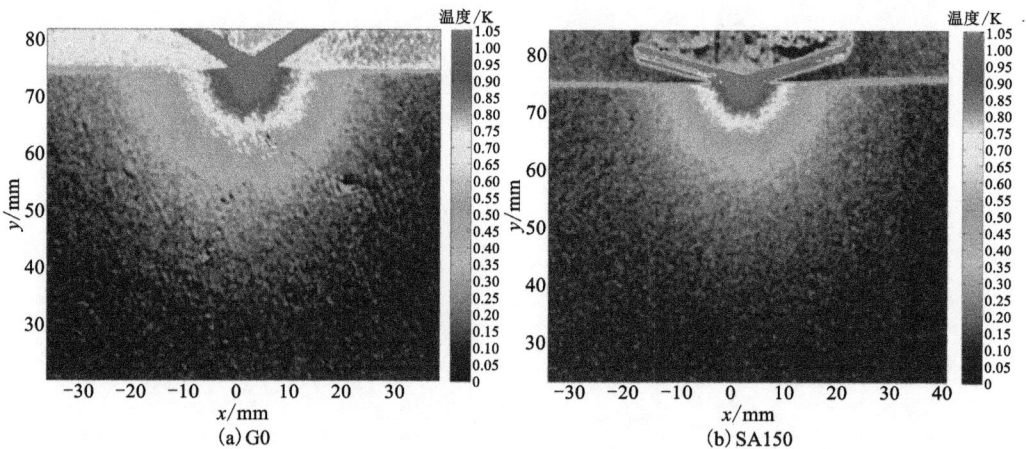

图 2-21　不同楔角刀具贯入下的岩石红外温度场

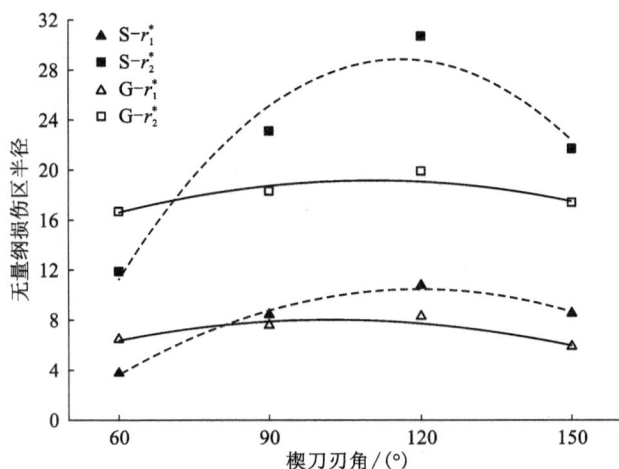

图 2-22　无量纲损伤区半径随楔刀楔角的变化趋势

2.3.3　楔刀磨损宽度的影响

　　V 形滚刀(或窄刃滚刀)由于具有较高的岩石切削效率和较低的破岩推力需求,在复杂地层 TBM 掘进中可与常截面滚刀(CCS 滚刀)或刮刀联合使用[10, 11]。然而,当 TBM 在坚硬及磨蚀性地层中掘进时,V 形滚刀由于其尖端易产生不均匀磨损而与岩石接触面接触条件产生变化,其切削效率往往迅速降低[12]。如图 2-23 所示,Tumac 和 Balci 认为,对于具有楔形尖端的滚刀,其轮廓在切削岩石过程中会逐渐磨损钝化成具有一定曲率半径的弧面或者一定端部宽度的平刃[13]。为简化处理,以模拟工程实际中具有不同磨损程度的真实刀具破岩,在楔刀贯入试验中设置了具有 0~6 mm 平刃磨损宽度的压头。

　　如图 2-24 所示,根据红外热像图中岩石中心线上的温度分布确定损伤区半径 r_1 和 r_2 后(试样 GW6 及 SW6),可沿其等温线绘制出核心区及塑性区轮廓。在具有一定磨损宽度的楔形压头贯入下,岩石损伤区不再符合经典空腔膨胀模型中的半圆形假定,而是以贯入轴向方向为长轴,垂直方向为短轴的半椭圆形。名义无量纲损伤区半径 r_1^* 及 r_2^* 随磨损宽度的变化如图 2-25 所示,可近似认为其随贯入深度增加呈线性增加。这表明相比于垂向方向,在具有一定磨损宽度的楔形压头贯入下,更多的贯入功用于轴向方向上损伤区的形成和扩展,岩石破裂的粉碎程度更高,比能消耗也更高。而相对地用于侧向上损伤区发展的贯入功则更少,这不利于相邻滚刀间有效岩片的形成。同时,相比于图 2-15,图 2-26 所示的具有一定磨损宽度的楔刀贯入岩石过程中的荷载-贯入深度曲线表现出更明显

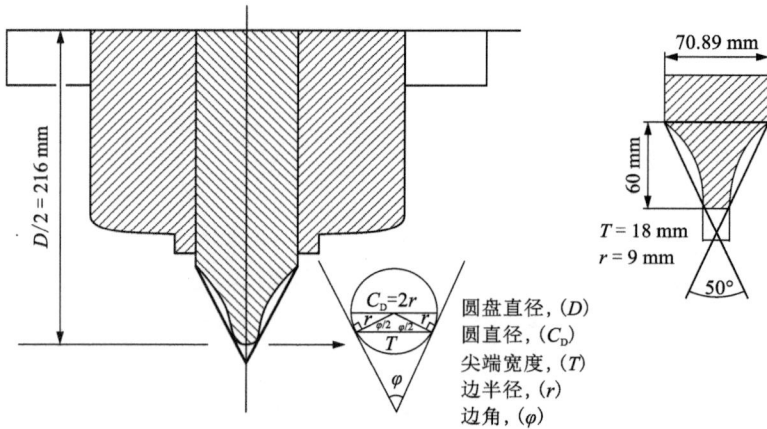

图 2-23   432 mm 窄刃滚刀简化为 V 形滚刀轮廓[13]

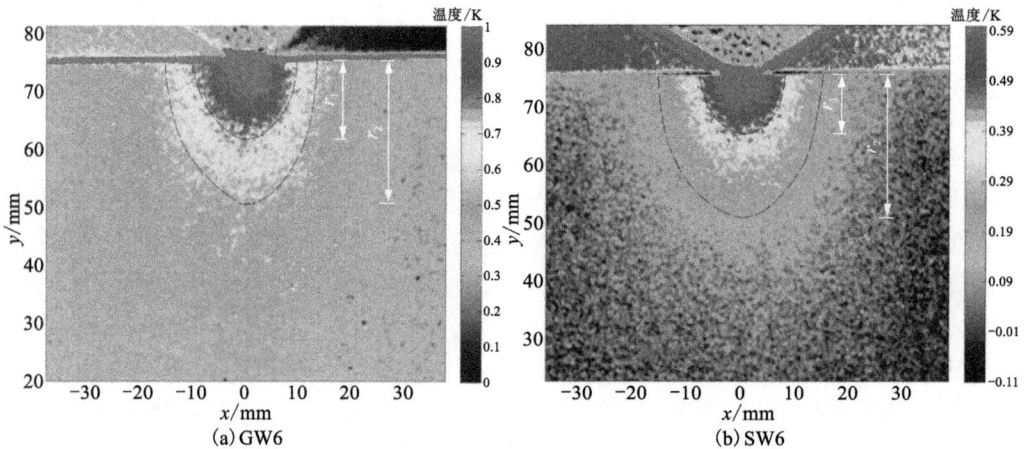

(a) GW6   (b) SW6

图 2-24   不同刃宽楔形刀具贯入下的岩石红外温度场

的脆性,且具有更大的峰值荷载及荷载跌落。而岩石力学破碎响应的脆性增加及荷载跌落幅度的增大将导致刀盘破岩推力以及刀盘振动幅度的增大,从而进一步加剧滚刀的非正常损耗(刀具偏磨、崩刃、轴承失效等),使得滚刀消耗更为严重,同时影响 TBM 掘进开挖效率。由于 V 形滚刀随磨损增加后其与掌子面岩石的接触条件(接触宽度、接触力分布等)发生变化,从而引起 TBM 掘进运行的机械参数变化,影响 TBM 掘进的稳定性。同时刀盘受力不平衡引起的刀盘剧烈振动将加剧滚刀的消耗。因此在现今的长大岩石隧洞 TBM 掘进过程中,除在特定岩体条件下如遇 TBM 推力不足的高硬岩层和非磨蚀性地层, V 形滚刀已逐渐为

CCS 滚刀所代替，以减小换刀频率[12]。

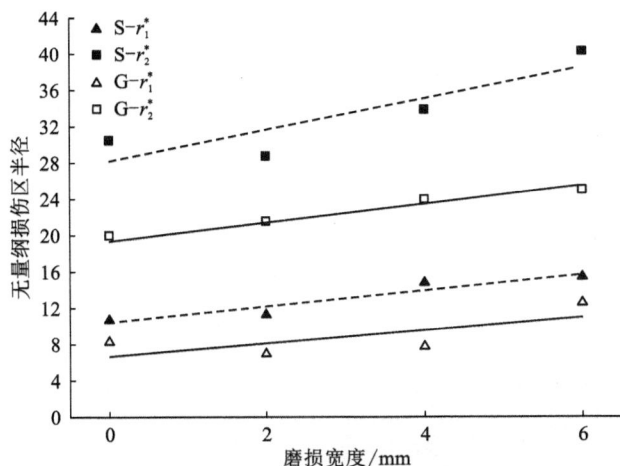

图 2-25　无量纲损伤区半径随楔刀刃宽的变化趋势

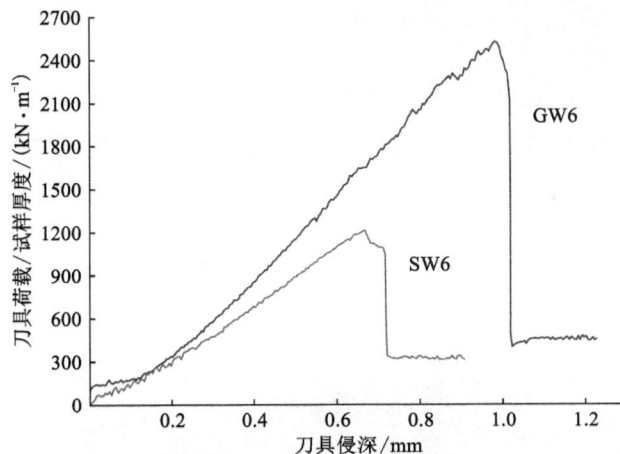

图 2-26　6 mm 刃宽楔形刀具贯入下的花岗岩及砂岩试样加载曲线

2.3.4　围压的影响

TBM 在深部岩层掘进中，经常遭遇高地应力地质条件[14]。除岩爆灾害和挤压大变形引起的卡机风险外，地应力的增大也会对 TBM 刀盘刀具掘进破岩过程造成影响。为研究围岩应力对刀具破岩过程的影响，试验中设置了多组不同的侧向约束应力试验组(0 MPa、2 MPa、5 MPa)。

如图 2-27 及图 2-28 所示,试验分析发现,对于两种不同岩石,当侧向约束应力低于某临界值时将发生脆性破坏,伴随有平行于贯入轴或与其成一定角度的主裂纹出现。而超过该临界值后,岩石将以塑性破坏模式为主,产生表面岩石剥落破坏或平行于试样前后临空面的开裂面。这一关于岩石破碎模式的试验现象与 Zhang 等[15]的试验观察结果是一致的(图 2-29)。分析表明,本试验中临界约束应力值近似等于相应岩石的抗拉强度,同时当岩石试样以脆性模式破坏时,宏观裂纹倾角随着侧向约束应力的增加而增大(图 2-28),这与 Huang 等[16]的数值模拟结果以及 Yin 等人[17]的块体岩石刀具贯入试验规律基本一致。

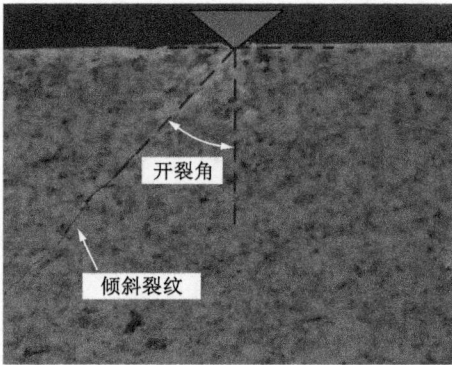

图 2-27 花岗岩试样 GC2 的破坏模式

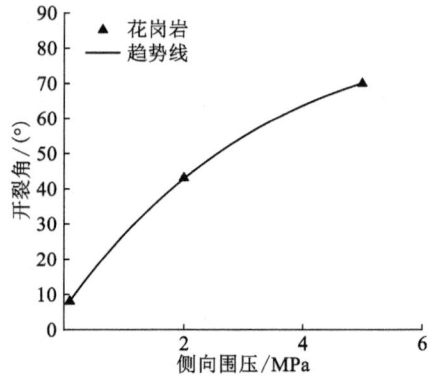

图 2-28 侧向约束应力对破裂角的影响

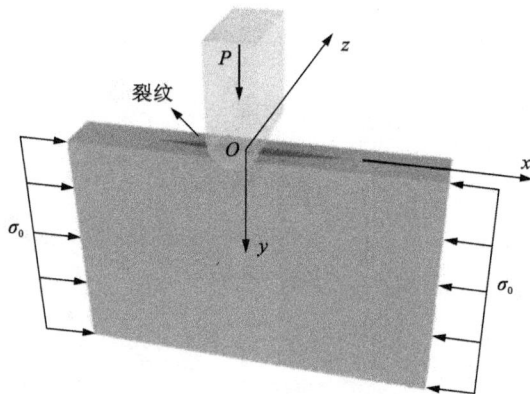

图 2-29 高侧向约束下产生的平行于自由面的开裂

在二维贯入试验中，由于试样前后面临空而无约束，其试验结果可能不足以反映围压对滚刀破岩效果的真实影响，但随着围压增高而出现的岩石破坏模式脆-延转化现象与 Yin 等人[17]的块体岩石贯入试验结果是一致的。为模拟更接近工程实际的围岩应力对刀具破岩的影响，将在下一章具有双向围压约束的块体试样滚刀贯入试验中对这一影响因素进行更细致的分析。

2.4　讨论

2.4.1　试验结果和理论值的比较

根据基于岩石材料理想弹塑性假定及 Mohr-Coulomb 屈服准则的岩石楔刀贯入空腔膨胀模型，对于几何自相似的钝角楔形压头，可以使用式(2-1)～式(2-6)对贯入压力和损伤区尺寸进行理论估计[16]。

$$(1 + \mu)\xi_*^{(K_d+1)/K_d} - \mu\xi_*^{(K_p-1)/K_p} = \gamma \tag{2-1}$$

$$\gamma = \frac{2(K_p + 1)G\tan\beta}{\pi\sigma_c} \tag{2-2}$$

$$K_p = \frac{1 + \sin\varphi}{1 - \sin\varphi} \quad \& \quad K_d = \frac{1 + \sin\psi}{1 - \sin\psi} \tag{2.3}$$

$$\mu = \frac{\lambda K_p}{K_p + K_d} \tag{2-4}$$

$$\lambda = \frac{(K_p - 1)(K_d - 1) + (1 - 2\nu)(K_p + 1)(K_d + 1)}{2K_p} \tag{2-5}$$

$$\frac{p}{\sigma_c} = \frac{1}{K_P - 1}\left[\frac{2K_P}{K_P + 1}\xi_*^{(K_p-1)/K_p} - 1\right] \tag{2-6}$$

式中：$\xi_* = r_2/a$，为弹塑性区边界的归一化半径；a 为楔形压头与岩石的接触半径；r_2 为塑性区的外半径(如图 2-17 所示)；$p = F/2a$，为贯入压力；F 为刀具法向作用力；γ 为常量，表征刀具几何形状和岩石性质；K_p 和 K_d 分别为被动系数和剪胀系数；φ 和 ψ 分别为岩石的内摩擦角和剪胀角；$G = E/[2(1+\nu)]$，为剪切模量；β 为楔形压头表面与岩石试样的夹角。

表 2-3 中对不同楔角(90°～150°)的压头侵入花岗岩试样时 p 和 ξ_* 的试验测量值与理论估值之间进行了比较。结果表明，基于岩石材料理想弹塑性假定及 Mohr-Coulomb 屈服准则的空腔膨胀模型对楔刀贯入压力的估值偏低，而对弹塑性区边界的无量纲半径估值偏高，不同楔角刀具其偏差范围也不尽相同。在经典

空腔膨胀模型中，为简化起见常假定核心区的半径等于楔刀-岩石接触半径，但楔刀贯入过程的红外热像试验观测结果表明，岩石损伤核心区的实际范围通常超过该半圆形区域。同时，对岩石为理想弹塑性材料的简化假设也是理论误差的重要来源之一。

表 2-3 不同楔角（90°、120°、150°）的压头贯入花岗岩试样的试验值与理论估值的比较

刀具楔角/(°)		90	120	150
贯入压力(p)/MPa	CEM 理论估计值	449.87	347.73	241.74
	试验测量值	577.64	517.26	248.22
归一化的弹塑性半径（ξ_*）	CEM 理论估计值	22.94	17.46	11.94
	试验测量值	18.46	11.49	4.67

2.4.2　临界裂纹的萌生

基于经典的空腔膨胀模型，已有多位学者应用线性断裂力学分析宏观裂纹的萌生和扩展，他们认为由于拉伸应力在弹塑性边界处最大，因而该处成为临界中间裂纹的起裂点[16, 18]。然而，本试验的观察结果表明，在宏观开裂点出现之前，核心区和塑性区之间的界面附近存在着显著温度跃升[图 2-18(e)]。这暗示着楔刀贯入过程中，临界中间裂纹可能在贯入过程中从塑性区和核心区界面附近萌生并开始扩展，如图 2-17(a)所示。同时，在宏观开裂点出现之前，在塑性区内且接近核心区-塑性区界面处[图 2-20(e)]附近有较多高能量 AE 事件聚集，与红外热像观测显示的温度跃升区位置具有较好的一致性。由于临界中间裂纹的萌生发展过程伴随着剧烈的微破裂活动，上述试验现象有力地支持了关于临界中间裂纹可能在贯入过程中从塑性区和核心区界面附近萌生并开始扩展的假设。由于楔刀贯入过程中刀具下方存在应力集中效应，岩石材料将达到屈服条件产生非弹性变形，采用传统的接触力学及断裂力学方法研究其尖端处岩石的力学行为响应并获得解析解还具有较大的困难，与试验现象具有一定的出入[19]。为了进一步验证及分析楔刀破岩过程及机理，还需要采用更精确的试验观测手段，如高速摄像技术等。

2.5　本章小结　>>>

本章通过红外热像(IRT)和声发射(AE)两种无损检测技术，在两类岩石的二

维贯入试验中连续获取了岩石的损伤破裂演化信息，深入揭示了刀具贯入破岩过程中的岩石损伤破裂机制及相关影响因素作用规律，得到如下主要结论。

①楔刀贯入作用下的岩石试样表面不均匀温升可由空腔膨胀模型进行解释，模型中核心区、塑性区、弹性区的温升分别源自岩石的破裂热效应、热塑效应及热弹效应。由于岩石在不同的热力耦合效应下的能量耗散速率不同，因此试样表面温升幅度不一。该现象可作为岩石损伤区域划分依据，通过对红外热像温度分布进行分段线性拟合，确定了各损伤区范围。岩石损伤区演化规律表明，刀具作用下塑性区与核心区顺次出现并发展，这与经典的空腔膨胀模型中塑性区与核心区同时产生及发展的假定不一致。

②构建的无量纲损伤区半径指标可有效反映楔形压头破岩效率。试验结果表明，楔角为 120° 的楔形压头具有更高的岩石切削效率，特别是对如砂岩等中等强度岩石，这是由于其贯入作用产生的岩石损伤区更宽，更有利于相邻滚刀间岩片的形成。当采用具有一定磨损宽度的楔形压头贯入岩石时，红外热像结果表明岩石损伤区为半椭圆形。随着磨损宽度的增加，更多的贯入功用于刀具轴向上的损伤区形成和扩展，刃底岩石粉碎程度更高导致比能提升，而用于侧向上损伤区发展的贯入功则相对更少，这不利于相邻滚刀间有效岩片的形成。此外，当侧向约束应力或围压超过某一临界值时，贯入作用下的岩石破坏模式存在明显的脆-延性转化。

③比较贯入压力和无量纲损伤半径的试验值与理论计算值发现，基于岩石材料理想弹塑性假定及 Mohr-Coulomb 屈服准则的空腔膨胀模型对楔刀贯入压力的估值偏低，而对弹塑性边界的无量纲半径估值偏高，与试验观测值之间还存在一定的差异。观测楔刀贯入过程发现，临界中间裂纹从塑性区中靠近核心区-塑性区边界处的区域开始萌生并发展，这与当前采用线性断裂力学的假定不一致，该现象有待更精确的试验证实。

上述结果有助于从新的角度认识刀具破岩机理及岩石损伤过程，从而优化滚刀刃型参数设计。此外需要强调的是，花岗岩与青砂岩、高围压与低围压的试验结果对比显示了常规 TBM 破岩在高地应力、极硬岩条件下的技术瓶颈——高滚刀推力、低贯入深度。在高岩石强度与侧向约束应力限制了裂纹的开展角度与长度的困境下，刃型与铸造材料的优化无法为 TBM 掘进效率带来质的突破。为此，研究人员开始将目光聚焦于引入新型辅助破岩技术，革新滚刀的破岩机制。

参考文献

［1］ ASTM Standard E976-15, Standard guide for determining the reproducibility of acoustic emission sensor response (West Conshohocken, Philadelphia)［S］. 2015.

［2］ HE M C. Physical modeling of an underground roadway excavation in geologically 45° inclined rock using infrared thermography［J］. Engineering Geology, 2011, 121(3-4): 165-176.

［3］ TRUMAN C E, SACKFIELD A, HILLS D A. Contact mechanics of wedge and cone indenters ［J］. International Journal of Mechanical Sciences, 1995, 37(3): 261-275.

［4］ TRUMAN C E, SACKFIELD A, HILLS D A. The state of stress induced by a conical indenter ［J］. Journal of Strain Analysis for Engineering Design, 1996, 31(4): 325-327.

［5］ ALEHOSSEIN H, DETOURNAY E, HUANG H. An Analytical Model for the Indentation of Rocks by Blunt Tools［J］. Rock Mechanics and Rock Engineering, 2000, 33(4): 267-284.

［6］ LI X F, LI H B, LIU Y Q, et al. Numerical simulation of rock fragmentation mechanisms subject to wedge penetration for TBMs［J］. Tunnelling and Underground Space Technology, 2016, 53 (5): 96-108.

［7］ SUN N S, HSU T R. Thermomechanical coupling effects on fractured solids［J］. International Journal of Fracture, 1996, 78(1): 67-87.

［8］ CLIENTI C, FARGIONE G, ROSA G L, et al. A first approach to the analysis of fatigue parameters by thermal variations in static tests on plastics［J］. Engineering Fracture Mechanics, 2010, 77(11): 2158-2167.

［9］ ROSA G L, CLIENTI C, SAVIO F L. Fatigue Analysis by Acoustic Emission and Thermographic Techniques［J］. Procedia Engineering, 2014, 74(4): 261-268.

［10］ BILGIN N, COPUR H, BALCI C. Effect of replacing disc cutters with chisel tools on performance of a TBM in difficult ground conditions ［J］. Tunnelling and Underground Space Technology, 2012, 27(1): 41-51.

［11］ GUCLUCAN Z M S, PALAKCI Y, BILGIN N, et al. The use of theoretical rock cutting concepts in explaining the cutting performance of a TBM using different cutter types in different rock formations and some recommendations［C］. Proceedings of the Proceedings of World Tunnelling Congress, Safe Tunnelling for the City and for the Environment, Budapest, Hungary, 2009: 487-489.

［12］ BALCI C, TUMAC D. Investigation into the effects of different rocks on rock cuttability by a V-type disc cutter［J］. Tunnelling and Underground Space Technology, 2012, 30(4): 183-193.

［13］ TUMAC D, BALCI C. Investigations into the cutting characteristics of CCS type disc cutters and the comparison between experimental, theoretical and empirical force estimations［J］. Tunnelling and Underground Space Technology, 2015, 45: 84-98.

［14］ 龚秋明, 佘祺锐, 侯哲生, 等. 高地应力作用下大理岩岩体的 TBM 掘进试验研究［J］. 岩石力学与工程学报, 2010, 29(12): 2522-2532.

［15］ ZHANG H, HUANG G Y, SONG H P, et al. Experimental investigation of deformation and failure mechanisms in rock under indentation by digital image correlation［J］. Engineering Fracture Mechanics, 2012, 96: 667-675.

［16］ HUANG H, DAMJANAC B, DETOURNAY E. Normal Wedge Indentation in Rocks with Lateral Confinement［J］. Rock Mechanics and Rock Engineering, 1998, 31(2): 81-94.

［17］ YIN L J, GONG Q M, MA H S, et al. Use of indentation tests to study the influence of confining stress on rock fragmentation by a TBM cutter［J］. International Journal of Rock Mechanics and Mining Sciences, 2014, 72: 261-276.

［18］ CHEN L H, HUANG K C, CHEN Y C. Acoustic Emission at Wedge Indentation Fracture in Quasi-Brittle Materials［J］. Journal of Mechanics, 2009, 25(2): 213-223.

［19］ LAWN B, WILSHAW R. Review: Indentation fracture: principles and applications［J］. Journal of Materials Science, 1975, 10(6): 1049-1081.

第 3 章
预切缝辅助 TBM 破岩平面贯入模型试验

3.1 引言

>>>

近年来，TBM 在我国水利、水电、铁路等行业的长大深埋隧道项目中得到广泛应用，但面对高强度高地应力的硬岩地层条件，会出现掘进效率低、刀盘振动大、刀具磨损严重等问题，导致施工进度降低，施工成本大幅增加。为从破岩机制革新的角度有效提升 TBM 在此不利地质条件下的掘进效率，研究者尝试在机械滚刀破岩过程中引入新型破岩技术，如高压水射流、激光等方式，在掌子面岩体上旋转切缝以降低其完整性，从而促进后续的滚刀过程。

传统的滚刀破岩机制可简要归纳为单把滚刀作用于岩石上产生侧向裂纹，随后相邻滚刀间裂纹贯通产生岩片。将高压射流喷嘴搭载在刀盘上进行预切缝显然会改变滚刀的破岩机理，但在不同切缝与滚刀轨迹相对位置以及不同切缝深度等条件影响下，滚刀破岩机制还会进一步变化。可见，需要设计并开展系统性试验，分析各类因素对滚刀破岩机制与效能的影响。

本章依旧采用压头贯入板状岩样试验，通过声发射技术和高速摄影成像技术监测裂纹演化过程，以完整岩样作对比，研究不同预切缝参数及围压对高强度硬岩损伤破坏过程及力学特性影响，归纳了压头贯入过程中的不同岩石破坏阶段。试验结果有助于理解预切缝辅助滚刀破岩机制，优化预切缝辅助 TBM 刀盘设计方案，促进新型破岩装备研发。

3.2　基础物理力学试验

3.2.1　岩石基本物理性质室内试验

本节主要对与工程密切相关的岩石天然密度、纵波波速等基本物理特性进行室内试验测定。

1. 岩石天然密度测定

岩石天然密度是指天然状态下岩石单位体积的质量。它是岩石和岩体工程性质研究中的常用参数，通常用量积法、密封法和水中称量法来测定岩石密度。本节采用量积法测得中等强度砂岩、硬质花岗岩、极硬花岗岩密度分别为 2.400 g/cm³、2.619 g/cm³、2.591 g/cm³，具体试验结果如表 3-1 所示。

2. 岩石纵波波速测定

岩石的性质主要由组成岩石的矿物特性、裂隙孔隙、岩石所处热力学环境（温度、压力等）所决定。通过测定弹性波在岩石中的传播速度，可对岩石中裂隙孔隙发育程度作出定量的评价。

岩石室内声波速度测定试验是测定岩石试样的纵波波速、横波波速等参数的一种方法，本节采用超声波测定仪对三种不同岩样进行波速测定，具体试验结果如表 3-1 所示。

表 3-1　基本参数试验测定结果

岩样	试件编号	质量/g	密度/(g·cm⁻³)	波速/(km·s⁻¹)	每组岩样质量平均值/g	每组岩样密度平均值/(g·cm⁻³)	每组岩样波速平均值/(km·s⁻¹)
中等强度砂岩	1-1	471.0	2.400	2.551			
	1-2	471.0	2.400	2.460	471.17	2.400	2.541
	1-3	471.5	2.402	2.613			
硬质花岗岩	2-1	513	2.614	2.651			
	2-2	514	2.619	2.613	514.00	2.619	2.705
	2-3	515	2.624	2.851			

续表3-1

岩样	试件编号	质量/g	密度/(g·cm⁻³)	波速/(km·s⁻¹)	每组岩样质量平均值/g	每组岩样密度平均值/(g·cm⁻³)	每组岩样波速平均值/(km·s⁻¹)
极硬花岗岩	3-1	507.5	2.586	3.381	508.50	2.591	3.295
	3-2	503.5	2.566	3.254			
	3-3	514.5	2.622	3.250			

3.2.2　岩石单轴压缩试验

1. 试验目的

岩石单轴抗压强度(UCS)是 TBM 掘进方向掌子面岩体分类的重要参数,与 TBM 掘进难易程度密切相关。同时,岩石单轴抗压强度的大小可反映岩石内部矿物颗粒胶结能力的强弱,这对岩石磨蚀性有着不可忽视的影响。[1]

岩石单轴抗压强度(UCS)是指试件在无侧限条件下受轴向力作用破坏时单位面积上所承受的荷载。本试验采用直接压坏试件的方法来确定岩石单轴抗压强度,即 UCS 为岩样所能承受的最大荷载,其计算公式为:

$$\sigma_c = \frac{F}{A}$$

式中:σ_c 为岩石的单轴抗压强度,MPa;F 为破坏荷载,N;A 为垂直于加载方向试件的断面积,mm²。

2. 试验装置及岩样制备

本节岩石单轴压缩试验采用 ZTRE-210 微机控制岩石三轴测试系统,如图 3-1 所示,该试验系统主要由轴向液压动力源、围压动力源、加热系统、传感器、数字控制器、系统软件等部分组成。其中,垂直液压缸最大压力为 2000 kN,活塞行程可达 100 mm,荷载、位移、变形测量精度分别为±1%、±0.5%、±1%。

本节按照国际岩石力学学会所推荐方法加工中等强度砂岩、硬质花岗岩、极硬花岗岩试样,现场取芯并加工为尺寸规格为 φ50×H100 mm 的标准圆柱体岩样,每种强度的岩样制作三个样,共计 9 个样品。

图 3-1　ZTRE-210 型微机控制岩石三轴测试系统

3. 试验结果分析

本节通过单轴抗压试验得到岩样的轴向应力-轴向应变(axial strain)曲线、轴向应力-径向应变(lateral strain)曲线(图 3-2~图 3-4)以及物理力学参数(表 3-2)。其中,岩样剪切模量 G 通过下列公式获得:

$$G = E/2(1 + \nu)$$

$$\nu = -\varepsilon_3/\varepsilon_1$$

式中: E 为岩样的弹性模量; ν 为泊松比; ε_1 为岩样在单轴抗压试验中的轴向应变; ε_3 为岩样在单轴抗压试验中的径向应变。

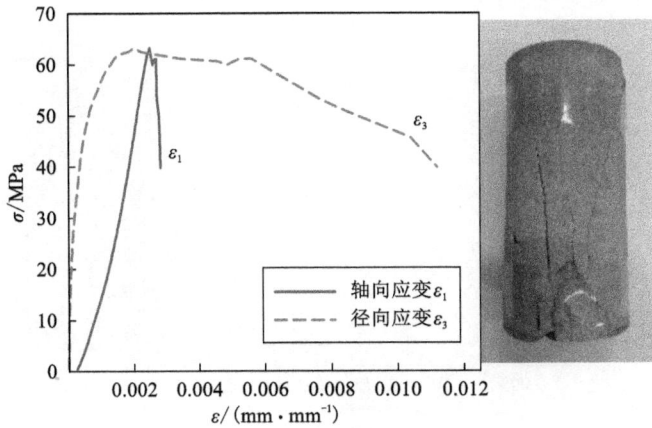

(a) 岩样 1-1

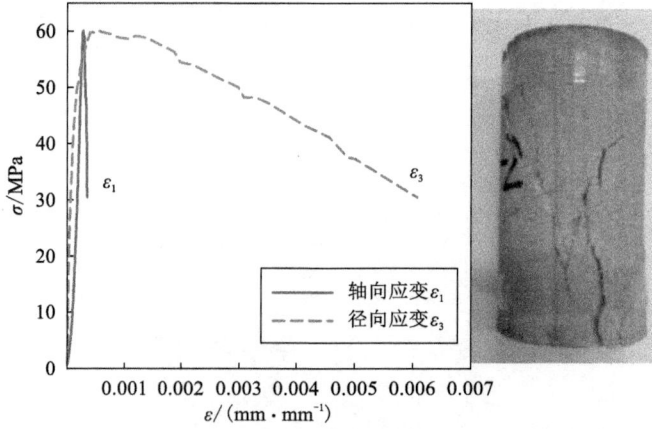

(b) 岩样 1-2

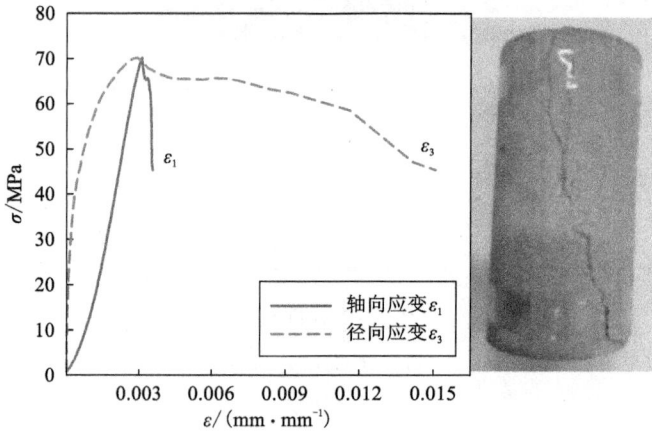

(c) 岩样 1-3

图 3-2　中等强度砂岩应力-应变曲线及破坏图

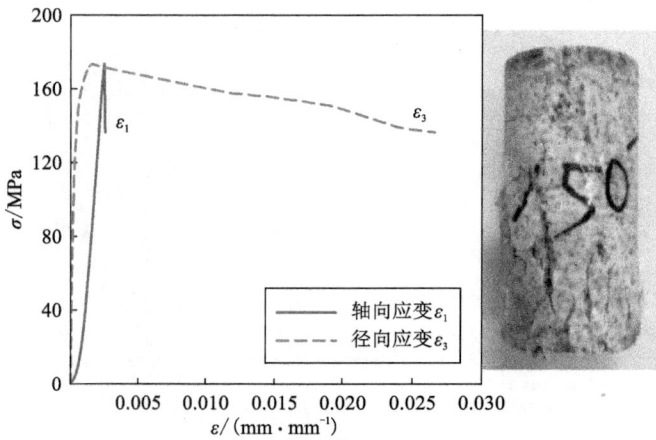

(a) 岩样 2-1

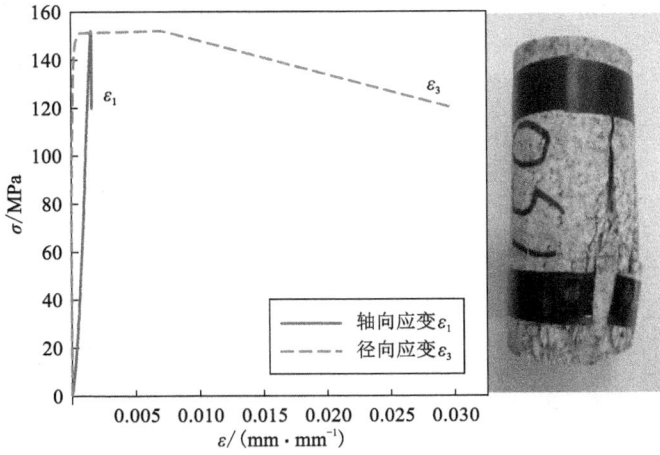

(b) 岩样 2-2

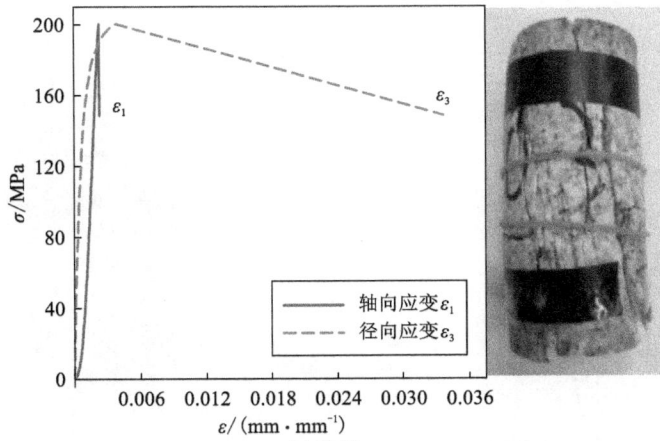

(c) 岩样 2-3

图 3-3　硬质花岗岩应力-应变曲线及破坏图

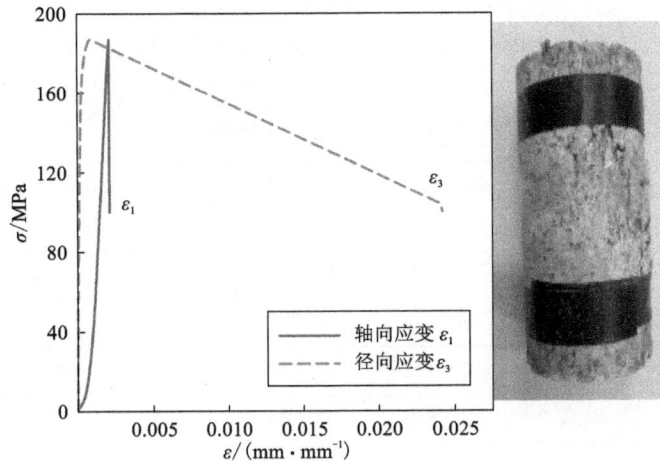

(a) 岩样 3-1

(b) 岩样3-2

(c) 岩样3-3

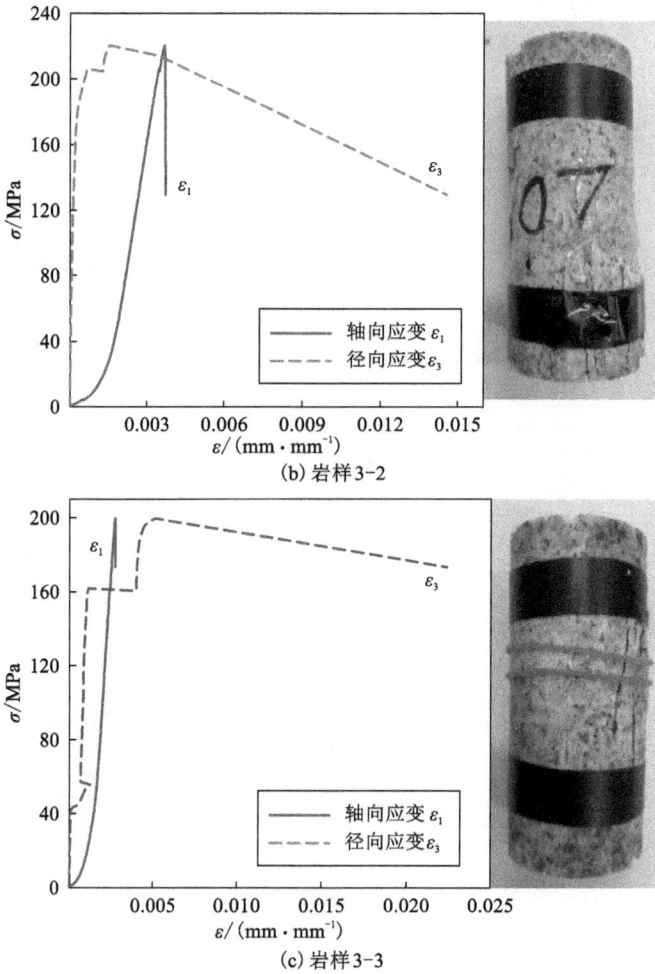

图 3-4　极硬花岗岩应力-应变曲线及破坏图

表 3-2　物理力学参数表

岩样	试件编号	峰值强度/MPa	弹性模量/GPa	剪切模量/GPa	泊松比	轴向峰值应变/10⁻³	径向峰值应变/10⁻³
中等强度砂岩	1-1	63.214	35.509	12.884	0.378	2.82	11.19
	1-2	60.042	30.644	10.707	0.431	3.54	60.71
	1-3	70.224	29.495	10.932	0.349	3.56	15.08
	平均值	64.493	31.883	11.508	0.386	3.31	28.99

续表3-2

岩样	试件编号	峰值强度/MPa	弹性模量/GPa	剪切模量/GPa	泊松比	轴向峰值应变/10^{-3}	径向峰值应变/10^{-3}
硬质花岗岩	2-1	151.95	104.270	37.373	0.395	2.58	26.60
	2-2	173.47	130.286	45.972	0.417	1.62	29.90
	2-3	200.34	104.886	38.252	0.371	2.30	33.70
	平均值	175.253	113.147	40.532	0.394	2.17	30.10
极硬花岗岩	3-1	187.129	137.080	53.589	0.279	2.13	24.20
	3-2	220.251	99.752	41.186	0.211	3.74	14.60
	3-3	199.587	146.827	59.929	0.225	2.75	22.30
	平均值	202.322	127.886	51.568	0.238	2.87	20.40

图 3-2~图 3-4 展现了三种不同强度岩样的应力-应变曲线及破坏后结果图，表 3-2 详细列出了由单轴抗压试验得到的三种不同强度岩样的峰值强度、弹性模量、剪切模量、泊松比以及轴向峰值应变和径向峰值应变值。从应力-应变曲线及基本物理力学参数可以看出，相较于中等强度砂岩，硬质花岗岩和极硬花岗岩峰值强度显著增大，并且极硬花岗岩强度略大于硬质花岗岩。从岩样破坏后的表面裂纹能够清晰地看出，中等强度砂岩主要为剪切破坏，而硬质花岗岩和极硬花岗岩主要为拉压破坏。

3.2.3 岩石巴西劈裂试验

1. 试验目的

在工程实践中，张拉破坏是工程岩体及自然界岩体的主要破坏形式之一，因此抗拉强度是一个重要的岩石力学指标。[2] 此外，岩石脆性对岩石的可切削性、可钻性和可掘进性具有极大的影响，而岩石抗拉强度和抗压强度均为影响岩石脆性的重要因素，因此，研究岩石抗拉强度具有重大意义。

岩石抗拉强度试验方法包括直接拉伸法和间接法。在间接法中又分为劈裂法、抗弯法和点荷载法，本节采用劈裂法进行岩石抗拉强度的测定。其计算公式为：

$$\sigma_t = 2P/\pi dt$$

式中：σ_t 为岩石的抗拉强度，MPa；P 为加载过程中的最大荷载，kN；d 为试件的直径，mm；t 为试件高度，mm。

2. 试验装置及岩样制备

本节巴西劈裂试验所用仪器为 ZTRE-210 微机控制岩石三轴测试系统，如图 3-1 所示。将制备好的圆柱体岩样横置于压力机承压板上，且在岩样上、下承压面各放置一块定制垫块，如图 3-5 所示，以 0.5 MPa/s 的加载速率进行加压，直至岩样破坏。

本次试验采用上述中等强度砂岩、硬质花岗岩、极硬花岗岩三种岩石，加工成尺寸为 $\phi50$ mm×$H40$ mm 的圆柱体岩样，每种强度岩体制作三个样，共计 9 个样。

图 3-5　劈裂试验垫块装置图

3. 试验结果分析

本节通过巴西劈裂试验获取岩样破坏形态图，如图 3-6～图 3-8 所示，相关物理力学参数汇总于表 3-3。

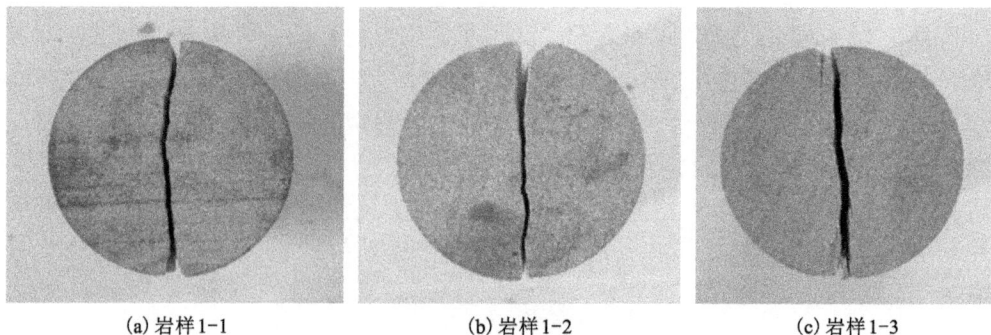

(a) 岩样 1-1　　(b) 岩样 1-2　　(c) 岩样 1-3

图 3-6　中等强度砂岩劈裂破坏形态图

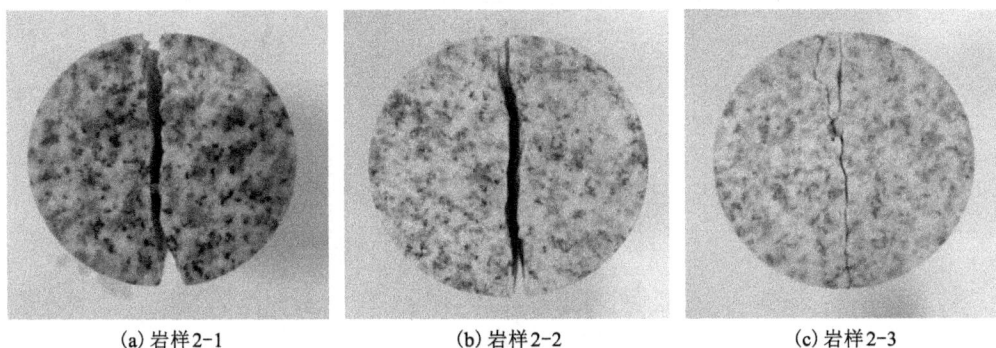

(a) 岩样 2-1　　　　　　　　(b) 岩样 2-2　　　　　　　　(c) 岩样 2-3

图 3-7　硬质花岗岩劈裂破坏形态图

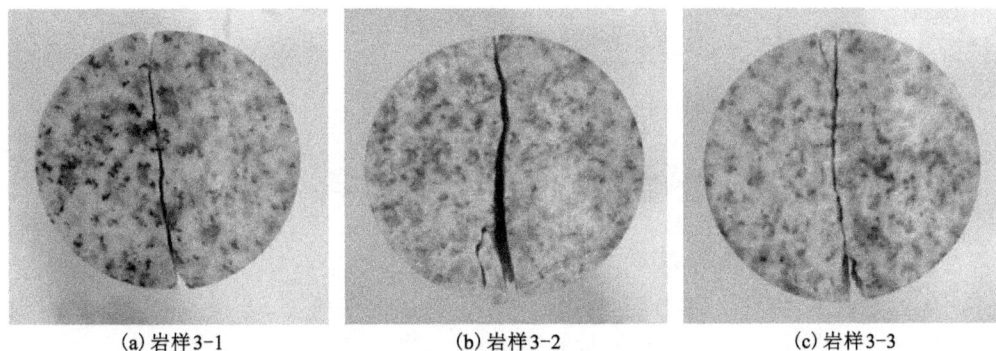

(a) 岩样 3-1　　　　　　　　(b) 岩样 3-2　　　　　　　　(c) 岩样 3-3

图 3-8　极硬花岗岩劈裂破坏形态图

表 3-3　巴西劈裂试验结果表

岩样	试样编号	峰值荷载 /kN	抗拉强度 /MPa	每组岩样峰值 荷载平均值/kN	每组岩样抗拉 强度平均值/MPa
中等强 度砂岩	1-1	16.04	4.087	16.693	4.253
	1-2	16.20	4.127		
	1-3	17.84	4.545		
硬质 花岗岩	2-1	26.21	6.678	35.693	9.094
	2-2	43.32	11.037		
	2-3	37.55	9.567		

续表3-3

岩样	试样编号	峰值荷载 /kN	抗拉强度 /MPa	每组岩样峰值荷载平均值/kN	每组岩样抗拉强度平均值/MPa
极硬花岗岩	3-1	45.11	11.493	41.847	10.662
	3-2	40.01	10.194		
	3-3	40.42	10.298		

由图 3-6~图 3-8 可知，各强度岩样破坏均呈现沿轴线劈裂破坏的形式，破坏从直径中心开始，然后向两端发展，反映了岩石抗拉强度远低于抗压强度的事实。如表 3-3 所示，中等强度砂岩、硬质花岗岩、极硬花岗岩抗拉强度平均值分别为 4.253 MPa、9.094 MPa、10.662 MPa，可以发现，随着岩石抗压强度的增大，其抗拉强度也增大，其中极硬花岗岩的抗拉强度最高。

3.2.4 岩石磨蚀性试验

1. 试验目的

TBM 在进行破岩的同时会受到破碎岩石的反向摩擦作用，造成刀盘与刀具的严重磨损，而该过程中破岩工具的磨损程度直接体现了岩石的磨蚀性大小。[3] 在岩石的磨蚀性测试方法研究方面，国内外设计了一些岩石磨蚀性的测试试验，可分析磨蚀全过程"岩-机"的相互作用，并获得定量的指标。其中，Cerchar 试验测试方法简单、无破坏性，且试验结果能较好地反映岩石对刀具的磨蚀性，故应用较为广泛。通过该实验获得的 CAI 值成为国际上通用的一项岩石磨蚀性评价指标，现有的 CAI 分级标准如表 3-4 所示。

表 3-4　Cerchar 试验 CAI 值分级标准[4, 5]

磨蚀值(0.1 mm)	磨蚀等级	磨蚀值(0.1 mm)	磨蚀等级
0.1~0.4	极低	3.0~3.9	高
0.5~0.9	非常低	4.0~4.9	非常高
1.0~1.9	低	≥5	极高
2.0~2.9	中等	—	—

2. 试验装置及岩样制备

本次岩石 Cerchar 磨蚀试验所采用的设备是盾构及掘进技术国家重点实验室

的 ATA-IGGI 岩石磨蚀伺服实验仪,如图 3-9(a)所示。试样选用中等强度砂岩、硬质花岗岩以及极硬花岗岩,试验前将原始岩芯均加工成尺寸为 $\phi50 \times H40$ mm 的标准圆柱体试样,试样上、下端面保持平行,每组岩样 3 个,如图 3-9(b)所示。

(a) ATA-IGGI 岩石磨蚀伺服实验仪

(b) 岩石试样

图 3-9　试验装置及岩样

3. 试验过程

将岩样放置于夹具内,让钢针在试样表面以 10 mm/min 的位移速度水平移动 10 mm,在高清数码显微镜下测量滑动后的钢针磨损直径 N,通过下列公式换算得到磨蚀性指数:

$$CAI = \frac{N \times 2000}{80.591 \times 100}$$

式中:CAI 为岩石磨蚀值;N 为钢针磨损直径测量值,μm。

试验过程中,每组岩样测量 3 次,每次划痕将钢针分不同角度测量三次,取其平均值作为该试样的 CAI 值。

4. 试验结果分析

由于钢针的材料为 40CrNiMo,与滚刀刀圈的材质类似,钢针针尖的磨损照片更能直观反映岩石对滚刀的磨蚀性。将 3 种岩石钢针磨蚀前后的照片(表 3-5)对比发现:硬质花岗岩和极硬花岗岩的磨蚀性指数大大高于砂岩,并且钢针发生了较为明显的磨损，针尖边缘处还发生了应力变形。这说明，岩石磨蚀性越强，对刀具的磨损越严重。从岩石表面划痕照片来看，磨蚀值低的岩石，钢针在上面的划痕深度明显，说明岩石磨蚀性比较弱，硬度较低。相反，磨蚀值高的岩石，钢针在上面的划痕深度较浅，说明岩石磨蚀性比较强，硬度较高。

表 3-5　钢针磨蚀前后读数和岩石表面划痕照片

岩样编号	岩样 CAI 值（0.1 mm）	钢针磨蚀前读数	钢针磨蚀后读数	岩石表面划痕
1-1	0.7			
1-2	0.7			
1-3	1.1			
2-1	3.5			
2-2	3.7			
2-3	2.6			

续表3-5

岩样编号	岩样 CAI 值（0.1 mm）	钢针磨蚀前读数	钢针磨蚀后读数	岩石表面划痕
3-1	4.0			
3-2	3.2			
3-3	3.1			

　　进一步地，按照表3-4所示分级标准对岩石磨蚀性进行分析，得到磨蚀性试验结果汇总，如表3-6所示。其中，中等强度砂岩、硬质花岗岩、极硬花岗岩 CAI 值分别为0.8、3.3、3.4，表明试验所用中等强度砂岩磨蚀性处于非常低的水平，硬质、极硬花岗岩则属于高磨蚀性硬岩，高磨蚀性硬岩对 TBM 掘进状态影响严重，需要采取相应措施减小其对刀具的磨损。

表 3-6　岩石磨蚀试验结果表

岩性	试样编号	CAI 测量值（0.1 mm） 测量角/（°）			单个岩样 CAI 平均值（0.1 m）	每组岩样 CAI 平均值（0.1 m）	磨蚀性
		0	120	240			
中等强度砂岩	1-1	0.668	0.716	0.706	0.7	0.8	非常低
	1-2	0.675	0.808	0.706	0.7		
	1-3	0.915	0.979	1.265	1.1		
硬质花岗岩	2-1	3.479	3.440	3.619	3.5	3.3	高
	2-2	3.689	3.687	3.617	3.7		
	2-3	2.633	2.458	2.682	2.6		

续表3-6

岩性	试样编号	CAI 测量值(0.1 mm)			单个岩样 CAI 平均值(0.1 m)	每组岩样 CAI 平均值(0.1 m)	磨蚀性
		测量角/(°)					
		0	120	240			
极硬花岗岩	3-1	4.077	3.966	4.006	4.0	3.4	高
	3-2	3.128	3.195	3.159	3.2		
	3-3	3.124	3.053	3.031	3.1		

3.2.5 岩石矿物成分分析试验

1. 试验目的

岩石在细观上是由矿物颗粒组成的,颗粒之间相互胶结形成界面网络结构。[6]其中,岩石的矿物成分组成及含量不仅决定着岩石的硬度指标,而且对岩石的强度、脆性和磨蚀性有关键性影响。本节对岩石矿物成分进行测定,通过对 X 衍射(XRD)试验和电镜扫描(SEM)试验得到的相关数据进行计算,得到岩石的石英含量、矿物加权硬度与等效石英含量等指标。

2. 试验装置及岩样制备

本章采用岛津 XRD-6100 标准型全自动 X 射线衍射仪进行岩石中矿物成分的定量测试,采用 SU-8010 型场发射扫描电子显微镜系统进行能谱分析试验,试验装置分别如图 3-10(a)、(b)所示。

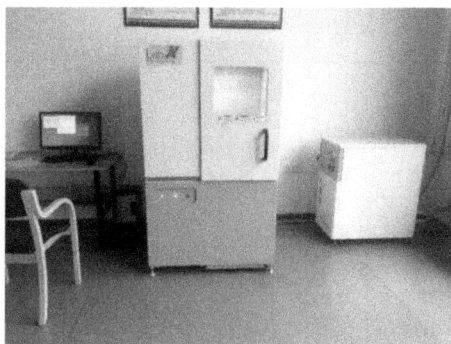

(a) 岛津XRD-6100型X射线衍射仪　　　(b)SU-8010型场发射扫描电子显微镜系统

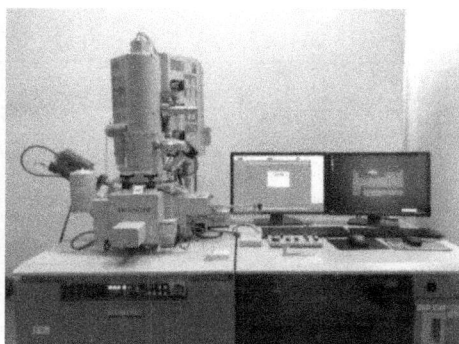

图 3-10　矿物分析试验装置图

为了保证试验研究的严谨性，从用于岩石单轴压缩试验和岩石磨蚀性试验测试后的岩样中提取 SEM 试验及 XRD 试验所需的样本。在经过岩石单轴压缩试验加载后的岩石碎片中，选择一面较为平整且厚度为 2 mm 左右的碎片，加工成尺寸大致为 1 cm×1 cm 的薄片进行 SEM 试验。制样完成后，将其置于温度为 120 ℃的烘干箱中进行干燥，以减小电镜扫描能谱分析时水分子中氢氧元素造成的误差。同样地，从岩石磨蚀性试验测试后的试样中提取样品进行 XRD 试验，将样品研磨为粒度小于 20 μm 的粉末，用试验模具槽(图 3-11)装载适量的粉末，用盖玻片压平岩石粉末，且保持其表面平整。

图 3-11　模具槽及盖玻片

3. 试验结果分析

岩石 XRD 试验及 SEM 试验的三种不同强度岩石样品的衍射图谱和能谱图分别如图 3-12~图 3-17 所示，部分岩石矿物分析结果如表 3-7 所示。

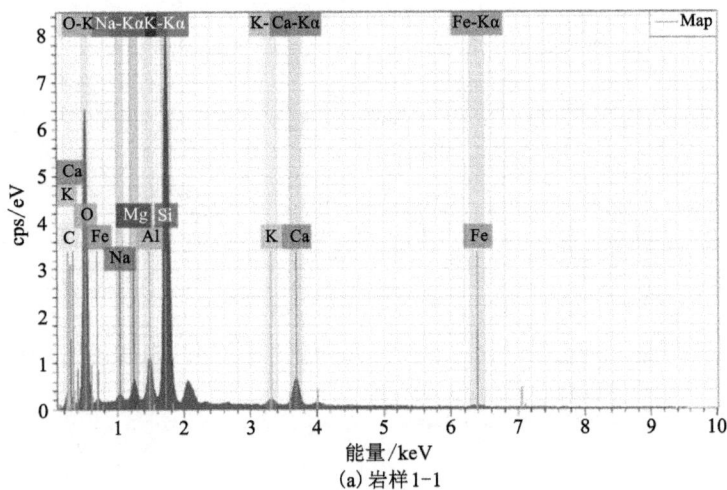

(a) 岩样 1-1

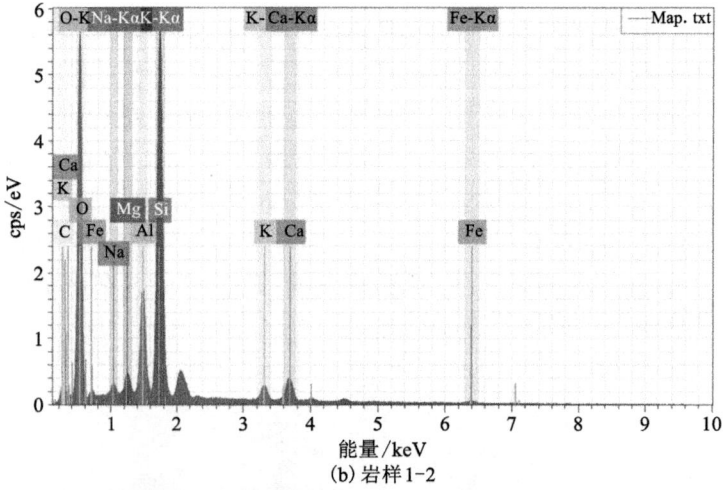
(b) 岩样 1-2

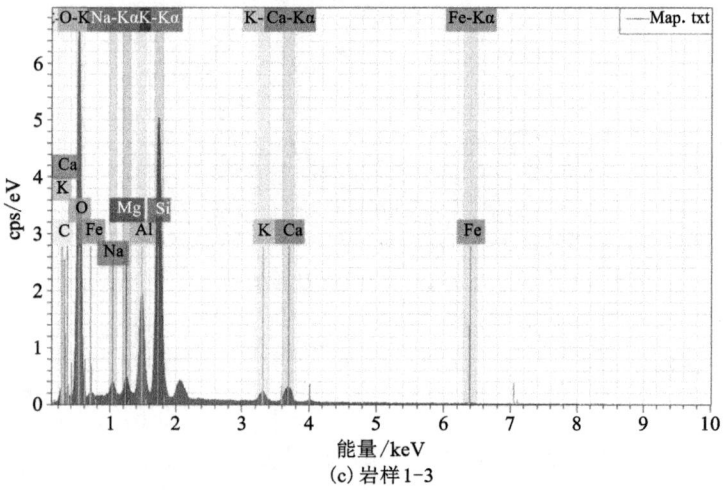
(c) 岩样 1-3

图 3-12　中等强度砂岩 SEM 能谱图

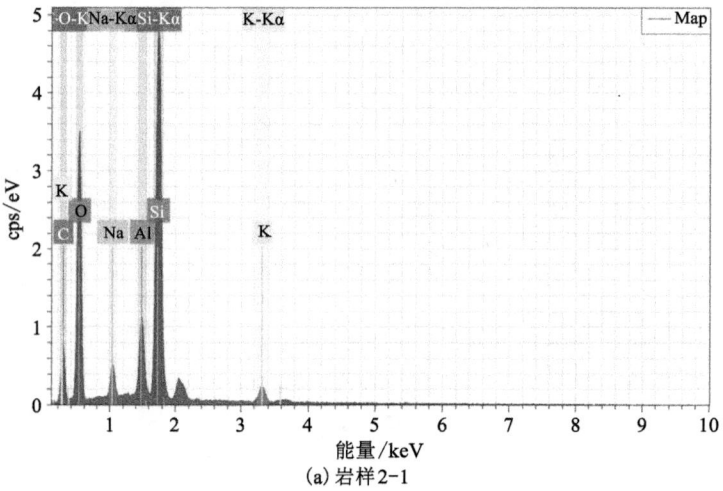
(a) 岩样 2-1

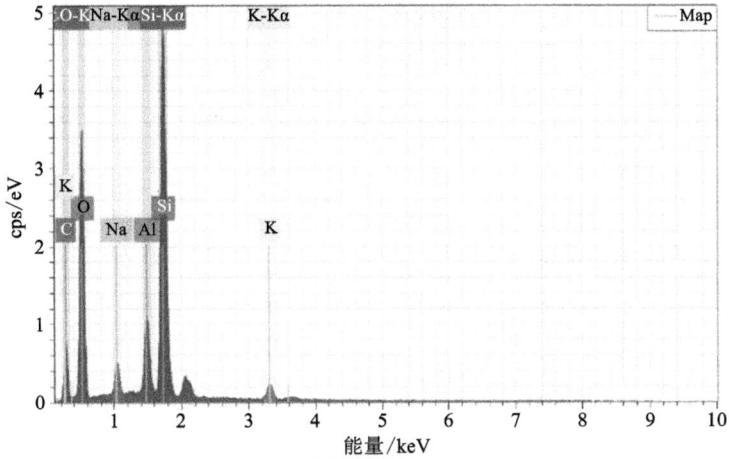

(b) 岩样 2-2

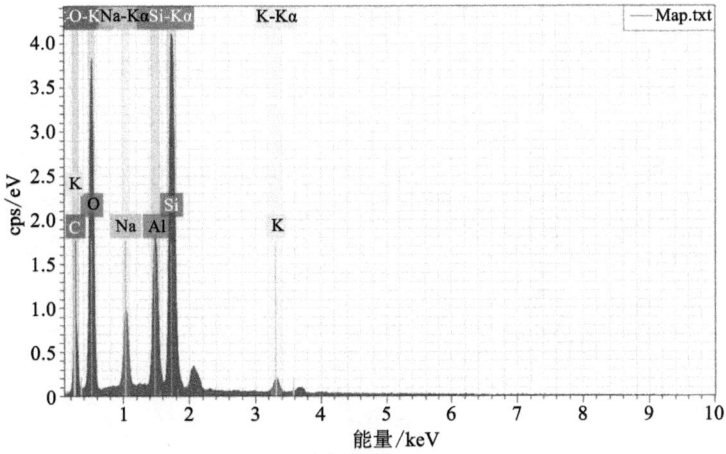

(c) 岩样 2-3

图 3-13　硬质花岗岩 SEM 能谱图

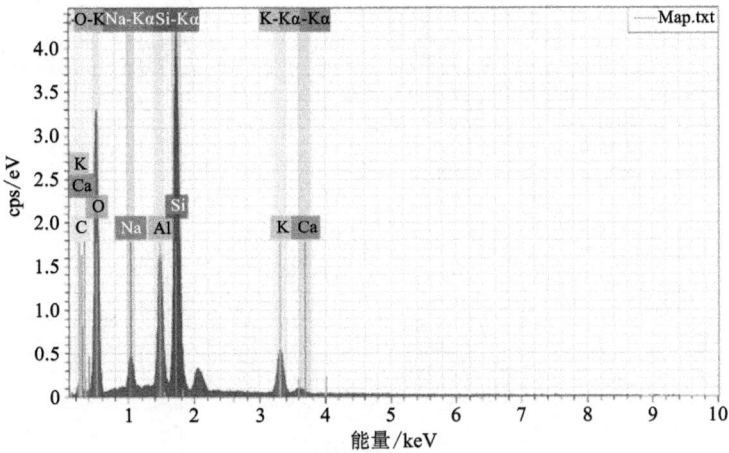

(a) 岩样 3-1

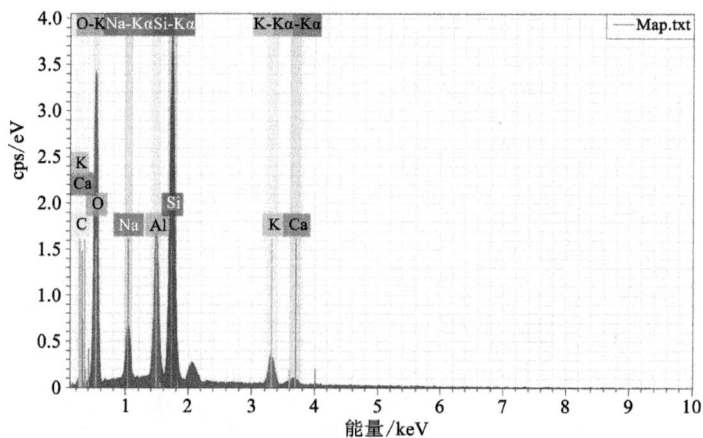
(b) 岩样 3-2

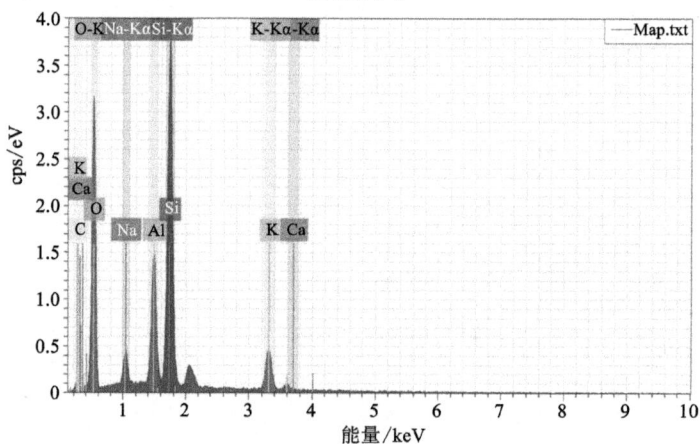
(c) 岩样 3-3

图 3-14　极硬花岗岩 SEM 能谱图

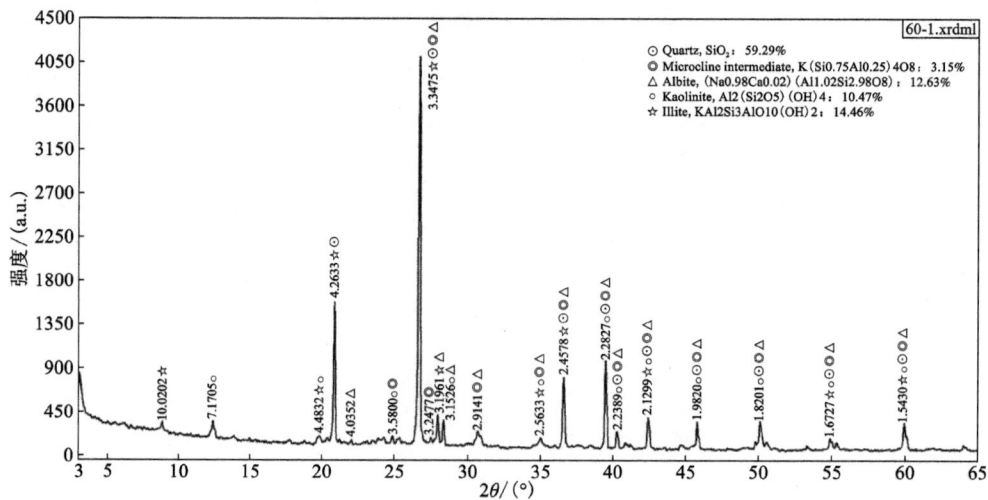

⊙ Quartz, SiO$_2$：59.29%
◎ Microcline intermediate, K(Si0.75Al0.25)4O8：3.15%
△ Albite, (Na0.98Ca0.02)(Al1.02Si2.98O8)：12.63%
◇ Kaolinite, Al2(Si2O5)(OH)4：10.47%
☆ Illite, KAl2Si3AlO10(OH)2：14.46%

(a) 岩样 1-1

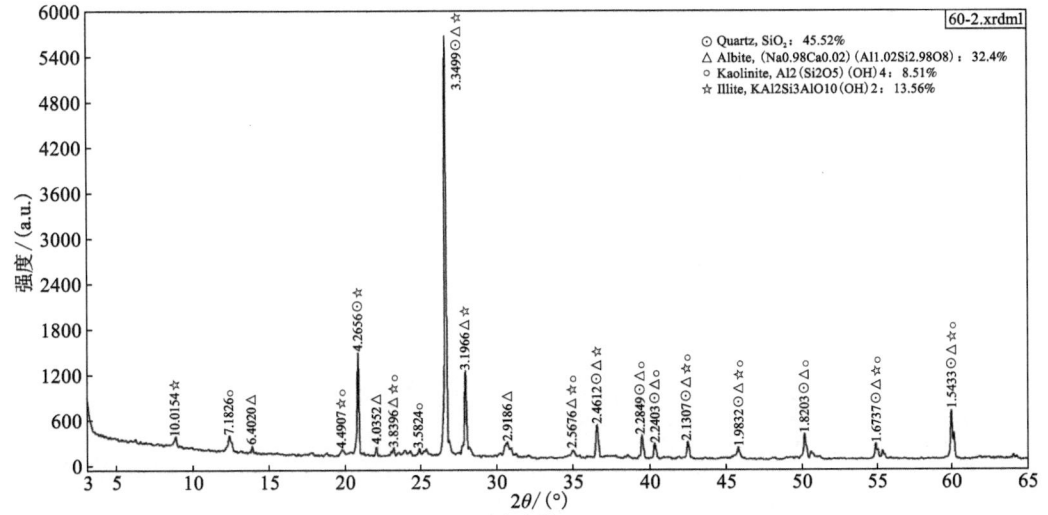

(b) 岩样 1-2

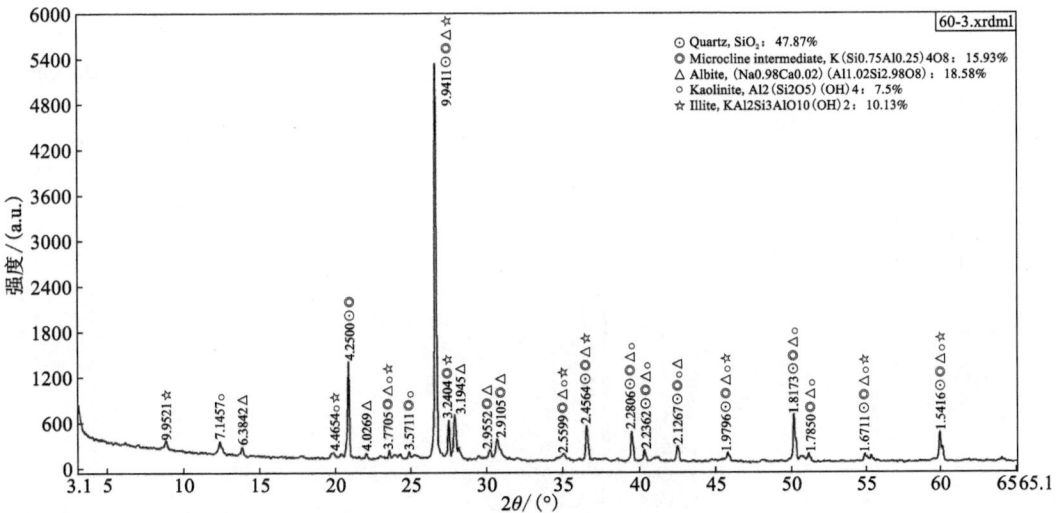

(c) 岩样 1-3

图 3-15　中等强度砂岩衍射图谱

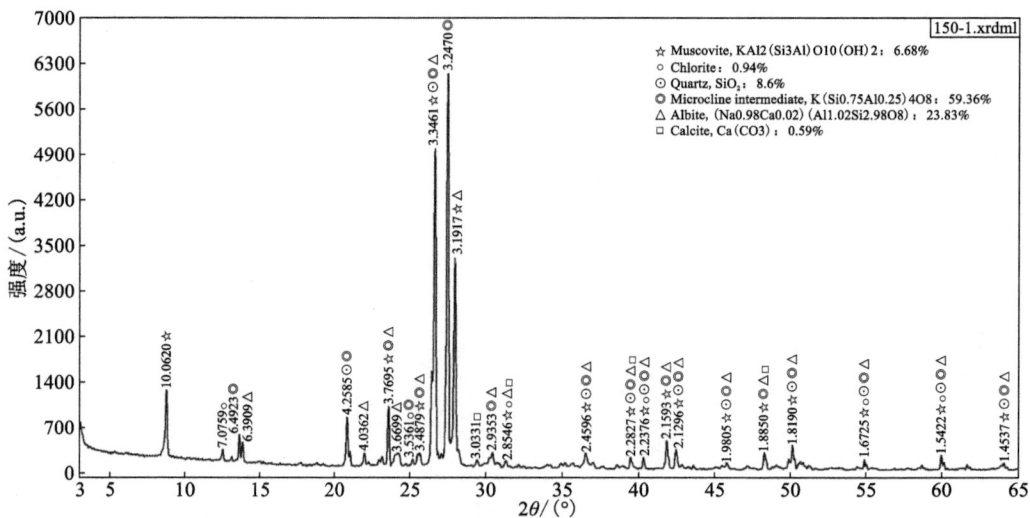

(a) 岩样 2-1

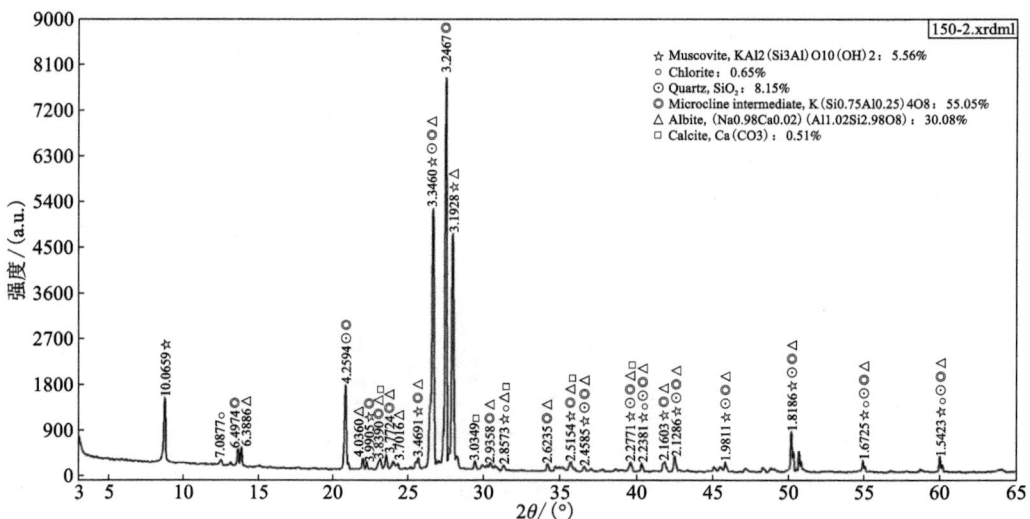

(b) 岩样 2-2

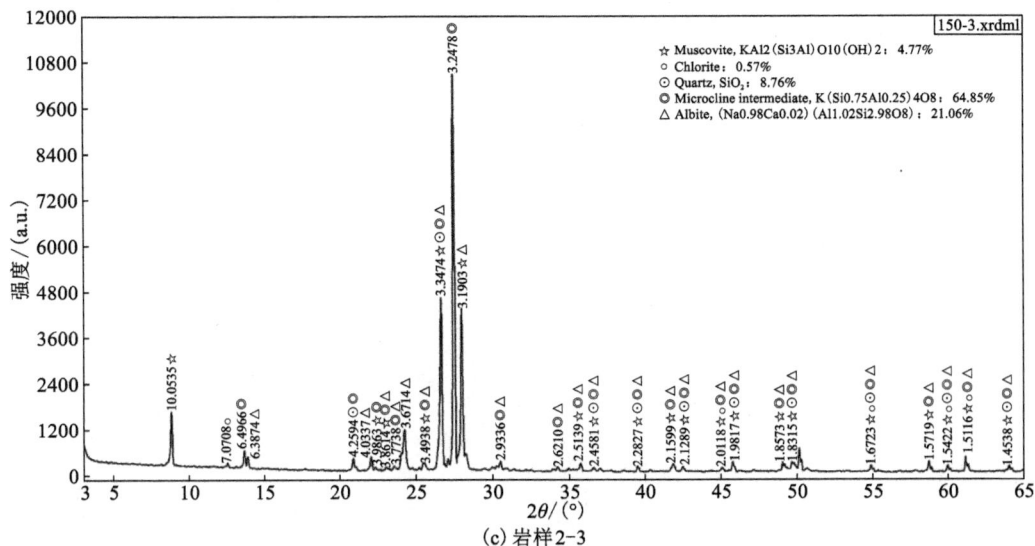

(c) 岩样 2-3

图 3-16　硬质花岗岩衍射图谱

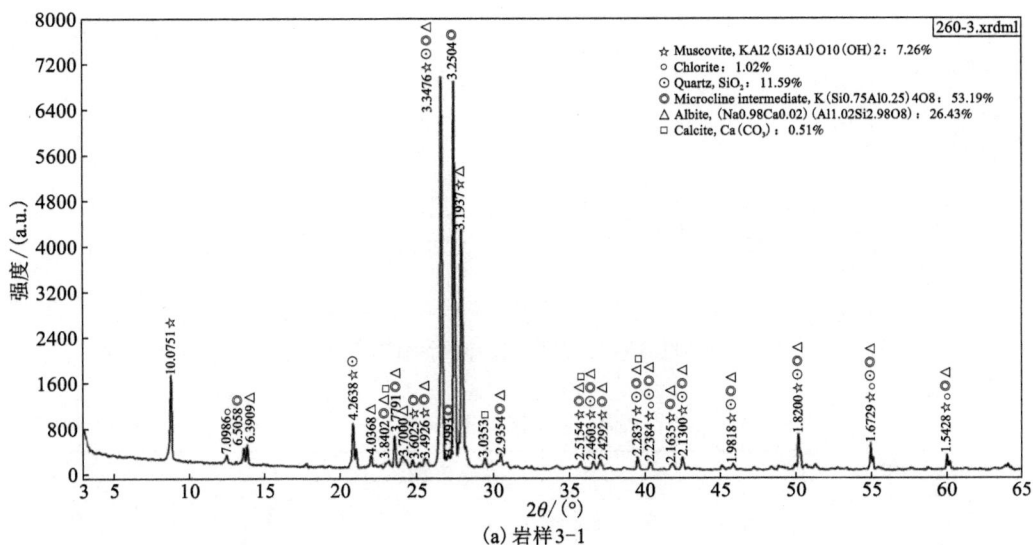

(a) 岩样 3-1

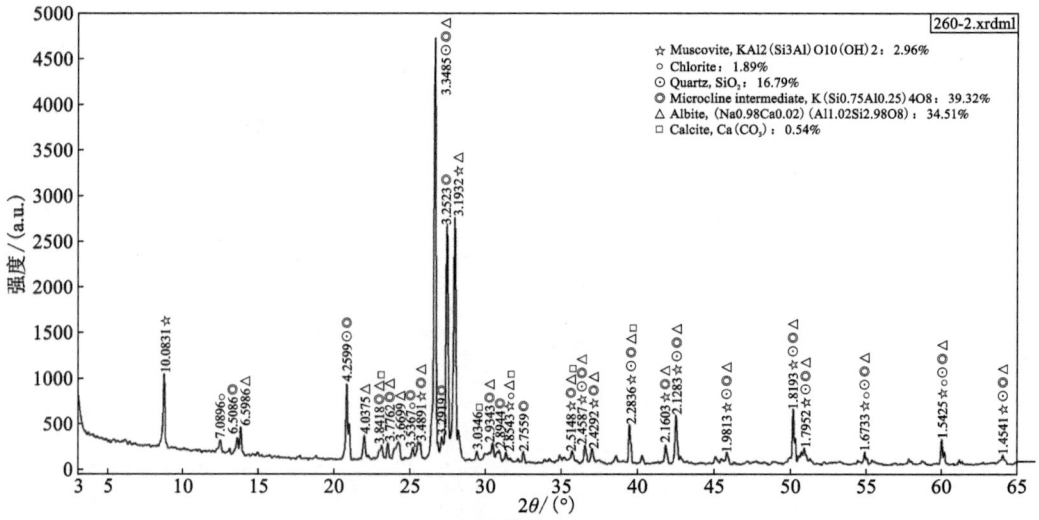

(b) 岩样 3-2

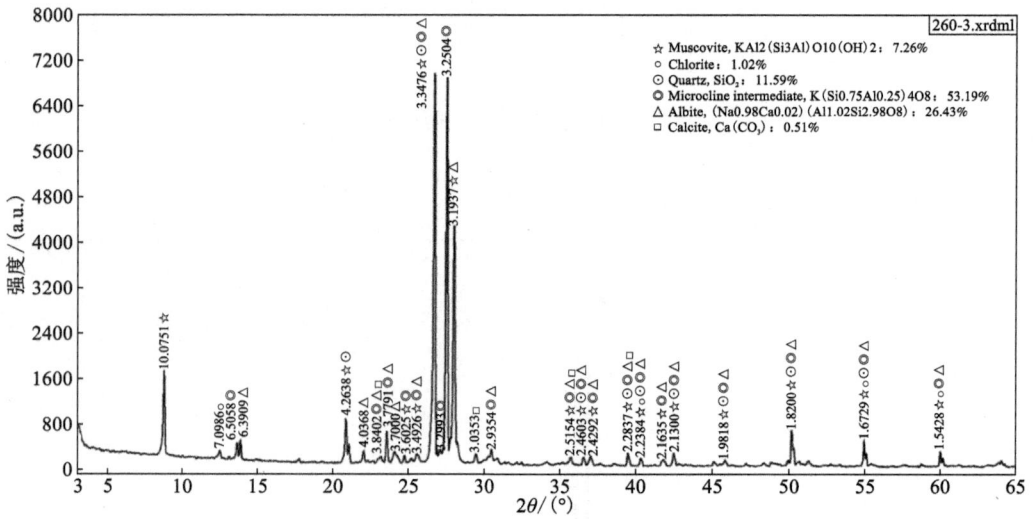

(c) 岩样 3-3

图 3-17　极硬花岗岩衍射图谱

表 3-7　岩石矿物成分　　　　　　　　　　　单位：%

岩样	编号	主要矿物成分含量						
		石英	斜长石	钠长石	高岭石	白云母	伊利石	绿泥石
砂岩	1-1	59.3	3.1	12.6	10.5	0	14.5	0
	1-2	45.5	0	32.4	8.5	0	13.6	0
	1-3	47.9	15.9	18.6	7.5	0	10.1	0

续表3-7

岩样	编号	主要矿物成分含量						
		石英	斜长石	钠长石	高岭石	白云母	伊利石	绿泥石
硬质花岗岩	2-1	8.6	59.4	23.8	0	6.7	0	0.9
	2-2	8.2	55	30.1	0	5.6	0	0.6
	2-3	8.8	64.8	21.1	0	4.8	0	0.5
极硬花岗岩	3-1	17.4	37.7	36.3	0	6.5	0	1.6
	3-2	16.8	39.3	34.5	0	7	0	1.9
	3-3	11.6	53.2	26.4	0	7.3	0	1

从表 3-7 中可以发现，中等强度砂岩矿物成分中石英含量最高，最高可达
59.3%，并含有少量的长石、高岭石和伊利石；硬质花岗岩矿物成分中长石含量
最高，其中斜长石、钠长石最高可达 64.8%、30.1%，含有少量的石英、白云母和
极其微量的绿泥石；极硬花岗岩矿物成分中长石含量最高，其中斜长石、钠长石
最高可达 53.2%、36.3%，与硬质花岗岩相比，其石英含量更高。

3.3　TBM 滚刀平面贯入模型试验设计

3.3.1　试验装置

1. 贯入试验平台

本节 TBM 滚刀贯入试验均在武汉大学自行设计加工而成的岩石二维滚刀贯
入试验装置上进行，该装置可以通过横向液压千斤顶对试样施加横向约束模拟侧
向围压作用。如图 3-18 所示，该装置主要包括一个 RMT-301 伺服液压试验机
(用以施加滚刀贯入法向力)，一个侧向约束框架(其具有足够的刚度以平衡加载
侧向约束时所产生的反作用力)，一个侧向手动千斤顶和两个经打磨至表面光滑
的承压板(用以对试样施加较为均匀的侧向约束应力)。由于 RMT-301 伺服液压
试验机内部空间有限以及缩尺试验压头尺寸无统一的设计标准，本次试验采用自
行设计加工而成的 120° 刀角的楔形压头，其中刀刃宽度为 2 mm，压头宽度为
40 mm，压头由高强度合金材料制作而成。

采用 RMT-301 伺服液压试验机作为本次试验的加载系统，贯入度和贯入荷
载可由试验机内置传感器实时测量和记录，并通过外接电脑采集，实时显示贯入

荷载–贯入度曲线，记录 TBM 滚刀贯入试验的整个过程。本次试验采用垂直位移控制方法，加载速率为 0.005 mm/s，加载过程可视为准静态加载过程。

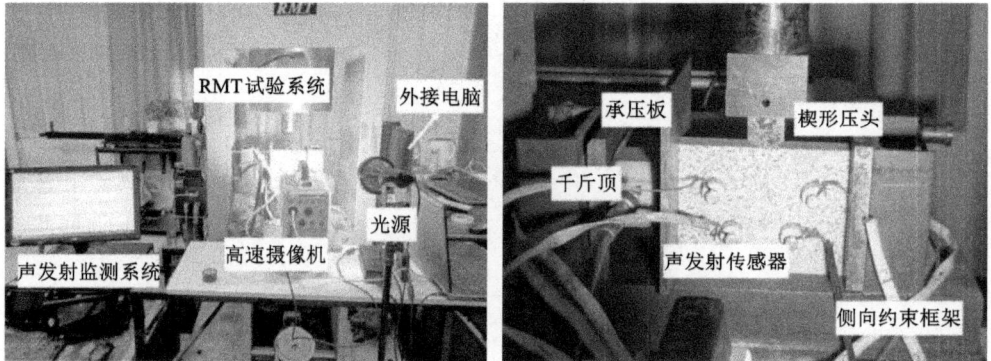

图 3-18　TBM 滚刀贯入装置

2. 高速摄像机

为了观察记录试验过程中岩石试样细观损伤、裂纹萌生、扩展贯通、片起形成等瞬态过程，本次试验采用 FASTCAM SA5 型高速摄像机(图 3-18)，在本次试验中采用 50 帧/s 的速率进行拍摄，从而确保对滚刀贯入岩石破裂过程的有效捕捉。

3. 声发射监测系统

为了实时监测滚刀贯入过程中试样内部损伤及裂纹扩展形式，本次试验采用 PCI-2 声发射测试分析系统对岩石内部的微破裂事件进行定位，如图 3-18 所示。为了使声发射事件的空间定位具有较高的精度，采用 8 个声发射传感器对称布置于前后两面。试验中在声发射传感器探头表面涂抹适量凡士林，以加强岩石试样与传感器之间的耦合。每次试验前，在岩样表面多次进行断铅试验，确保岩样传感器之间具有良好的耦合性，以便准确捕捉岩石内部微破裂所产生的瞬态弹性波。

3.3.2　试样制备及参数设计

采用上述试验系统，对上述极硬花岗岩(高磨蚀性硬岩岩石)开展低围压(0 MPa、1.25 MPa、2.5 MPa)和高围压(10 MPa、15 MPa、20 MPa、25 MPa)条件下 TBM 滚刀贯入试验。

为了确保各试样的性质相同，所有试样取自同一块岩石。由于板状试样的

表面裂纹可以很好地代表岩石试件内部的裂纹开裂情况,故将试样加工为尺寸为
190 mm×150 mm×25 mm(长×宽×高)的板状长方体试样。试样的厚度误差控制在
0.4 mm 以内,对各试样进行磨平处理,保证其平整度在 0.05 mm 以下,以减小端
部效应对试验结果的影响。

　　针对完整岩样,围压选取为 0 MPa、1.25 MPa、2.5 MPa、10 MPa、15 MPa、
20 MPa;对于低围压条件下(围压为 0 MPa、1.25 MPa、2.5 MPa)预切缝辅助破
岩贯入试验,采用高压水射流技术在岩样上表面(190 mm×25 mm)切割形成预切
缝,预切缝深度 H 分别取 10 mm、20 mm,预切缝-滚刀轴线间距 L 分别取 0 mm、
20 mm、40 mm;对于高围压条件(围压为 10 MPa、15 MPa、20 MPa、25 MPa)预切
缝辅助破岩贯入试验,预切缝深度取 20 mm,预切缝-滚刀轴线间距 L 取 30 mm。
具体试验参数设置如表 3-8 所示。

表 3-8　岩样参数设置

试验条件	围压水平/MPa	预切缝深度 H/mm	预切缝-刀具轴线间距 L/mm
完整岩样	0、1.25、2.5、10、15、20	—	—
低围压	0、1.25、2.5	10、20	0、20、40
高围压	10、15、20、25	20	30

3.3.3　试验过程

　　①试件安放:将岩石试样安放在 RMT-301 电液压伺服刚性试验机加载平台
上,保证试件中心与滚刀中心对齐,试样侧面中心与横向液压千斤顶中心位于同
一平面上,避免试样偏心受荷。

　　②施加围压:利用液压千斤顶水平加载来施加横向约束以模拟围压的作用,
在施加围压过程中,应保持一个较为缓慢的加载速度。

　　③预加载:启动试验机竖向加载系统进行预加载,静托楔形压头使滚刀走完
空程,直至与岩样接触后松开。

　　④正式加载:正式试验采用位移控制方法,以 0.005 mm/s 的加载速率进行
加载,滚刀持续贯入直到试样破坏。在试验过程中,通过声发射系统和高速摄影
成像技术对岩样细观损伤、裂纹萌生以及扩展贯通渐进演化过程进行研究。

3.4 常规 TBM 滚刀平面贯入模型试验研究

>>>

3.4.1 板状岩样贯入过程宏观力学特性分析

图 3-19 为低围压条件下（0 MPa、1.25 MPa、1.5 MPa）完整岩样贯入荷载-贯入度曲线，可以发现，在无围压条件下［图 3-19(a)］，贯入荷载随贯入深度的增大逐渐增加，达到峰值后急剧降低直至为 0，岩样破坏失去承载能力。在低围压条件下［图 3-19(b)、(c)］，当滚刀作用在岩石上方时，贯入荷载随贯入度的增大而增大，而达到跃进破碎点 1 后，贯入荷载大幅度减小，此时发生一次

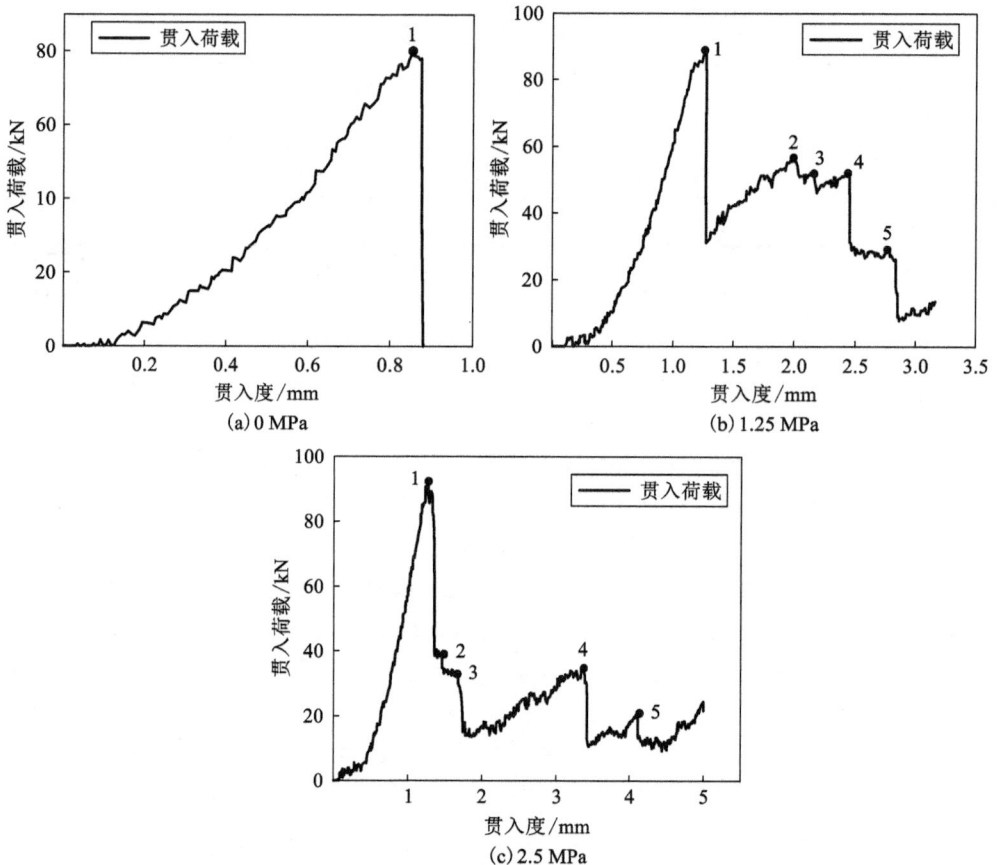

1、2、3、4、5—峰值点（下文同）。

图 3-19 低围压条件下完整岩样贯入荷载-贯入度曲线

跃进破坏，但跌落值有限，当滚刀继续贯压时，贯入荷载再次增大，达到另一贯入度后贯入荷载再次发生跌落。从贯入曲线可以看出，岩石贯入荷载随着滚刀不断贯入而波动变化。这是因为在滚刀作用下岩石内部持续发生破坏，不断有裂纹萌生扩展，每一次断裂都相当于试件对滚刀的一次卸载效应。

图 3-20 为高围压条件下（10 MPa、15 MPa、20 MPa）完整岩样贯入荷载-贯入度曲线，可以发现，当施加在岩样两端的围压较高时，在贯入初期，随着贯入度的增大，贯入荷载也逐渐增大，呈现出线弹性特性。随着贯入度的进一步增大，贯入荷载-贯入度曲线呈现出与低围压条件下的不同特征，高围压条件下曲线出现初次跌落（图 3-20 中 1 点）。在初次跌落之后，随着贯入度的再次增大，贯入荷载继续增大，而后贯入荷载随着滚刀的不断贯入而呈现波动变化。

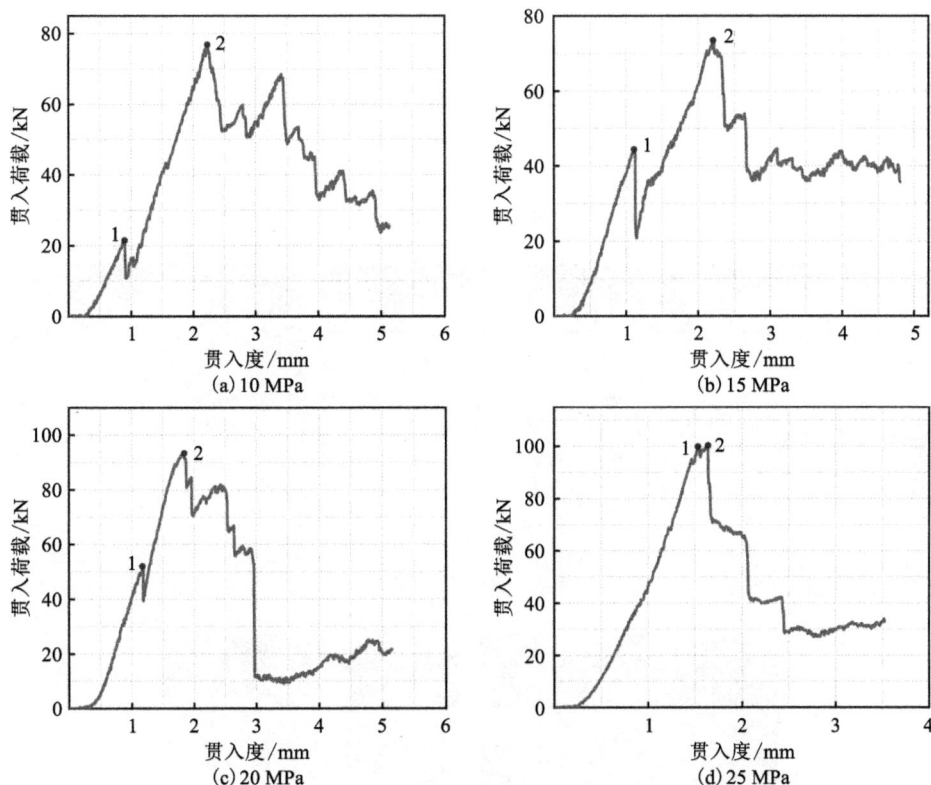

图 3-20　高围压条件下完整岩样贯入荷载-贯入度曲线

3.4.2　板状岩样贯入损伤破坏演化过程分析

本章将声发射监测技术与高速摄影成像技术相结合，精确地捕捉到了高磨蚀性极硬花岗岩的损伤破坏演化全过程。由于不同围压条件下的贯入荷载-贯入度曲线及其对应的声发射特征具有高度的相似性，因此以 15 MPa 围压条件下的试验结果为例，揭示损伤破坏全过程。图 3-21 为完整花岗岩试样声发射能量与贯入荷载-贯入度曲线关系，图 3-22 为 15 MPa 围压条件下完整岩样损伤破坏过程高速摄像图。

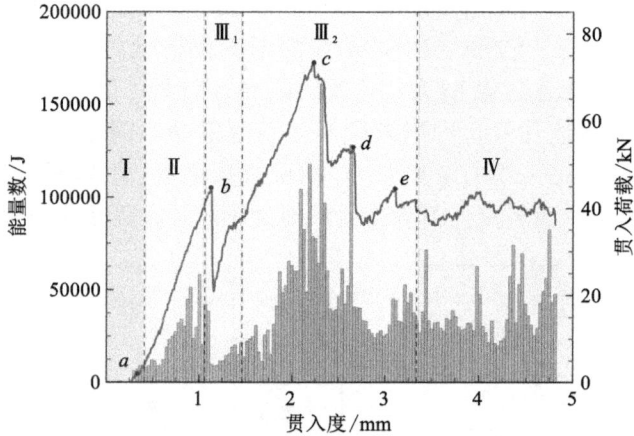

图 3-21　15 MPa 围压条件下完整岩样贯入荷载-贯入度曲线及相应声发射特征

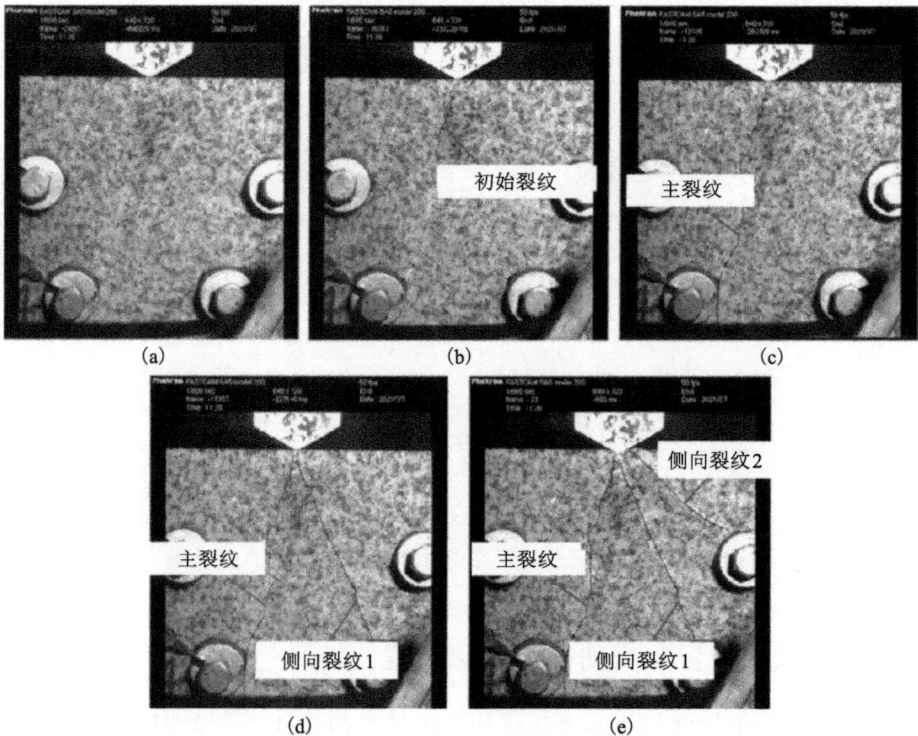

图 3-22　15 MPa 围压条件下完整岩样损伤破裂全过程高速摄像图

结合图 3-21 和图 3-22,发现高磨蚀性花岗岩的损伤破坏大致可分为 4 个阶段,即接触压密阶段(阶段Ⅰ)、微裂纹萌生阶段(阶段Ⅱ)、裂纹扩展-贯通阶段(阶段Ⅲ)、残余承载能力阶段(阶段Ⅳ)。

接触压密阶段(阶段Ⅰ):当滚刀与岩样接触时,滚刀下方的花岗岩试样内预先存在的微裂缝和孔隙随着贯入度的增加而逐渐闭合和压实。这对应于贯入曲线中的上凹区间,如图 3-21 中的区间Ⅰ所示。在此阶段,贯入荷载略有增加,声发射能量稳定在相对较低的水平,表明微裂纹产生较少。

微裂纹萌生阶段(阶段Ⅱ):随着滚刀贯入度的增加,花岗岩试样被进一步压密。这通常有助于在滚刀下方形成致密的密实核和密实核外部的张应力区。此时,微裂纹不断萌生,对应于贯入荷载-贯入度曲线中的线性增长区间,此时声发射能量略有增加,如图 3-21 中区间Ⅱ所示。然而,此时并没有产生宏观裂缝,如图 3-22(a)所示,岩样仍处于线弹性变形状态,且随着贯入深度的增加,贯入荷载显著增加。

裂纹扩展-贯通阶段(阶段Ⅲ):随着 TBM 滚刀的进一步贯入,岩样内部的微裂纹开始扩展、贯通,进一步形成宏观裂纹,如图 3-21 中区间Ⅲ所示。如图 3-21 所示,可将阶段Ⅲ分为两个不同的阶段,阶段Ⅲ$_1$ 和阶段Ⅲ$_2$,共同描述岩样损伤破坏过程。阶段Ⅲ$_1$ 对应着初始宏观裂纹的产生[图 3-22(b)],但是裂纹并未与岩样表面相贯通,在此期间,贯入荷载和声发射能量均有一定程度的降低。随着滚刀的进一步贯入,贯入荷载和贯入度重新开始增加,对应着阶段Ⅲ$_2$ 中侧向裂纹的产生[图 3-22(c)、(d)、(e)]。在 c 点,贯入荷载和声发射能量均达到峰值,出现主裂纹,表明岩样损坏,在此之后,由于卸荷效应,贯入荷载急剧减小,滚刀进一步贯入导致侧向裂纹的生成,声发射能量也呈现出小峰值,如图 3-21 点 d 和点 e 所示。

残余承载能力阶段(阶段Ⅳ):在岩样主裂纹和侧向裂纹形成后,岩样被破坏。但是,岩样内部的应力场仍在变化,并朝着新的应力平衡状态演化,此时也伴随着新裂纹的产生与扩展。在此阶段,贯入荷载在较低的水平(40 kN)上下波动,并且声发射能量保持在一个较为稳定的状态,偶尔伴随着微裂纹的产生,出现峰值。

3.4.3　围压影响规律分析

1.围压对贯入荷载-贯入度特征曲线演化规律影响

贯入荷载-贯入度曲线表示滚刀贯入岩样时法向力与贯入度的相关关系,其变化特征和规律可直观反映滚刀与岩样之间的相互作用关系。不同围压条件下岩样的贯入荷载-贯入度曲线如图 3-23 所示。不同围压条件下岩样发生初次跃进破坏对应的贯入度如表 3-9 所示。

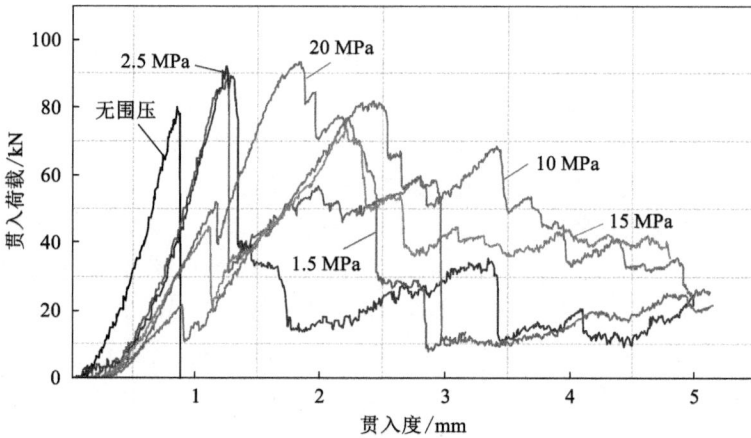

图 3-23　不同围压条件下完整岩样贯入荷载-贯入度特征曲线

表 3-9　不同围压条件下完整岩样初次跌落次序

首次跌落次序	围压/MPa	对应贯入度/mm
1	无围压	0.879
2	10	0.893
3	15	1.126
4	20	1.171
5	1.25	1.271
6	2.5	1.290

　　由图 3-23 可知,当施加在岩样两侧的围压较低时(无围压、1.25 MPa、2.5 MPa),在跃进破坏之前,贯入荷载-贯入度曲线可以较为显著地分为非线性增长、线弹性增长、裂纹萌生扩展 3 个阶段,分别对应着岩样接触压密、微裂纹萌生、裂纹扩展破碎过程,这与刘泉声等滚刀贯入室内试验破坏行为相一致。在无围压、1.25 MPa、2.5 MPa 围压条件下,岩样发生跃进破坏时所对应的贯入度分别为 0.879 mm、1.271 mm、1.290 mm。可以发现,随着围压的增大,岩样发生跃进破坏时所对应的贯入度逐渐增大,这是围压的增大对岩样内部裂纹的萌生扩展的抑制作用加强所导致的。

　　当施加在岩样两侧的围压较高时(10 MPa、15 MPa、20 MPa),各围压条件下的贯入荷载-贯入度曲线有一个初次跌落,10 MPa、15 MPa、20 MPa 围压条件下贯入荷载初始跌落值分别为 22.32 kN、44.70 kN、52.02 kN，其所对应的贯入度分别为 0.893 mm、1.126 mm、1.171 mm。可以发现，高围压组产生初次跌落所对应的贯入度与低围压组发生跃进破坏时所对应的贯入度相近似，均在 1 mm 左右，且高围压组均先于低围压组出现初次跌落。分析原因为：当施加在岩样两侧的围压较大时，随着贯入度的增大，滚刀下方岩样裂纹萌生与扩展，诱发贯入荷载出现小幅的初次跌落。然而该阶段高围压抑制了初始裂纹的进一步扩展贯通，致使岩样内部并未产生宏观主裂纹，此时岩样具备较高的承载能力。随着滚刀的进一步贯入，下方岩样中裂纹加速扩展并逐渐汇聚贯通形成宏观主裂纹，此刻岩样承载能力急剧下降，贯入荷载在达到峰值后大幅急剧降低，出现典型的"跃进破碎"现象。

2. 围压对峰值荷载演化规律影响

峰值荷载为滚刀下方岩样发生破裂时的荷载，不同围压条件下岩样峰值荷载变化柱状图如图 3-24 所示。为了更为直观地展现围压对岩样峰值荷载的影响，以无围压条件下的峰值荷载为分母，各围压条件下的峰值荷载与无围压条件下的峰值荷载的差值为分子，计算得到的峰值荷载增大百分比，汇总在表 3-10 中。

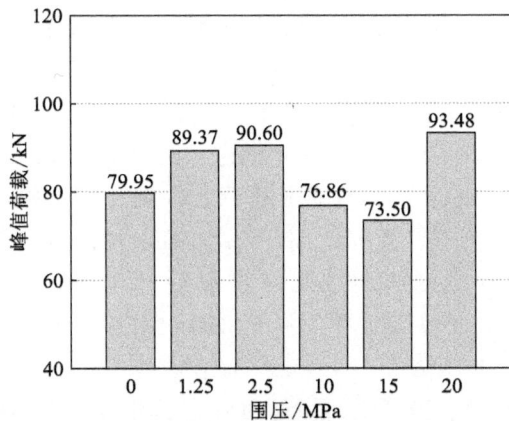

图 3-24　不同围压条件下完整岩样峰值荷载变化柱状图

表 3-10　不同围压条件下完整岩样峰值荷载变化情况

围压/MPa	0	1.25	2.5	10	15	20
峰值荷载/kN	79.95	89.37	90.60	76.86	73.50	93.48
荷载增大百分比/%	0	11.78	13.32	-3.86	-8.07	16.92

由图 3-24 可以发现，随着围压的增大，峰值荷载整体呈现出先增大、后减小、再次增大的趋势。当施加在岩样上的围压小于 2.5 MPa 时，峰值荷载随着围

压的增大而增大。其中,1.25 MPa 和 2.5 MPa 围压条件下的峰值荷载增大百分比分别为 11.78% 和 13.32%,表明在此围压范围内,滚刀破岩所需推力随着围压的增大而增大。随着围压的进一步增大,峰值荷载呈现出减小的趋势,在 10 MPa 和 15 MPa 时呈现出较小值,相较于无围压条件,分别降低了 3.86% 和 8.07%。说明在 10~15 MPa 围压范围内,岩样发生破裂时所需要的推力较小,破岩难度一定程度减小;当施加在岩样上的围压继续增大时,峰值荷载继续呈现出增大的趋势,20 MPa 围压条件下峰值荷载增大百分比为 16.92%,此时岩样发生破裂所需推力较大。

不同围压水平对 TBM 破岩过程的影响主要表现在两个方面:一方面,围压作用可能诱发裂纹向水平方向扩展并与自由面贯通,形成侧向裂纹,促进岩石破碎;另一方面,围压作用也可能抑制中间裂纹的扩展,增加破岩难度。根据相关文献并结合笔者研究结果,推断可能存在临界围压值(或范围),即当围压低于临界值,TBM 破岩促进作用明显;相反地,当围压高于临界值,TBM 破岩抑制作用明显。基于试验结果可得,在围压为 10~15 MPa 时,促进作用大于抑制作用,此时 TBM 滚刀贯入峰值荷载最小;而当围压上升至 20 MPa 时,围压对裂纹扩展的抑制作用大于促进作用,此时 TBM 滚刀贯入峰值荷载增加,即岩样发生破裂所需推力更大。

基于上述分析可知,在低围压条件下,完整岩样峰值荷载随着围压的增大而增大,表明低围压施工环境不利于 TBM 掘进,且围压越大,TBM 掘进越困难。这与张魁等的试验研究结果相同:当围压低于 2.5 MPa 时,岩样中间裂纹的发展相比于侧向裂纹的发展较好,当围压高于 2.5 MPa 时,侧向裂纹反而更易扩展。TBM 的有效掘进一般是侧向裂纹之间贯通后产生大块岩片,因此围压低于 2.5 MPa 时侧向裂纹扩展较困难而不利于 TBM 掘进。当围压为 10~15 MPa 时,峰值荷载较小,说明围压为 10~15 MPa 是较利于 TBM 掘进的施工环境。10~15 MPa 是一个临界范围,当围压环境超过临界范围时 TBM 掘进难度增大,对刀盘刀具造成较大损伤。因此,在围压为 2.5 MPa 左右及超过 20 MPa 环境下施工时,需选用较高硬度的刀刃。

3. 围压对最大跌落幅值演化规律影响

TBM 破岩过程中将会多次出现跃进破碎现象,贯入荷载突降时,岩样破碎释放出的能量会对刀具产生一个瞬时巨大的冲击力,这会对刀具造成损伤,甚至导致刀具崩裂。因此,通过计算贯入荷载最大跌落幅值,分析各因素对贯入荷载降低幅度的影响对如何保护刀具有重要意义。

图 3-25 为各围压条件下完整岩样的贯入荷载最大跌落幅值柱状对比图,可以发现最大贯入荷载跌落幅值随着围压的增加而降低,在围压为 10 MPa、15 MPa

时出现最小值，分别为 24.27 kN、24.09 kN。表示当 TBM 在围压为 10~15 MPa 的施工环境下时，完成一次有效破岩刀盘刀具所受冲击力最小，因此，10~15 MPa 围压为较优施工环境。这与彭琦的围压作用有利于 TBM 滚刀破岩的研究结论相同；也与围压为 10~15 MPa 时峰值荷载最小、有利于 TBM 破岩的结论对应。高围压比低围压的跌落幅值小，原因为高围压会抑制裂纹的产生，破碎时能量释放较缓，低围压对裂纹抑制作用较弱，主裂纹形成后岩样破碎立刻对刀具释放出较大冲击力。

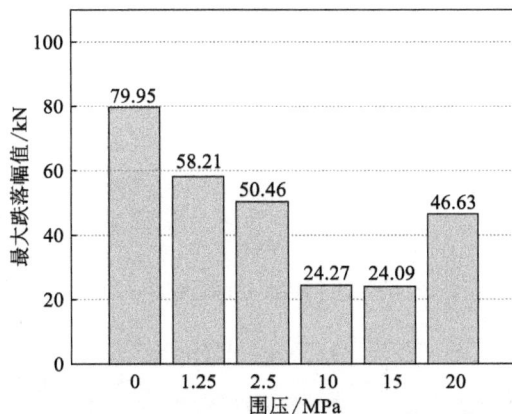

图 3-25　不同围压条件下完整岩样最大跌落幅值柱状图

3.5　预切缝辅助 TBM 滚刀平面贯入模型试验研究

3.5.1　板状岩样不同破岩模式对贯入过程宏观力学特性影响分析

为了更好地反映预切缝与滚刀之间的位置关系，将高压水射流辅助 TBM 破岩模式分为 3 种：完整岩样破岩、同轨迹破岩和异轨迹破岩。完整岩样破岩为岩样未采用高压水射流处理直接贯入，同轨迹破岩模式为预切缝在滚刀正下方，异轨迹破岩模式为预切缝在滚刀两侧，预切缝-刀具轴线间距为 L，预切缝深度为 H，如图 3-26 所示。

1. 贯入荷载-贯入度特征曲线演化规律

本章固定预切缝深度 $H = 20$ mm，进行不同破岩模式 TBM 滚刀贯入模型试验，研究不同破岩模式贯入荷载-贯入度特征曲线图的演化规律。如图 3-27 所示，在三种围压条件下（0、1.25 MPa、2.5 MPa），异轨迹模式及完整岩样破岩模式均在贯入度 1 mm 左右时出现峰值荷载，且跌落幅度即为其最大跌落幅值，表示异轨迹模式及完整岩样破岩模式在贯入度为 1 mm 左右时完成了一次有效破岩。

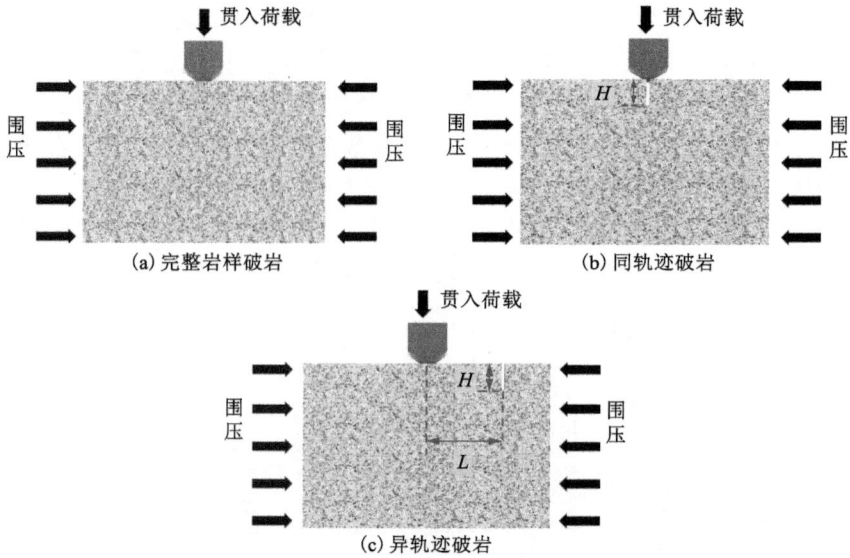

图 3-26　预切缝辅助 TBM 滚刀破岩示意图

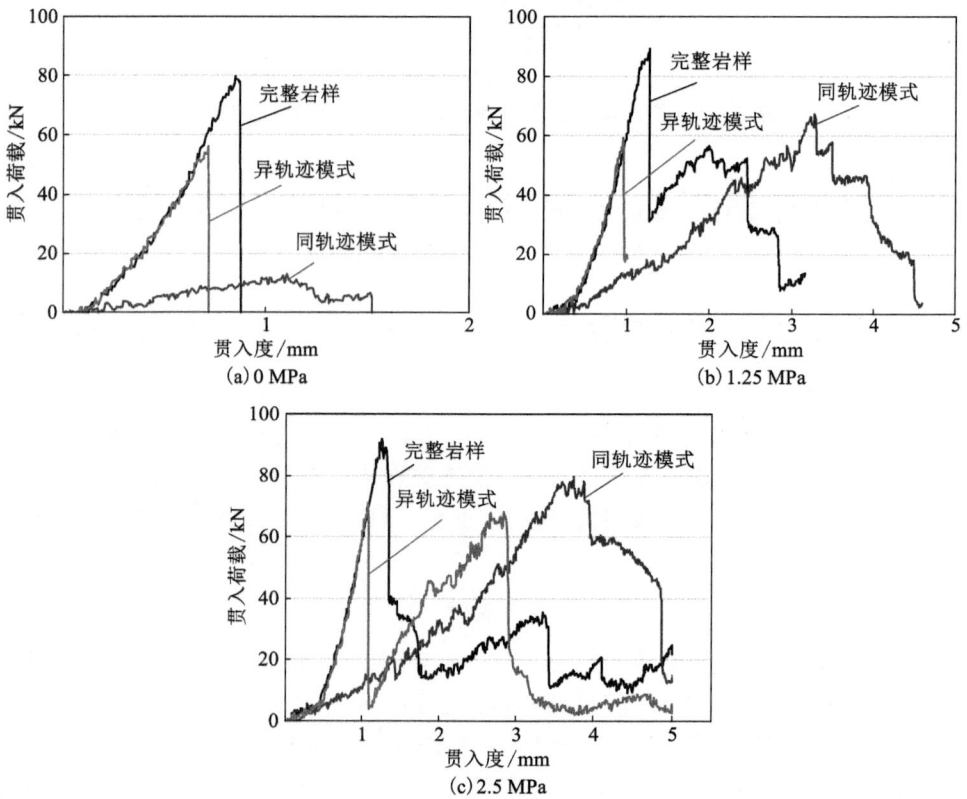

图 3-27　不同破岩模式下贯入荷载-贯入度特征曲线

同轨迹模式的特征曲线与完整岩样和异轨迹模式不同，随着贯入度的逐渐增加，贯入荷载较其他模式增加更为缓慢，峰值荷载所对应的贯入度远大于其他破岩模式，且达到峰值荷载后跌落幅值较小，在最大跌落幅值出现之前均有几次小幅度的跌落。分析原因为：同轨迹模式破岩的受力情况不同于其他破岩模式，岩样是受到楔裂作用而发生破坏，其他模式岩样是发生劈裂破坏。由于预切缝位于滚刀正下方，滚刀与试样之间存在空隙，因而刀刃并未直接接触岩样，而是滚刀刀刃侧面与预切缝的侧壁相接触，因此需要较大的贯入度才能使刀具完全接触岩样出现峰值荷载，完成一次有效破岩。

2. 峰值荷载演化规律

各破岩模式在各围压条件下的峰值荷载柱状图如图 3-28 所示。可以看出，各破岩模式峰值荷载均随围压的增大而增大，同、异轨迹模式峰值荷载均小于完整岩样，表明预切缝辅助 TBM 破岩在不同破岩模式下均有效。在无围压条件下，同轨迹模式峰值荷载远低于其他破岩模式，其值是异轨迹模式的 23%，完整岩样的 16%。表明在无围压条件下，同轨迹模式对 TBM 破岩的辅助效果较好。当围压为 1.25 MPa 时，同轨迹模式峰值荷载大于异轨迹模式，说明此时异轨迹模式对 TBM 破岩的辅助效果好。当围压为 2.5 MPa 时也呈现近似规律。因此在低围压情况下，选用异轨迹破岩模式较好，更能减少 TBM 破岩推力。

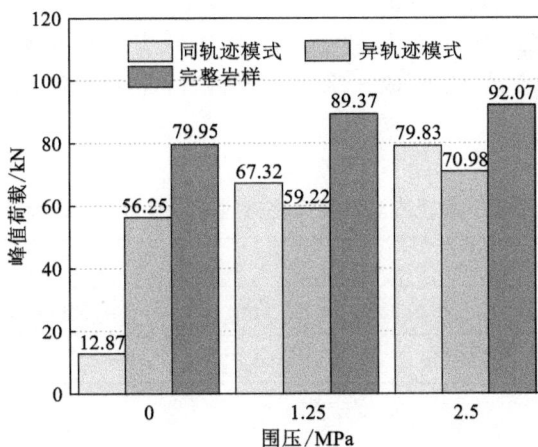

图 3-28　不同破岩模式峰值荷载柱状图

3. 贯入荷载最大跌落幅值演化规律

图 3-29 为各围压条件下不同破岩模式的贯入荷载最大跌落幅值柱状对比图。同轨迹模式贯入荷载最大跌落幅值均随围压的增大而增大，完整岩样随围压

的增大而减小，异轨迹模式则随着围压的增大上下波动。可以看出，在各围压条件下，同轨迹模式的贯入荷载最大跌落幅值均小于其他破岩模式，这表明同轨迹破岩模式完成一次有效破岩后对滚刀的冲击力最小，因此更能避免损伤刀具。

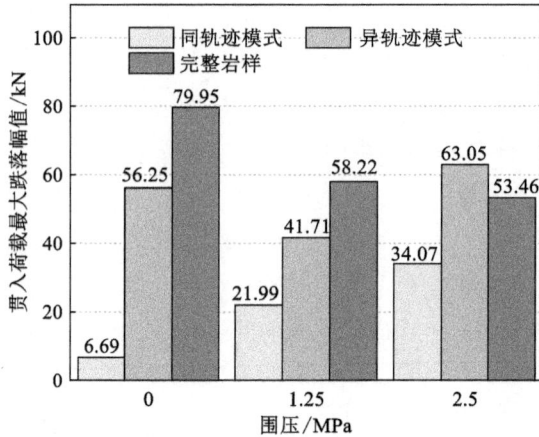

图 3-29 不同破岩模式贯入荷载最大跌落幅值柱状图

表 3-11 为各围压条件下，同轨迹模式最大跌落幅值较其他破岩模式的减少量。随着围压的增大，同轨迹模式的减少量减小。在低围压条件下，与完整岩样相比的减少量呈线性减小；与异轨迹模式相比减少量趋于平缓，稳定在 45% 左右。表明在低围压情况下，完成一次有效破岩后，同轨迹模式可大大降低 TBM 刀具所受冲击力。

表 3-11 不同围压下同轨迹破岩模式较其他模式贯入荷载最大跌落幅值减少量

围压/MPa		0	1.25	2.5
最大跌落幅值减少量/%	异轨迹模式	88.11	47.28	45.96
	完整岩样	91.63	62.23	36.27

3.5.2 板状岩样贯入损伤破坏演化过程分析

15 MPa 围压条件下预切缝岩样贯入荷载-贯入度曲线如图 3-30 所示，高速摄像机捕捉裂纹扩展演化过程及相应的声发射定位图如图 3-31 所示。通过对试验结果的综合分析，探究预切缝辅助 TBM 破除高磨蚀性硬岩的损伤破坏演化全过程。

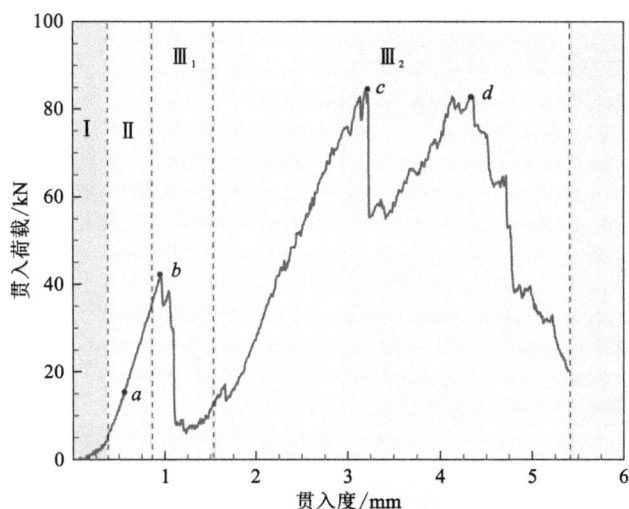

图 3-30　15 MPa 围压条件下预切缝岩样贯入荷载-贯入度曲线

如图 3-30 和图 3-31 所示，含有预切缝的高磨蚀性硬岩岩样的损伤破坏过程大致可以分为 3 个阶段，即接触压密阶段(阶段 I)、微裂纹萌生阶段(阶段 II)、裂纹扩展-贯通阶段(阶段 III)。与完整岩样对比，阶段 I 和阶段 II 呈现出高度的相似性，在此不再赘述。然而，由于预切缝的辅助作用，阶段 III 呈现出显著的差异性。

对于阶段 III$_1$，完整岩样仅产生初始裂纹，未形成一次有效破岩，而预切缝岩样在此阶段初始裂纹能与预切缝底部相贯通，形成三角形岩块，完成一次有效破岩。此时所对应的贯入荷载、贯入度分别为 42.24 kN 和 0.949 mm，显著低于完整岩样。

对于阶段 III$_2$，完整岩样的贯入荷载-贯入度曲线仅出现一个峰值，其对应于主裂纹与预切缝底部相贯通，在峰值强度之后，贯入荷载分多个阶段降低，直至一个较低水平，伴随着新的宏观裂纹与自由面相贯通。对于预切缝岩样，贯入荷载-贯入度曲线在此阶段出现"双峰"现象，初次峰值荷载时贯入荷载、贯入度分别为 84.22 kN 和 3.224 mm(对应于图 3-30 中的点 c)，第二峰值时贯入荷载、贯入度分别为 83.22 kN 和 4.136 mm(对应于图 3-30 中的点 d)。并且，每次峰值均对应着宏观裂纹的产生，如图 3-31 中(c)、(d)所示，这些裂纹有利于岩脊的破碎。在第二峰值之后，仅捕获少量声发射信号，主要位于岩样下部，并且与微裂纹的产生有关，但在此过程中未产生新的宏观裂纹。

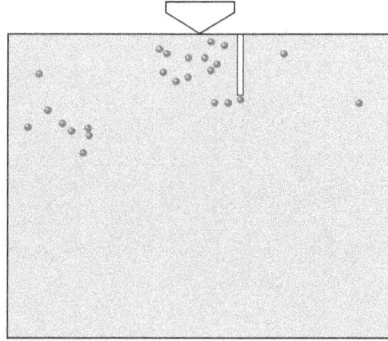

(a) "a" 点

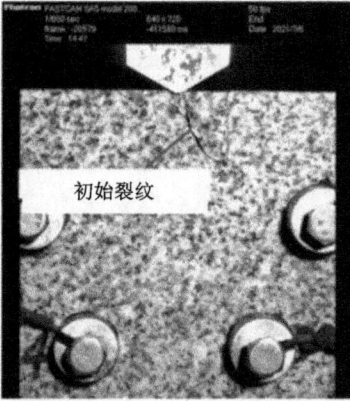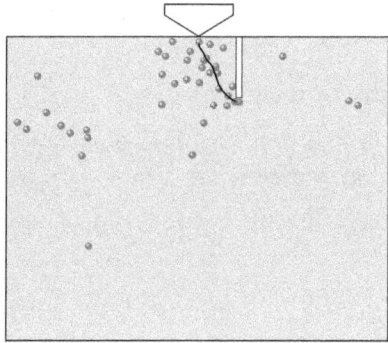

(b) "b" 点

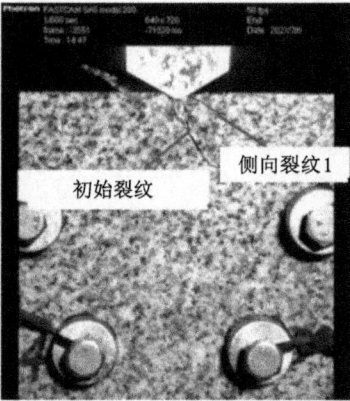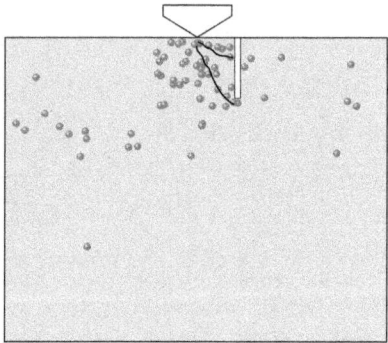

(c) "c" 点

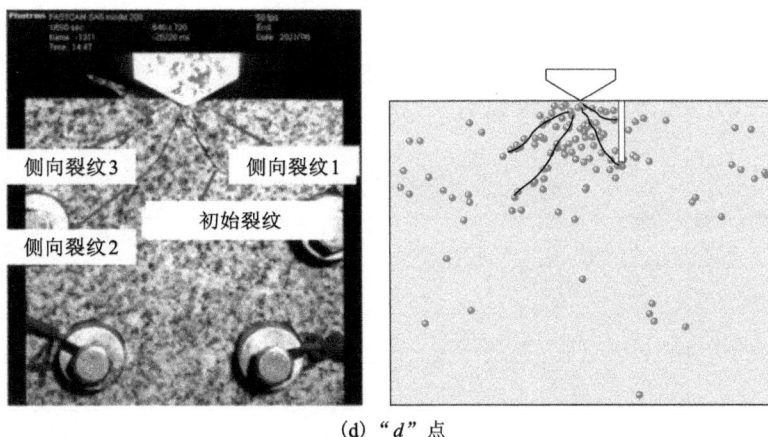

(d) "d" 点

图 3–31　15 MPa 围压条件下预切缝岩样高速摄像图及声发射定位图

与完整岩样相比，预切缝条件下岩样的损伤破坏过程未出现残余承载能力阶段，在阶段Ⅲ结束时，贯入荷载急剧下降至极低值，岩样可视为完全破坏。

上述分析表明，预切缝可以促进裂纹与预切缝底部的贯通，有助于三角形岩块的形成，显著降低了贯入荷载和贯入深度。滚刀的进一步贯入会导致新裂纹的产生，这些裂纹与密实核及岩脊相交，促进岩样的破碎。此后，随着进一步贯入，观察到极低的贯入荷载，可认为一个岩石破碎循环结束。

3.5.3　预切缝参数影响规律分析

1. 预切缝–刀具轴线间距 L 对贯入荷载及贯入度影响规律

在本节研究中，将预切缝深度 H 固定为 20 mm，选取低围压条件下数据进行分析，如表 3–12 所示，根据表 3–12 中数据绘制柱状图，如图 3–32 所示。对比表 3–12 中的数据并结合图 3–32，可以发现：无围压条件下，L=0 时岩样受到贯压时的峰值贯入荷载最小且显著小于 L≠0 情况，而 1.25 MPa、2.5 MPa 围压条件下 L=20 mm 时岩样峰值贯入荷载最小。产生上述现象的原因在于：滚刀沿高压水刀切割迹线方向贯压岩样，在无围压条件下岩样受到楔裂作用很快发生破坏，使得 L=0 时岩样峰值贯入荷载显著小于 L≠0 情况；在有围压条件下，岩样受到的楔裂作用被抑制，此时宏观裂纹沿预切缝萌生并向下扩展贯通这一过程较无围压时更难，与此相对地，当滚刀滚压迹线与预切缝存在一定距离时，反而促进了侧向裂纹与竖向自由面（即高压水刀预切缝）的汇聚贯通，形成一次有效破岩。同时发现：在无围压及 1.25 MPa、2.5 MPa 围压条件下 L=0 时岩样峰值贯入荷载所对应的贯入度均最大，其中在 1.25 MPa、2.5 MPa 围压条件下尤为显著。原因在于 $L=0$ 时滚刀沿高压水刀迹线竖直向下楔裂岩样，滚刀主要受预切缝两侧岩壁的挤压摩擦作用，相对于垂直贯压过程所受阻力较小，因而当达到第一次峰值跌落时对应贯入度明显较大。

表 3-12　峰值荷载及其对应贯入度

围压/MPa	L/mm	贯入度 p/mm	峰值贯入荷载/kN
	0	1.104	12.87
0	20	0.714	56.25
	40	1.134	87.51
	0	3.275	67.32
1.25	20	0.949	59.22
	40	1.249	88.53
	0	3.738	79.83
2.5	20	1.077	70.98
	40	1.283	102.27

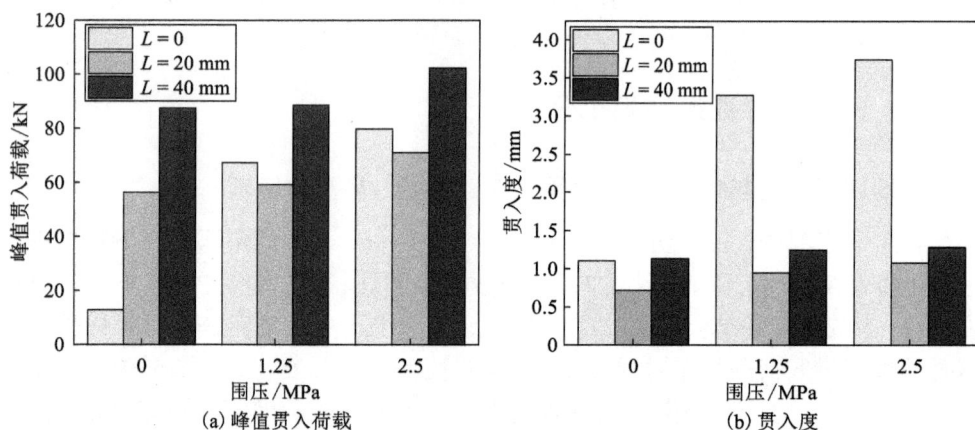

图 3-32　不同预切缝-刀具轴线数据对比柱状图

花岗岩岩样在不同围压、不同 L 值条件下贯入荷载-贯入度曲线如图 3-33 所示。由图 3-33(b)、(c)可知：$L \neq 0$ 时贯入荷载-贯入度曲线波动明显较小，而 $L=0$ 时贯入荷载-贯入度曲线波动显著。这是因为 $L=0$ 时，滚刀正下方为高压水刀迹线,如图 3-34 所示。贯入开始时,贯入荷载随着贯入度的增大而增大,由于楔入过程中预切缝两侧岩壁不断被刀具挤压[图 3-34(a)],并且出现侧壁岩石破裂脱落的现象(见图 3-35),因此贯入荷载随后发生明显跌落,等到刀具进一步贯入接触并挤压两侧岩壁[图 3-34(b)],贯入荷载再次增大,如此造成了 L=0 时贯入曲线波动较大。同时,正是由于沿着高压水刀迹线方向不断发生滚刀挤压岩壁-岩壁部分剥落-滚刀继续贯入-滚刀继续挤压岩壁这个过程,预切缝裂尖产生应力集中,进而导致岩样最终发生劈裂张拉破坏,使得无围压条件下岩样失去承载力时所需的峰值贯入荷载(即 12.87 kN,分别约为 $L=20$ mm、$L=40$ mm 情况下的峰值贯入荷载的 23%、19%)明显小于 $L \neq 0$ 情况(见图 3-33),这与前面分析相一致。

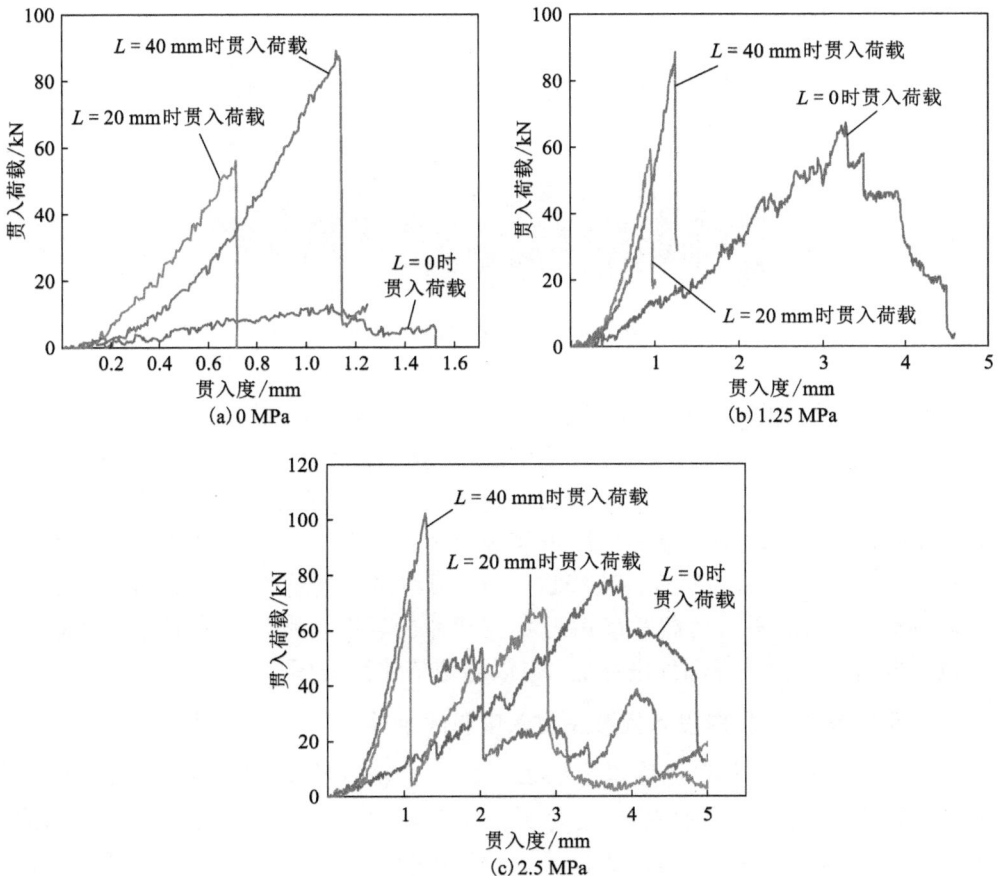

(a) 0 MPa

(b) 1.25 MPa

(c) 2.5 MPa

图 3-33　$H=20$ mm 时花岗岩岩样贯入荷载-贯入度曲线

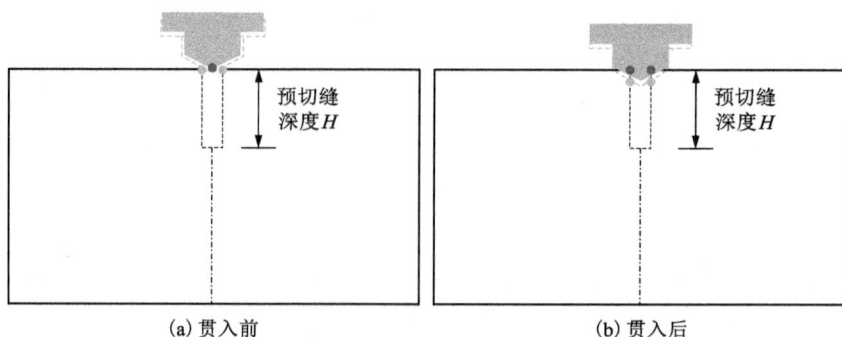

(a) 贯入前   (b) 贯入后

图 3-34　滚刀沿与切缝贯入过程示意图(虚线表示贯入后刀具)

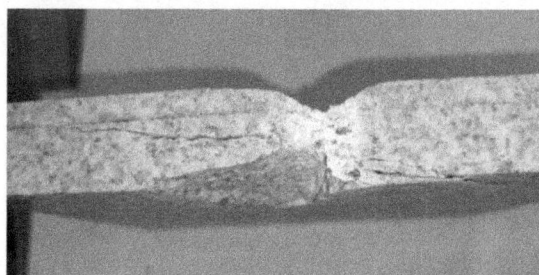

图 3-35　岩样破坏后俯视图

综上分析可知,在进行室内模型滚刀贯入试验时,由于滚刀沿着预切缝对岩石进行贯压,刀刃外侧与岩壁发生剧烈接触并挤压易发生较大磨损甚至偏磨。因此在实际工程中,为了降低滚刀刀刃的磨损,可以在滚刀刀刃外侧焊接硬质合金,或在刀刃外侧表面采用激光熔覆复合熔覆层,以提高刀具硬度,减少磨耗。此外,当 TBM 刀具沿高压水刀迹线贯入时,预切缝岩壁受到非均匀接触挤压产生非对称荷载,同时贯入荷载跌落后刀具突然冲击岩石,易对刀具轴承产生危害,所以需要对刀具轴承等部件进行加强,以避免整体性破坏。

2. 预切缝深度 H 对贯入荷载及贯入度影响规律

在本节研究中,将围压固定为 1.25 MPa,选取不同预切缝-刀具轴线间距及不同预切缝深度条件下的数据进行分析,如表 3-13 所示,根据表 3-13 中数据绘制柱状图,如图 3-36 所示。结合表 3-13 和图 3-36 可知:相同 L 值下,H = 20 mm 条件下的峰值贯入荷载均小于 H = 10 mm 条件下的值;L = 0 mm 时,H = 20 mm 条件下岩样达到峰值贯入荷载时的贯入度大于 H = 10 mm 条件下的值;L = 20、40 mm 时,H = 20 mm 条件下峰值贯入荷载均明显小于 H = 10 mm 条件下的值，而达到峰值贯入荷载所对应的贯入度差距甚小。可以看出，低围压下，高压水刀喷嘴和滚刀间距处于一定范围(本次室内实验为 20~40 mm)内，TBM 掘进时一定程度上选取较大的水刀切割深度 H 能够以更小的峰值贯入荷载实现高效破岩，对于降低高强度高磨蚀地层 TBM 掘进中滚刀磨损率具有重要意义。

表 3-13　不同预切缝深度条件下峰值贯入荷载及贯入度

L/mm	H/mm	贯入度 p/mm	峰值贯入荷载/kN
0	10	2.869	75.69
	20	3.275	67.32
20	10	1.027	75.66
	20	0.949	59.22
40	10	1.279	94.20
	20	1.249	88.53

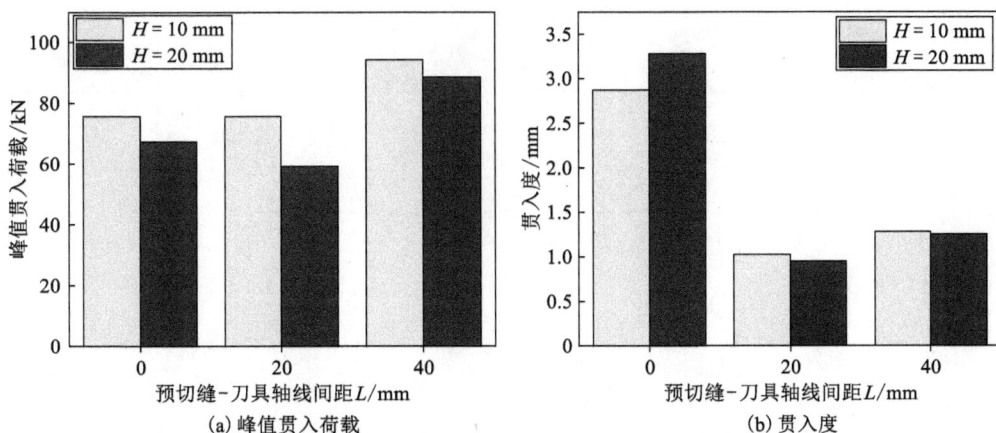

(a) 峰值贯入荷载

(b) 贯入度

图 3-36　不同预切缝深度数据对比示意图

花岗岩岩样在相同围压、不同 H 值条件下贯入荷载-贯入度曲线如图 3-37 所示。可以发现：$L=0$ 条件下，$H=10$、20 mm 时的贯入曲线变化规律大致相同[图 3-37(a)]，表明在较低围压下，当 TBM 滚刀沿高压水刀预切割迹线滚压掌子面时，预切缝深度 H 对破岩过程影响甚微，因此当采用高压水刀喷嘴与滚刀滚压迹线重合的布刀方案时，可适当降低水刀压力，从而达到节约能耗的目的。$L \neq 0$ 条件下，$H=10$ mm 时，岩样贯入荷载达到峰值后继续承载，而后其贯入荷载发生数次跌落，如图 3-37(b)所示；而 $H=20$ mm 时，岩样贯入荷载达到峰值

(L=20 mm 时为 59. 22 kN, L=40 mm 时为 88. 53 kN)后发生突降, 承载能力急剧下降, 岩样发生脆性破坏, 如图 3-37(c)所示。这是因为 H=20 mm 时岩样在滚刀作用下产生的侧向裂纹扩展延伸[图 3-38(a)], 并与预切缝贯通形成大体积片起, 而 H=10 mm 时岩样直至贯入度达到 5 mm(此时贯入结束)仍未产生明显的径向裂纹[图 3-38(b)], 说明在一定的贯入度范围内, 相同 L 值下 H=20 mm 时刀具破碎岩石的效率明显高于 H=10 mm。因此, 当采用高压水刀喷嘴置于两滚刀之间的布刀方式时, 理论上水刀预切割深度越大, 其破岩效率越高。图 3-38 为高速摄像机拍摄的岩样破碎图片。

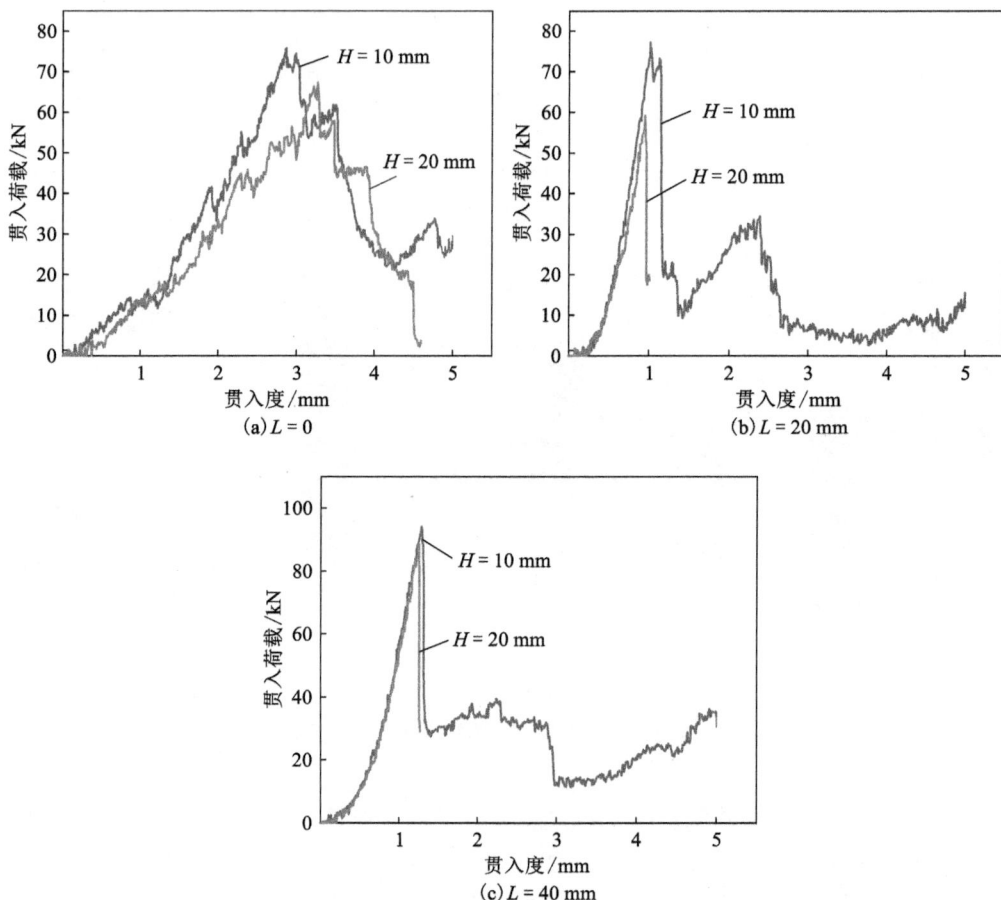

(a) L = 0

(b) L = 20 mm

(c) L = 40 mm

图 3-37 1. 25 MPa 围压条件下花岗岩岩样贯入荷载-贯入度曲线

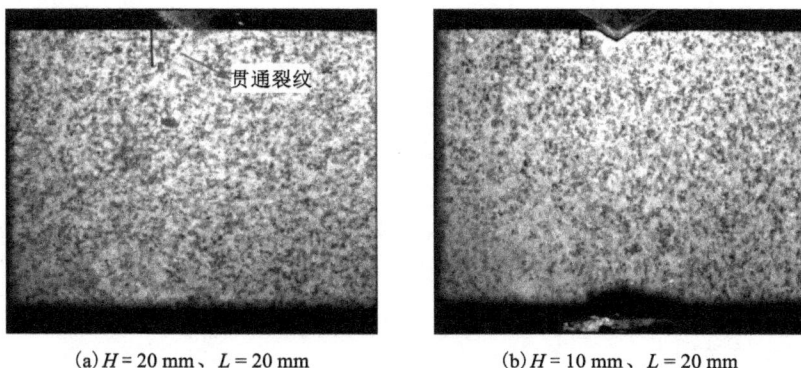

(a) $H = 20$ mm、$L = 20$ mm　　　　(b) $H = 10$ mm、$L = 20$ mm

图 3-38　高速摄像机拍摄的岩样破碎图片

3.5.4　围压影响规律分析

针对低围压条件下围压对贯入荷载-贯入度曲线特征的影响,本节取 $H = 20$ mm 时不同 L 值岩样在不同围压下的贯入荷载-贯入度曲线进行分析,如图 3-39 所示。岩样具体数据见表 3-14,并根据表 3-14 中数据绘制柱状图,如图 3-40 所示。由图 3-40 可知,在不同 L 值条件下,岩样在贯压过程中达到的峰值贯入荷载及其所对应的贯入度均随围压的增大而增大。

当 $L = 0$ 时,岩样贯入荷载-贯入度曲线如图 3-39(a) 所示,不同围压下的贯入曲线变化趋势大致相同,但随着围压的增大,岩样峰值贯入荷载及其对应的贯入度显著增大。由于刀具沿高压水刀迹线滚压岩石,无围压时,岩样受到楔裂作用很快发生劈裂张拉破坏,其峰值贯入荷载及对应的贯入度均较小(其峰值贯入荷载为 12.87 kN,对应的贯入度为 1.104 mm);而当岩样处于低围压下时,围压的存在使得楔裂作用受到抑制,所以岩样峰值贯入荷载和对应的贯入度较无围压时显著增大。

如图 3-39(b) 所示,当 $L = 20$ mm 时,在无围压条件下,岩样贯入曲线存在显著的荷载突降(其峰值贯入荷载为 56.25 MPa,对应的贯入度为 0.714 mm),岩样破坏;在 1.25 MPa 围压下,由于在滚刀间预设高压水刀预切缝,刀具下方侧向裂纹与之贯通,使得贯入荷载-贯入度曲线发生荷载突降(其峰值贯入荷载为 59.22 MPa,对应的贯入度为 0.949 mm),岩样迅速破坏。而在 2.5 MPa 围压条件下,由于围压作用抑制了岩石内部裂纹的萌生扩展,其峰值贯入荷载及对应的贯入度均有所提高;随着进一步的贯入,宏观裂纹贯通并发生荷载突降(其峰值贯入荷载为 70.98 MPa,对应的贯入度为 1.077 mm),其后岩样仍能继续承载,贯入荷载在跌落后再次增大且出现数次跃进破坏现象。显然随着围压的增大，岩样峰值贯入荷载及其对应的贯入度区别较明显。

如表 3-14 所示，当 $L=40$ mm 时，无围压时，岩样峰值贯入荷载为 87.51 kN，对应的贯入度为 1.134 mm；1.25 MPa 围压下，岩样峰值贯入荷载为 88.53 kN，对应的贯入度为 1.249 mm；2.5 MPa 围压下，岩样峰值贯入荷载为 102.27 kN，对应的贯入度为 1.283 mm。结合图 3-39(c) 明显发现 2.5 MPa 围压下岩样峰值贯入荷载最大，但不同围压条件下岩样的峰值贯入荷载对应的贯入度非常接近，表明当 $L=40$ mm 时，2.5 MPa 围压下破岩效率最高。因此，在低围压水平下，当 TBM 刀具轴线与高压水刀喷嘴间距为 40 mm 时，需在一定程度上加大掘进推力才能实现高效破岩。

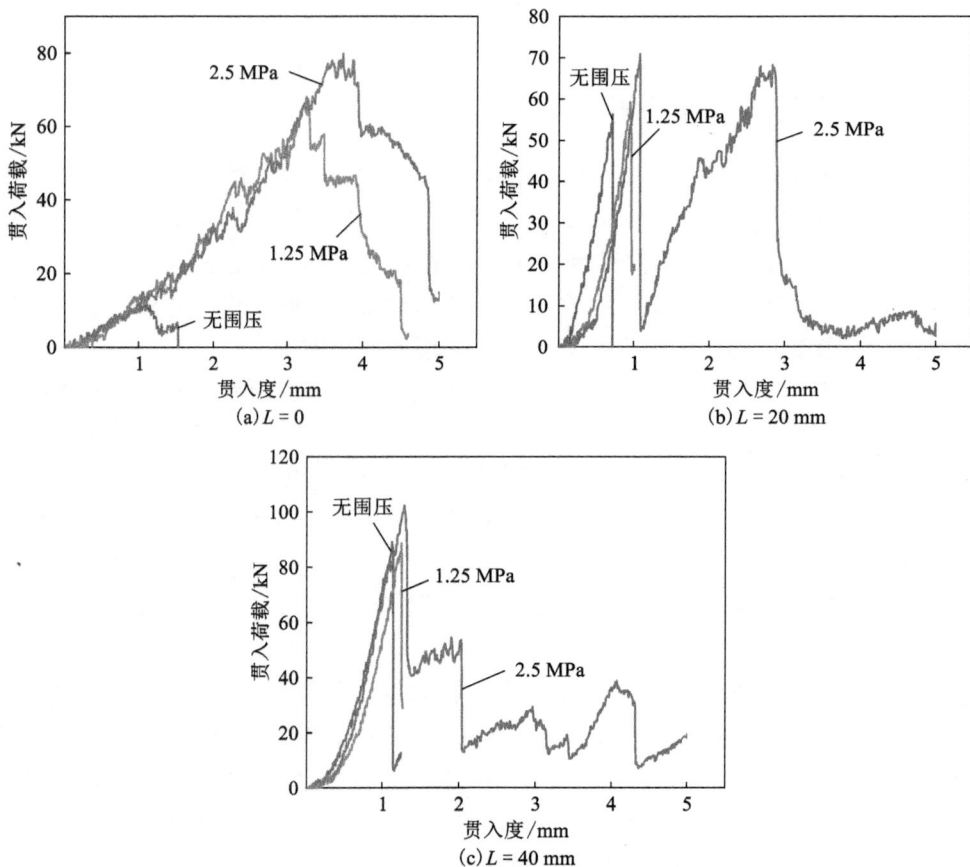

图 3-39　不同 L 值条件下岩样贯入荷载-贯入度曲线

表 3-14　不同 L 值条件下峰值贯入荷载及贯入度

L/mm	围压/MPa	贯入度 p/mm	峰值贯入荷载/kN
0	0	1.104	12.87
	1.25	3.275	67.32
	2.5	3.738	79.83
20	0	0.714	56.25
	1.25	0.949	59.22
	2.5	1.077	70.98
40	0	1.134	87.51
	1.25	1.249	88.53
	2.5	1.283	102.27

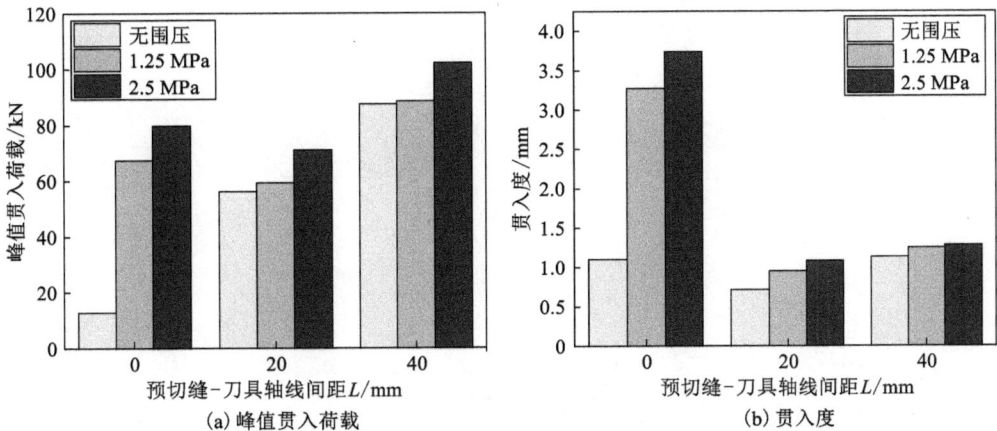

(a) 峰值贯入荷载　　(b) 贯入度

图 3-40　不同 L 值下贯入荷载及贯入度柱状图

　　针对高围压条件下围压对贯入荷载-贯入度曲线特征的影响，本节选取预切缝参数 $H=30\text{ mm}$、$L=20\text{ mm}$，在 15 MPa、20 MPa、25 MPa 高围压条件下分别进行室内 TBM 滚刀贯入高强度高磨蚀性花岗岩试样试验，分析不同围压条件下贯入荷载-贯入度曲线特征，其初次跌落及峰值荷载时的相关数据如图 3-41、表 3-15 所示。

　　结合图 3-41 和表 3-15 分析有预切缝试样的贯入荷载-贯入度曲线在不同围压条件下的变化规律，可以发现：在有预切缝条件下，各围压条件下所对应的贯入荷载-贯入度曲线在峰值贯入荷载之前均发生跌落，对应着三角形岩渣的形成，完成了一次有效破岩。如表 3-15 所示，在 15 MPa、20 MPa、25 MPa 围压条件下，该跌落幅度分别为 80.3%、87.4%和 100%，呈现出随着围压的增加而增加的趋势。

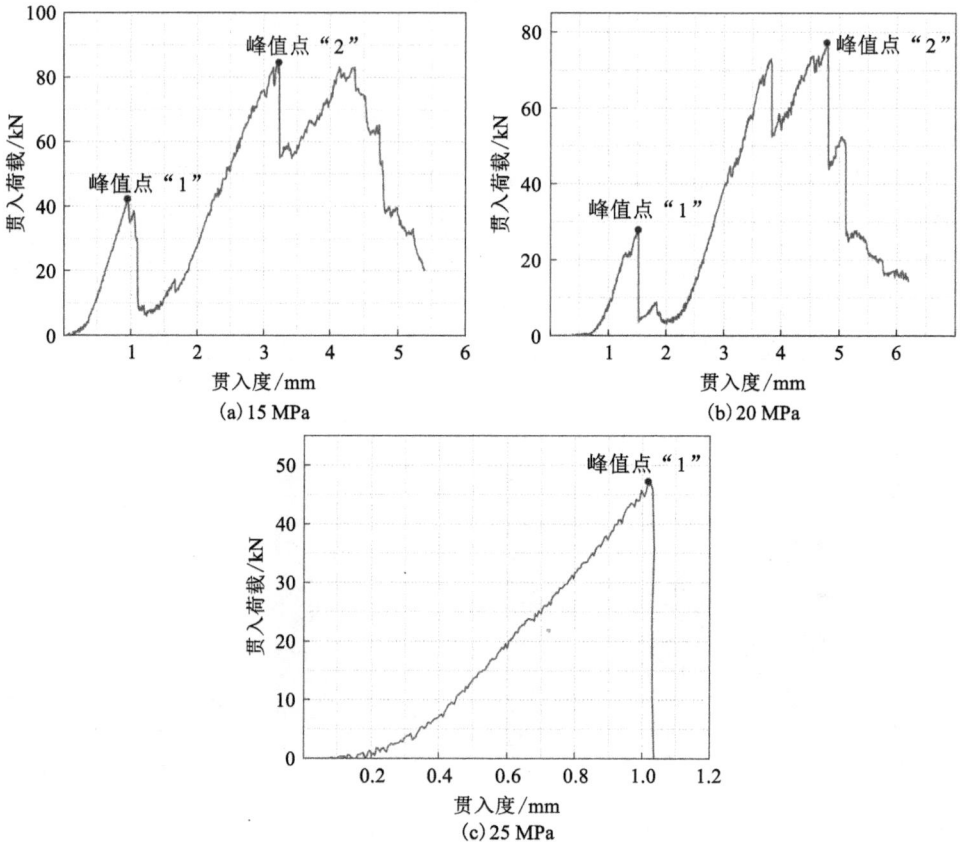

图 3-41　高围压下预切缝岩样贯入荷载-贯入度曲

表 3-15　高围压条件下预切缝岩样峰前跌落信息

P_0/MPa	初次跌落荷载/kN	对应贯入度/mm	跌落幅度/%
15	42.24	0.949	80.3
20	27.96	1.514	87.4
25	47.25	1.017	100

纵观 15 MPa、20 MPa 围压下的贯入荷载-贯入度曲线，可以发现贯入曲线变

化的趋势大致相同：初次跌落发生之后，贯入荷载随着贯入度的增大而增大，呈现出线性增长趋势。而后，贯入荷载-贯入度曲线均表现为"双峰"特征，在"双峰"中的每一次跌落，岩样均会产生较大"脱空"，导致刀刃外侧与岩样发生两次剧烈接触，产生较大的磨损。

如图 3-41(c)所示，在 25 MPa 围压条件下，贯入荷载达到峰值(其值为 47.25 kN，对应的贯入度为 1.017 mm)后发生跌落之后急剧下降至 0，岩石破坏完全丧失承载能力。从图 3-41 可以看出，25 MPa 围压条件下的峰值贯入荷载和相应的贯入度远低于 15 MPa("2"点其值为 77.22 kN，贯入度为 4.78 mm)和 20 MPa("1"点其值为 84.69 kN，贯入度 3.224 mm)围压条件下的值。主要原因可能是在 25 MPa 围压下岩石表面宏观裂缝与水刀预切缝的贯通引起的卸荷作用导致贯入荷载急剧下降，超过了 RMT-301 加载系统的预设极限值。因此加载过程被自动识别为完成时，压头应停止贯入。

3.6　本章小结

本章通过小型板状岩样的压头贯入试验初步证实了预切缝辅助破岩技术的有效性与应用价值。在系统性的试验设计下，全面探究了围压、预切缝参数等对高磨蚀性硬岩损伤破坏过程及其力学特性的影响，主要结论总结如下。

①对于完整岩样，在低围压范围内，峰值荷载随着围压的增大而增大，表明低围压施工环境不利于 TBM 掘进，且围压越大，TBM 掘进越困难；当围压为 10~15 MPa 时，峰值荷载较小，说明围压为 10~15 MPa 有利于提高 TBM 破岩效率；当围压进一步增加后，峰值荷载转而提高，意味着 TBM 掘进难度增大，对刀具造成损伤较大。

②对于预切缝岩样，当预切缝深度 H 一定时，在无围压条件下，$L=0$ 时岩样受到贯压时的峰值贯入荷载最小，且显著小于 $L \neq 0$ 的情况，而在 1.25 MPa、2.5 MPa 围压条件下 $L=20$ mm 时岩样峰值贯入荷载最小。同时发现，在无围压及 1.25 MPa、2.5 MPa 围压条件下 $L=0$ 时岩样峰值贯入荷载所对应的贯入度均为最大。

③当预切缝-刀具轴线间距 $L=0$ 时，预切缝深度 H 在一定范围内，不同预切缝深度的岩样贯入荷载-贯入度曲线规律、特征几乎一致，因此，当 TBM 滚刀采用高压水刀喷嘴与滚刀滚压迹线重合的布刀方案时，可适当降低水刀压力，从而节约能耗。

④当预切缝-刀具轴线间距 L 处于一定范围内(本试验为 20~40 mm)时，预切缝深度 H 越大，侧向裂纹越易与预切缝贯通，采用高压水刀喷嘴置于两滚刀之

间的布刀方式时，水刀预切缝深度 H 越大，其破岩效率越高，说明较大的高压水刀切割深度对于降低高强度高磨蚀地层 TBM 掘进中滚刀磨损率具有一定作用。

借由高压水射流等技术在掌子面岩体预切缝可实现 TBM 在深埋极硬地层中的高效破岩，然而本章试验主要从宏观裂纹开展模式与刀具力变化规律的角度对岩石破岩机制展开分析，细观层面的岩石损伤机制尚不清晰，可运用颗粒离散元的模拟方法进一步推进切缝辅助下滚刀破岩的机制研究。

参考文献

［1］王攀.硬岩掘进机可掘进性预测分析方法研究［D］.天津：天津大学，2014.

［2］罗华.基于 TBM 施工的关角隧道岩石耐磨性研究［D］.西南交通大学，2007.

［3］佘磊.岩石强度与耐磨性参数的数字钻进测定技术研究［D］.西安：西安理工大学，2019.

［4］朱事业.岩石磨蚀性指标（CAI）分析研究［J］.广东水利水电，2018（5）：48-52.

［5］引调水线路工程地质勘察规范：SL 629—2014［S］.北京：中国计划出版社，2014.

［6］姚啸峰，张振南，葛修润，等.大理岩断裂能与细观结构几何特征相关性［J］.岩土力学，2016，37（8）：2341-2346. DOI：10.16285/j.rsm.2016.08.028.

第4章
预切缝辅助 TBM 破岩平面贯入数值仿真

4.1 引言 ———————————————————— >>>

相较于物理实验，数值模拟的优势主要在于可控性、经济性以及结果的可视化。通过在理想化条件下进行大量包含不同变量的模拟试验，可以在不同尺度上生成直观结果，从而理解系统行为与复杂现象。在 TBM 滚刀破岩研究领域中，颗粒离散元能够有效模拟颗粒间的相互作用和变形过程，反馈岩石中裂纹的开展路径，还原更真实的岩石破裂行为。从而分析不同加载条件下的力学响应，揭示岩石破裂和滑移机制，阐明岩石的宏观行为与细观矿物组构之间的关联。

现有的 TBM 滚刀破岩数值模拟研究主要在于揭示不同刀型下的滚刀破岩机制，通常采用常规刀盘设计，对于预切缝辅助下的破岩机理研究较少。本章以板状岩样的压头贯入试验为参照，采用 PFC^{2D} 颗粒离散元模拟软件，构建三种典型工况下的岩石数模，研究在不同预切缝参数下的应力场分布和裂纹扩展演化特征。进一步分析预切缝参数对力链场分布、岩样破裂形态及峰值荷载的影响，在细观层面总结预切缝辅助 TBM 滚刀破岩的岩石破坏模式及裂纹贯通机制。模拟试验结果对于优化滚刀与预切缝参数具有重要参考价值。

4.2 TBM 滚刀贯入颗粒流数值模型构建 ———————————— >>>

在本节中，采用 PFC^{2D} 建立相关岩石模型，通过圆形颗粒聚合表征岩石材料，设置颗粒最小半径为 0.5 mm，最大半径为 0.75 mm。[1] 在相邻颗粒之间施加线性平行黏结键以模拟岩石颗粒间的黏结作用，使颗粒接触部分具备一定的弹性特质和抵抗张拉、剪切、扭转的能力，从而使模型呈现出与实际岩石相近似的宏观力学性质。

4.2.1　细观参数标定

本章采用湖北麻城极硬花岗岩为研究对象，按照国际岩石力学学会所推荐的方法进行单轴压缩试验和巴西劈裂试验，获取岩样的单轴抗压强度、抗拉强度、弹性模量、泊松比等宏观参数。通过 PFC[2D] 进行单轴压缩和巴西劈裂数值模拟，并根据室内试验结果对细观参数进行标定，加载速率设定为 0.02 m/s，时间步长设置为 $6×10^{-8}$ s，确保模拟处于准静态加载状态[2]。采用"试错法"对岩石细观参数进行标定，直至所建立的模型能够较好地模拟目标岩样的物理力学特性。[3]综合考虑模拟精度以及计算时间，确定岩石细观参数如表 4-1 所示。用此套参数进行模拟，获得单轴压缩试验与巴西劈裂试验模拟和试验结果，如图 4-1 所示，其中深绿色代表拉伸裂纹，粉色代表剪切裂纹，岩石的宏观力学参数如表 4-2 所示。

表 4-1　岩石细观参数

细观力学参数		数值
颗粒-颗粒接触		平行黏结模型
颗粒-墙体接触		线性模型
颗粒	最小颗粒半径/mm	0.5
	R_{max}/R_{min}	1.5
	颗粒密度/$(kg \cdot m^{-3})$	2650
	孔隙率	0.08
线性模型参数	等效模量/GPa	69
	法向与切向刚度比	1.7
	颗粒摩擦系数	0.45
平行黏结模型参数	等效模量/GPa	69
	法向与切向刚度比	1.7
	抗拉强度	71
	黏聚力/MPa	71
	摩擦系数/MPa	0.45

(a) 单轴压缩试验

(b) 巴西劈裂试验

(c) 单轴压缩试验轴向应力-应变曲线

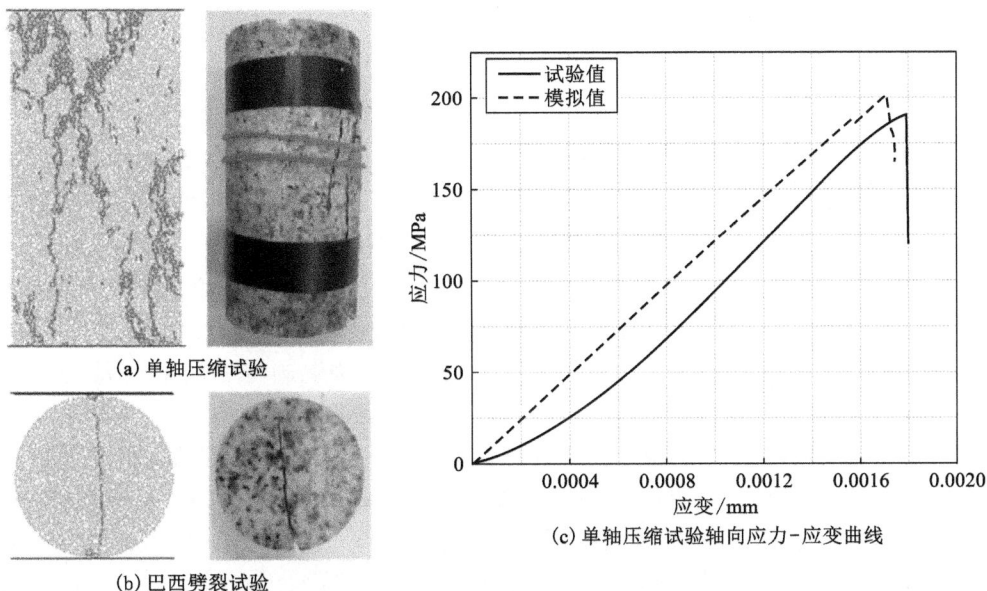

图 4-1　室内试验与模拟结果对比

表 4-2　岩石宏观力学参数

参数	数值模拟结果	室内试验结果	相对误差/%（绝对值）
单轴抗压强度/MPa	201.7	193.2	4.2
抗拉强度/MPa	10.26	10.66	3.9
弹性模量/GPa	124.9	127.8	2.3
泊松比	0.25	0.24	4.0

由表 4-2 可知，数值模拟所得岩石宏观参数结果与试验结果吻合度较高，其中单轴抗压强度、抗拉强度、弹性模量、泊松比等参数误差均在 5% 以内。由图 4-1(a) 和图 4-1(b) 可知，单轴压缩与巴西劈裂数值试验所得模型破裂形态与室内试验结果也呈现出较好的一致性。由图 4-1(c) 可知，单轴压缩数值试验得模型轴向应力-应变曲线演化规律与试验结果较为一致，且模拟所得峰值强度相对误差较小(4.2%)。然而，本章中所采用的离散元模型并未考虑岩样初始微裂纹影响，致使数值仿真所得单轴压缩轴向应力-应变曲线无法较好地捕捉因初始裂纹闭合而产生的压密阶段。[4, 5] 总体而言，该模型能够较好地复制极硬花岗岩

岩样的宏观力学性质及变形破坏行为特征,可以认为其细观力学参数(见表 4-1)是有效的,能够用于后续 TBM 滚刀贯入数值模拟。

4.2.2　贯入模型构建

图 4-2 为 TBM 滚刀贯入数值模型,主要由完整岩石模型、同轨迹切割模型和异轨迹切割模型组成。其中,同轨迹切割模型指的是高压水刀预切缝位于滚刀正下方,如图 4-2(b)所示,在实际工况中,它代表高压水刀喷嘴与滚刀布置在同一切割半径上,且先行水刀预切割轨迹与后行 TBM 滚刀轨迹重合的工况;异轨迹切割模型指的是高压水刀预切缝位于滚刀侧边,预切缝与刀具轴线之间存在距离 L,如图 4-2(c)所示,在实际工况下,它代表了水刀切割轨迹与 TBM 盘形滚刀切割轨迹不重合的工况。在本研究中,岩石样品的宽度和高度分别设置为 190 mm 和150 mm,模型由大约 21000 个颗粒组成。目前,高压水刀喷嘴直径主要为1.02 mm,在一定压力条件下切割坚硬岩石时,预切缝宽度约为 2 mm。以往文献证明了在试验中使用 2 mm 预切缝宽度的可行性。[6, 7]因此,在本章中,预切缝宽度设置为 2 mm。在完整切割模型的基础上,在特定位置处删除相应颗粒,作为高压水刀预切缝,预切缝深度 H 分别设置为 10 mm、20 mm、30 mm、40 mm,预切缝-刀具轴线间距 L 分别取 10 mm、20 mm、30 mm、35 mm、40 mm、50 mm。将滚刀简化成刀刃宽度为 2 mm 无限刚度的墙体,滚刀初始位置与岩样正上方距离0.1 mm。滚刀贯入速度为 0.01 m/s,时间步长设置为 $3.6×10^{-7}$,滚刀贯入速度折算为 $3.6×10^{-9}$ m/s,以确保模拟处于准静态平衡加载状态,滚刀最大贯入深度设置为 5 mm。

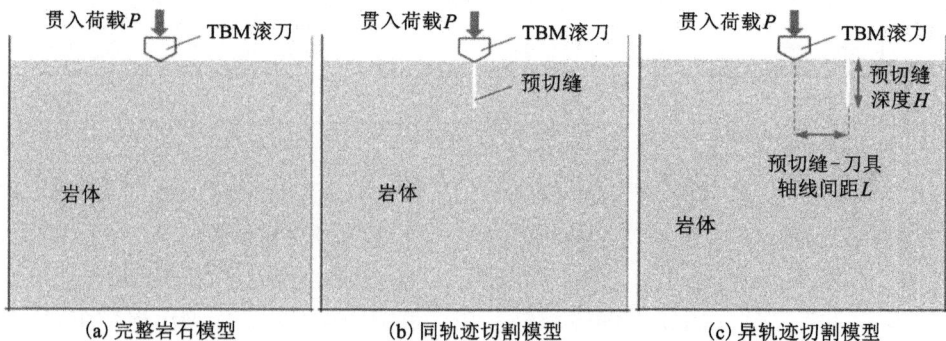

(a) 完整岩石模型　　　(b) 同轨迹切割模型　　　(c) 异轨迹切割模型

图 4-2　TBM 滚刀破岩模型

4.3　数值仿真结果分析 　　　　　　　　　　　　　　　　>>>

4.3.1　裂纹扩展及力链演化过程

为了比较不同破岩模型下的裂纹演化过程，建立了三组破岩模型：完整岩石切削模型、预切缝深度 H 为 20 mm 的同轨迹切削模型及异轨迹切割模型。根据前人的研究工作，硬岩条件下 TBM 盘形滚刀的刀距通常在 60 mm 至 90 mm 范围内，[8]本节主要考虑了不同轨迹切割模型中高压水刀喷嘴位于相邻两个圆盘刀具中间的情况。因此在异轨迹切割模型中，预切缝-刀具轴线间距设置为 35 mm，三组模型滚刀的最大贯入深度均为 5 mm。

1. 完整岩石模型

图 4-3 为滚刀贯入完整岩石模型破坏演化过程图。如图 4-3(a)所示，当 TBM 滚刀作用在岩石上时，滚刀正下方出现一个较为显著的应力集中区(深黑色

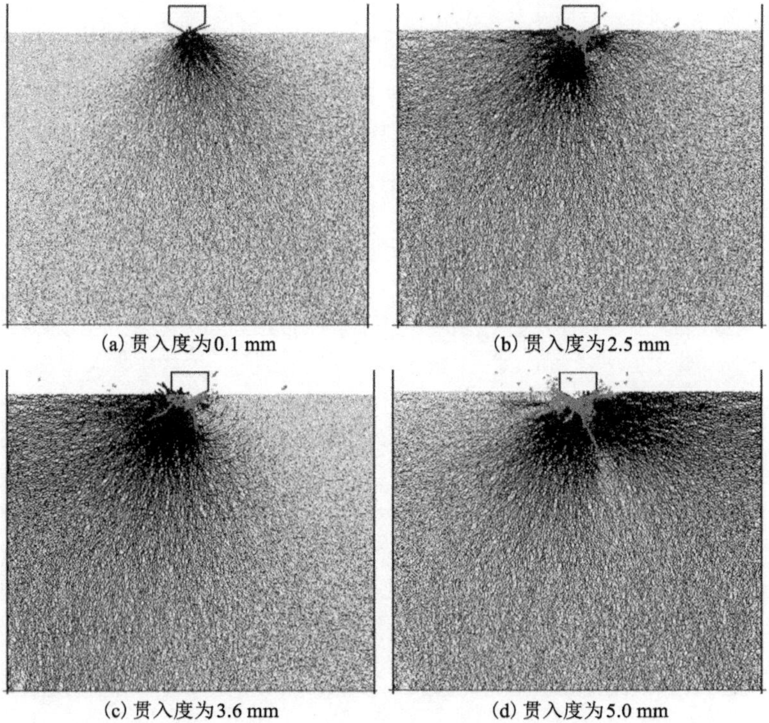

(a) 贯入度为0.1 mm　　　　　　　　　　(b) 贯入度为2.5 mm

(c) 贯入度为3.6 mm　　　　　　　　　　(d) 贯入度为5.0 mm

图 4-3　完整岩石模型破坏演化过程图

区域),该区域主要以压应力为主。如图4-3(b)所示,随着滚刀的进一步贯入,滚刀下方出现拉应力集中现象,并且产生微裂纹,微裂纹汇聚形成较为显著的损伤区域,此区域称为粉核区,该区域被微裂纹分割形成较多的破碎体,导致 TBM 滚刀下方出现粉碎岩渣。如图4-3(c)所示,随着滚刀贯入度继续增大,由于粉核区的传力作用,应力集中区向深部扩大,滚刀下方微裂纹进一步发展并延伸,形成侧向张拉裂纹。如图4-3(d)所示,当贯入度增加到 5 mm 时,滚刀左侧张拉裂纹进一步延伸,部分张拉裂纹与岩样上表面相贯通,形成细小岩渣。观察整个破岩过程可知,滚刀下方形成的粉核区不断扩大,侧向裂纹不断延伸,但没有形成较大的岩片。

2. 同轨迹切割模型

图4-4为滚刀贯入同轨迹切割模型破坏演化过程图,如图4-4(a)所示,当 TBM 滚刀作用在预切缝正上方时,预切缝左侧岩壁出现较为显著的压应力集中区,预切缝右侧岩壁则产生拉应力,但拉应力集中程度较低,此时没有微裂纹产生。如图4-4(b)所示,随着 TBM 滚刀进一步贯入,预切缝两侧岩壁由于滚刀挤压作用产生微裂纹,出现侧壁岩石破裂脱落现象,并且由于滚刀沿着预切缝不断

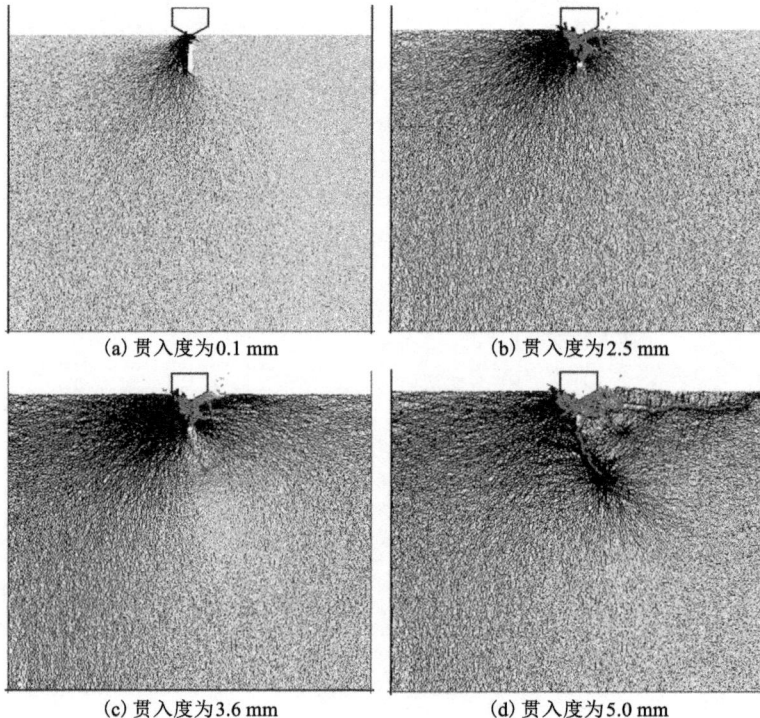

(a) 贯入度为0.1 mm	(b) 贯入度为2.5 mm
(c) 贯入度为3.6 mm	(d) 贯入度为5.0 mm

图4-4 同轨迹切割模型破坏演化过程图

重复挤压岩壁—岩壁剥落—滚刀进一步贯入—再次挤压岩壁过程，预切缝底部产生拉应力集中现象。如图 4-4（c）所示，随着滚刀贯入深度继续增大，拉应力集中区向下移动，并且岩样由于劈裂张拉作用产生由预切缝底部向下扩展的主裂纹。如图 4-4（d）所示，当主裂纹发展至一定深度后不再向下扩展，滚刀下方产生近似于水平方向的侧向裂纹，并且与岩样上表面相贯通，形成岩石碎片。观察整个破岩过程可以发现，同轨迹切割模型由于滚刀的楔裂作用，预切缝底部产生拉应力集中区，诱导裂纹沿垂直方向发展。

3. 异轨迹切割模型

图 4-5 为滚刀贯入异轨迹切割模型破坏演化过程图。如图 4-5（a）所示，滚刀与岩样刚接触时，与完整岩石模型一致，异轨迹切割模型也产生以压应力为主的显著应力集中区，但异轨迹切割模型应力集中区边缘与水平岩面的夹角更大。如图 4-5（b）和图 4-5（c）所示，随着滚刀进一步贯入，滚刀下方产生竖直向下的主裂纹。在主裂纹产生之后，岩样内部应力调整，预切缝底部出现拉应力集中现象，滚刀下方产生侧向裂纹并与预切缝底部相贯通，形成三角形岩块，完成一次

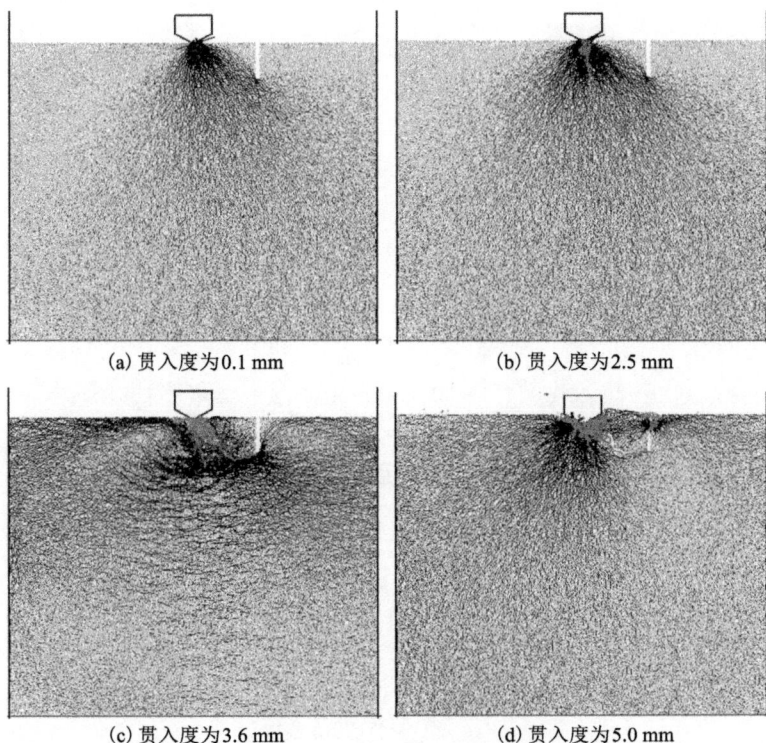

(a) 贯入度为 0.1 mm　　　　　　　　(b) 贯入度为 2.5 mm

(c) 贯入度为 3.6 mm　　　　　　　　(d) 贯入度为 5.0 mm

图 4-5　异轨迹切割模型破坏演化过程图

有效破岩,此时滚刀贯入深度仍处于较小值(0.11 mm),表明高压水刀辅助 TBM 滚刀破岩采用异轨迹布置方法可较大程度降低破岩所需贯入深度。如图 4-5(d)所示,当三角形岩块形成之后,随着滚刀贯入深度的增大,粉核区逐渐增大,以至于产生更多的粉碎岩渣。上述分析表明,异轨迹切割模型的破岩过程与完整岩石模型以及同轨迹切割模型存在着较大的差异,主要在于异轨迹切割模型可诱导侧向裂纹向预切缝底部发展,使得岩石更容易产生拉伸破坏,有效降低破岩所需的贯入深度。

4.微裂纹演化过程分析

为了分析不同破岩模式 TBM 滚刀作用下内部裂纹的演化过程,通过 fish 函数记录了滚刀贯入过程中产生的微裂纹类型和数量。

图 4-6 描述了三种破岩模型的微裂纹数量演变过程。结果表明,TBM 滚刀在贯入岩样过程中,岩样中的微裂纹不断扩展,微裂纹的扩展不是平稳的,而是

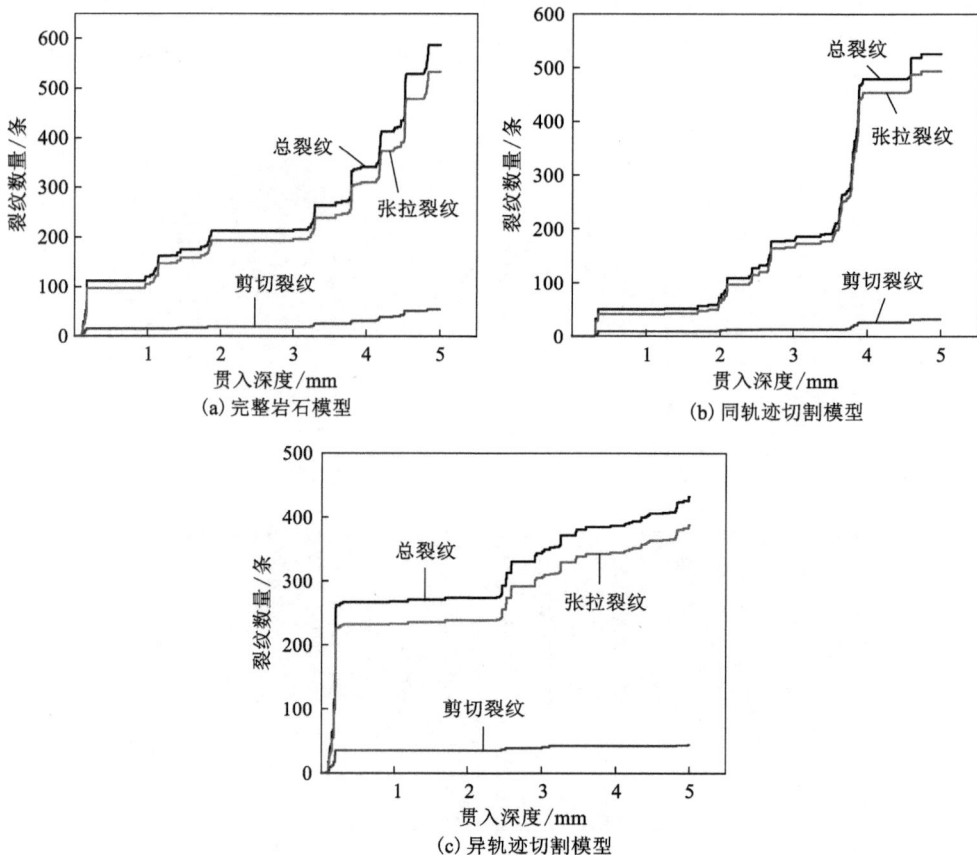

(a) 完整岩石模型

(b) 同轨迹切割模型

(c) 异轨迹切割模型

图 4-6 不同破岩模式下微裂纹演化曲线

呈现出"平缓—陡升—平缓—陡升"的变化规律，这与岩样的跃进破坏相关。这是因为在滚刀破岩过程中，当有岩石碎片脱落时，滚刀的推力减小，裂缝数量趋于稳定，而当推力增大时，裂缝数量会相应增加。所有模型中均同时出现拉伸裂纹和剪切裂纹，但拉伸裂纹的数量明显多于剪切裂纹的数量。

对于完整岩石切割模型，在贯入度为 3 mm 以前，裂纹数量增长缓慢，而在贯入深度超过 3 mm 之后，拉伸裂纹出现几次显著增加，如图 4-6（a）所示，这是完整岩样中主裂纹和侧向裂纹的萌生和扩展所导致。对于同轨迹切割模型，裂纹数量在贯入度为 3.5 mm 处突然增加，裂纹数量从 191 增加至 480，如图 4-6（b）所示，反映了岩石材料的脆性破坏特征。与完整岩样和同轨迹切割模型相比，异轨迹切割模型裂纹数量在贯入深度为 0.2 mm 时突然增加，如图 4-6（c）所示，主要是由于滚刀下方侧向裂纹与预切缝底部相贯通，与其他两种破岩模式相比，突增时所对应的贯入度大大减小，表明异轨迹切割模型可极大降低破岩所需贯入深度。

计算各破岩模式下拉伸裂纹、剪切裂纹所占比例可以发现，完整切割模型、同轨迹切割模型、异轨迹切割模型，拉伸裂纹占总裂纹的比例分别为 90.8%、93.9%、89.0%。此现象表明，上述三种破岩模式在细观上均以拉伸破坏为主，剪切破坏为辅。

4.3.2　预切缝参数对力链场分布影响规律

图 4-7 为不同预切缝参数条件下岩石内部力链场分布图，可以发现，当滚刀与岩石接触时，滚刀下方均会产生以压应力为主的应力集中区，距离滚刀越远，应力集中程度越小，并且在预切缝位置传递受阻，这是预切缝的卸压效应所导致。由图 4-7 可以看出，由于预切缝尖端作用，预切缝底部也分布相对应力集中区，应力集中区整体有由滚刀下方沿预切缝底部发展的趋势。所以滚刀下方应力集中区呈现预切缝侧集中程度高、非预切缝侧应力集中程度低的特征，其中在预切缝深度 H 为 30 mm 和 40 mm 时最为显著。并且随着预切缝深度的增大，滚刀下方应力集中区深度增大，应力集中区边缘与岩石上表面的夹角也随之增大。

通过研究预切缝-刀具轴线间距对 TBM 滚刀下方力链场的影响，发现当预切缝深度 H 为 10 mm 和 20 mm 时，滚刀下方的应力集中区不随预切缝-刀具轴线间距的增大而变化。这说明在较小预切缝深度条件下，预切缝-刀具轴线间距对滚刀下方应力集中区的影响很小。当预切缝深度 H 为 30 mm 和 40 mm 时，随着预切缝-刀具轴线间距的增大，滚刀下方的应力集中区向两侧扩展，应力集中区的拉应力集中程度逐渐增大。这主要是由于随着预切缝-刀具轴线间距的增大，应力集中区向预切缝底部扩展的路径增大，进而应力集中区扩展范围增大。结果表明：预切缝-刀具轴线间距对应力集中区的影响规律与预切缝深度有关，且随预切缝深度的变化而变化。

(a)$L = 30$ mm

(b)$L = 40$ mm

(c)$L = 50$ mm

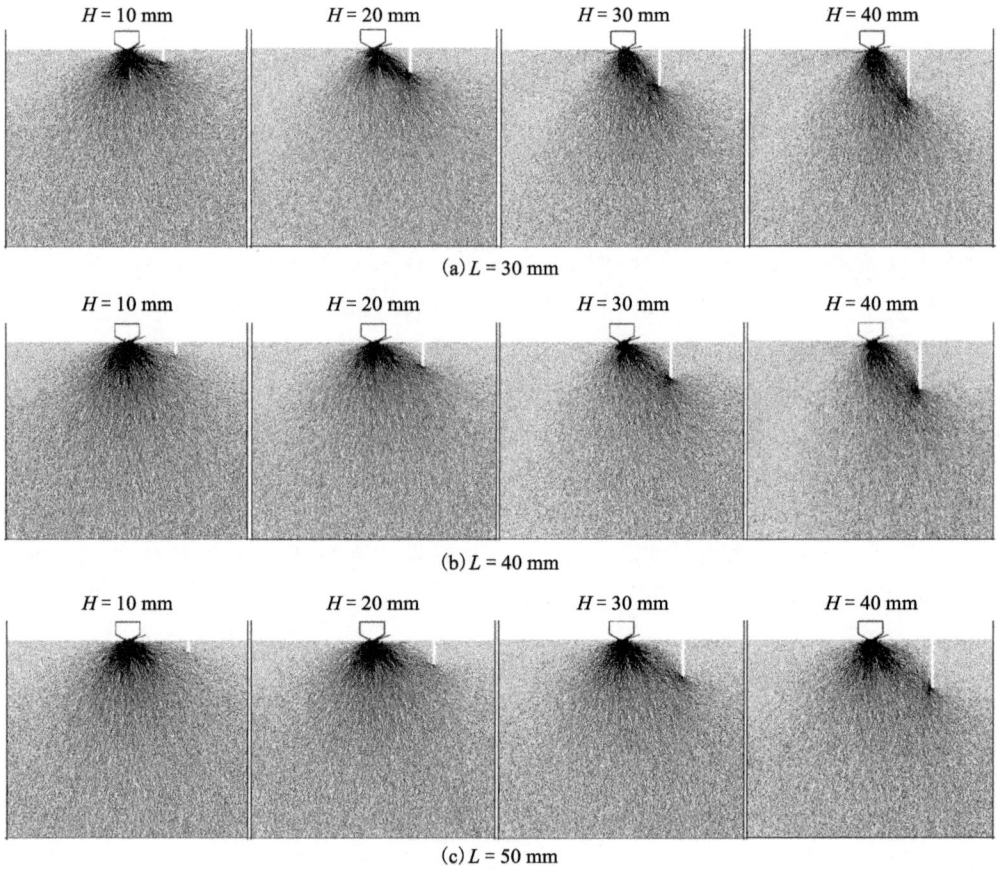

图 4-7　不同预切缝参数下力链场分布

4.3.3　预切缝参数对岩石破坏模式影响规律

图 4-8 是不同预切缝参数岩样最终破裂模式汇总图,从图 4-8 中可以发现,除了预切缝参数 $L = 50$ mm 和 $H = 10$ mm 的岩样外[图 4-8(e_1)],岩样破裂模式由刀具下方的裂纹与预切缝相贯通所导致。这是由于预切缝改变了原有的边界约束条件,削弱了原岩抵抗破碎的能力,并提供了裂纹截止面,阻断了滚刀下方部分裂纹的延伸和扩展,从而使滚刀下方裂纹与预切缝相贯通。

由图 4-8(a)和图 4-8(b)可知,当 $L = 10$ mm 或 20 mm 时,滚刀下方裂纹与预切缝底部贯通先形成三角形岩块,后随着滚刀的进一步贯入,三角形岩块进一步被破碎,形成体积更小的岩石碎片和粉碎岩渣,尤其是预切缝深度 H 为 10 mm

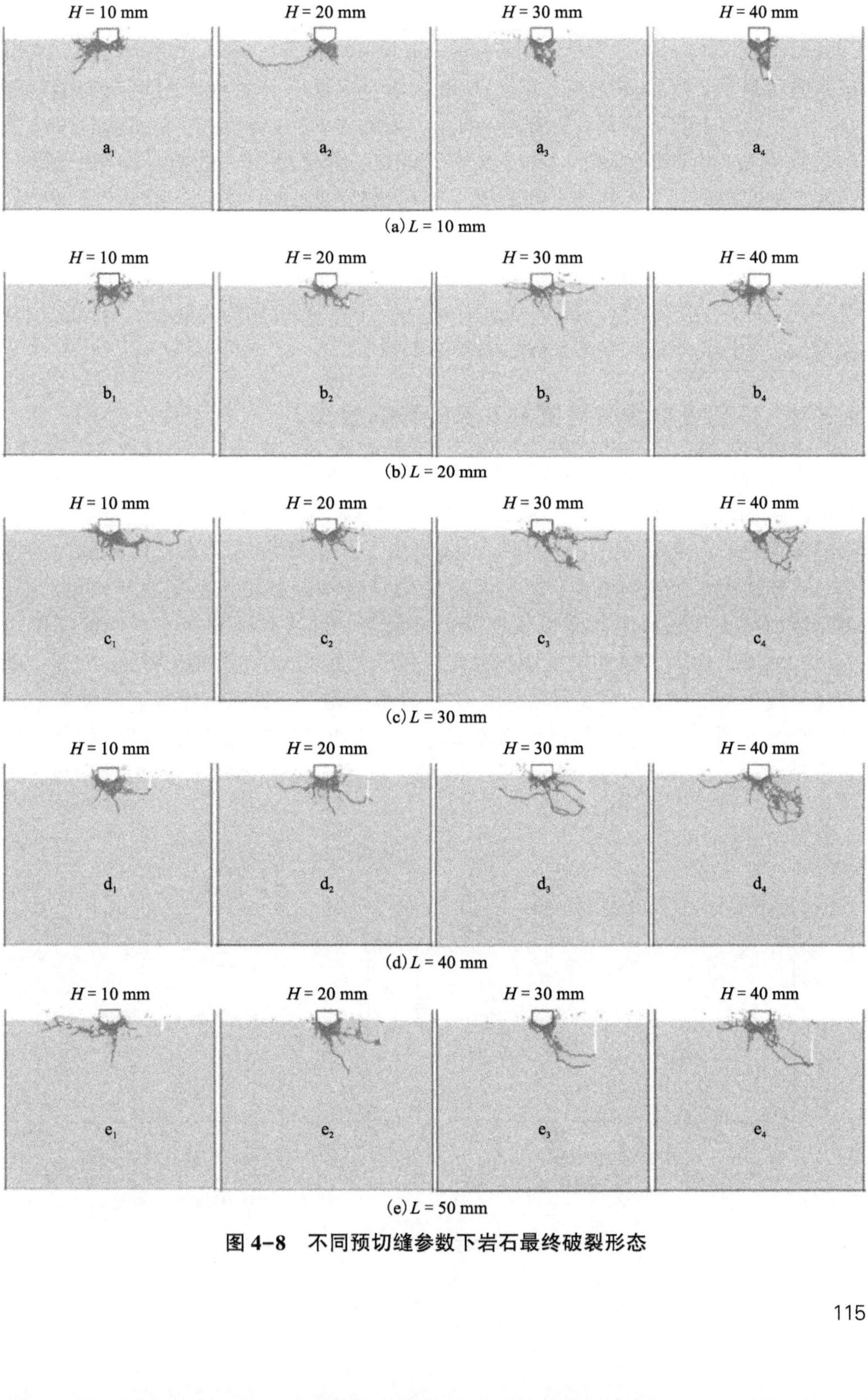

图 4-8　不同预切缝参数下岩石最终破裂形态

时[图 4-8(a_1)和图 4-8(b_1)]，三角形岩块被过度破碎完全成为粉碎岩渣；如图 4-8(c)和图 4-8(d)所示，当 $L=30$ mm 或 40 mm 时，滚刀下方裂纹与预切缝底部直接贯通，产生体积较大的三角形岩渣，并且部分岩样产生向左的侧向裂纹，与预切缝上表面贯通，更有利于破岩；如图 4-8(e)所示，当 $L=50$ mm 时，侧向裂纹首先产生向下延伸的裂纹，当滚刀贯入一定深度时产生侧向裂纹，与预切缝底部相贯通。进一步需要说明的是，当预切缝深度过小时会产生滚刀下方裂纹而不与预切缝贯通的现象，如图 4-8(e_1)所示。综上可知，预切缝-刀具轴线间距过小时增大了能量的损耗以及裂纹贯通的难度。纵观图 4-7 可以发现，预切缝深度不同，贯通裂隙角度(与水平方向夹角)也不同，预切缝深度越大，贯通裂纹角度越大，并且其生成三角形岩块的体积也越大。

4.3.4 预切缝参数对峰值贯入荷载影响规律

图 4-9 为不同预切缝参数岩样峰值荷载变化曲线图。如图 4-9(a)所示，在相同围压条件下，随着预切缝深度的增大，各预切缝-刀具轴线间距条件下滚刀的峰值荷载均存在明显的降低趋势。这是由于预切缝解除了岩石内部的侧向约束，随着预切缝深度的增加，预切缝附近侧限解除面积更大，应力释放更明显，破岩阻力减小。故峰值荷载呈现出降低的趋势，也就意味着随着预切缝深度增大，TBM 滚刀贯入岩样的难度逐渐减小。但是当预切缝深度到达 30 mm 之后，随着预切缝深度的增大，峰值荷载降低的趋势不再显著，表明高压水刀辅助破岩存在一个临界预切缝深度，超过此临界值之后，预切缝深度的增大对峰值荷载的影响将被削弱。如图 4-9(b)所示，可以发现，峰值荷载随着预切缝-刀具轴线间距

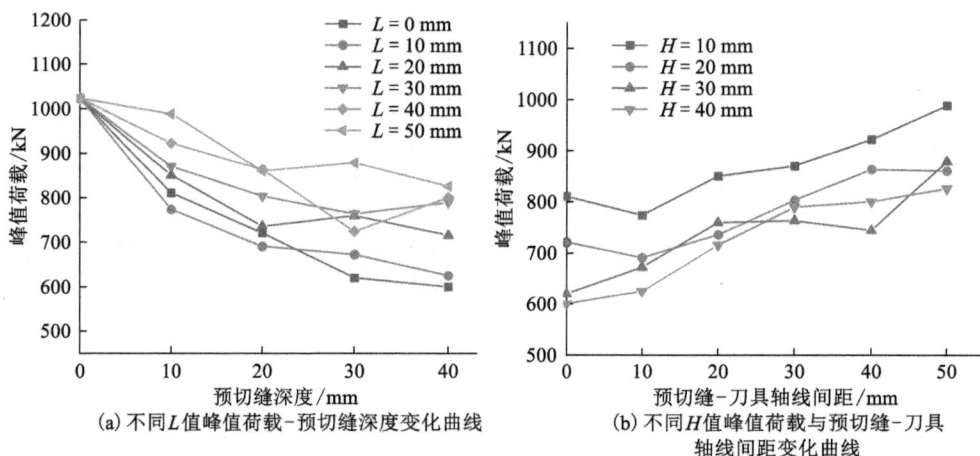

(a) 不同 L 值峰值荷载-预切缝深度变化曲线

(b) 不同 H 值峰值荷载与预切缝-刀具轴线间距变化曲线

图 4-9 不同预切缝参数岩样峰值荷载变化曲线

的增大而增大，这是由于随着间距的增大，滚刀下方裂纹与预切缝底部贯通的路径也随之增大，岩体破裂所需要积聚的能量增多，从而导致峰值荷载增大，表明随着预切缝–刀具轴线间距的增大，TBM 滚刀贯入岩样的难度逐渐增大。

4.4　本章小结　　　　　　　　　　　　　　　　　　　　　　>>>

本章采用 PFC^{2D} 软件建立了三类 TBM 滚刀贯入平面应力模型，分别为完整岩石模型、滚刀切缝同轨迹模型与异轨迹模型。模拟研究了滚刀贯入过程中应力场分布规律及裂纹扩展演化特征，分析了预切缝参数对力链场分布、岩样破裂形态、峰值荷载的影响，得到主要结论如下。

①三种典型破岩模型的破岩过程存在显著差异：完整岩样首先在滚刀的作用下产生粉核区，然后产生侧向裂纹，延伸至岩样上表面，形成细小的岩渣；当滚刀轨迹与预切缝重合时，由于滚刀的楔裂效应，主裂纹沿垂直方向发展，然后侧向裂纹扩展至岩样上表面形成岩块；当滚刀轨迹与预切缝不重合时，预切缝底部拉应力集中，导致侧向裂纹向预切缝底部发展，形成较大的三角形岩块。

②对于微裂纹演化过程，三种破岩模型几乎同时出现拉伸裂纹和剪切裂纹，其中拉伸裂纹的数量显著多于剪切裂纹，三种典型破岩模型的拉伸裂纹占比分别为 90.8%、93.9%、89.9%，表明三种破岩模型均以拉伸破坏为主，剪切破坏为辅。

③随着预切缝深度的增加，滚刀下方的应力集中区深度增加，岩样损伤时贯通裂纹的扩展角增大，导致侧向裂纹扩展至预切缝底部形成的三角形岩块体积增大，峰值载荷有明显下降的趋势，表明 TBM 滚刀贯入极硬岩的难度降低。

④随着预切缝与刀具之间的间距增大，峰值载荷呈现上升趋势，导致 TBM 滚刀难以贯入极硬岩，该间距对应力集中区和岩样破坏形态的影响受预切缝深度控制。

虽然压头贯入的物理试验与模拟试验可以方便观察截面裂纹模式，研究岩石破坏机理，但拟静态的贯入与真实的刀具滚动破岩存在差异，尤其忽略了滚刀的滚动力，而在实际破岩中，滚动力是主要的机械破岩能量来源。因此需要进行全尺寸滚刀破岩试验，还原滚刀滚动破岩的过程，以进一步分析真实的滚刀破岩性能变化，如滚刀法向力、滚动力、破岩比能等。

参考文献

［1］YAO W, CAI Y Y, YU J, et al. Experimental and numerical study on mechanical and cracking behaviors of flawed granite under triaxial compression［J］. Measurement, 2019, 145: 573－582. doi: 10. 1016/j. measurement. 2019. 03. 035.

［2］LI X F, LI H B, LIU Y Q, et al. Numerical simulation of rock fragmentation mechanisms subject to wedge penetration for TBMs［J］. Tunn. Undergr Space Technol, 2016, 53: 96－108. doi: 10. 1016/j. tust. 2015. 12. 010.

［3］LEE H, JEON S. An experimental and numerical study of fracture coalescence in pre－cracked specimens under uniaxial compression［J］. Int. J. Solids Struct, 2011, 48(6): 979－999. doi: 10. 1016/j. ijsolstr. 2010. 12. 001.

［4］WANG Q, HU X L, ZHENG W B, et al. Mechanical properties and permeability evolution of red sandstone subjected to hydro－mechanical coupling: Experiment and discrete element modelling ［J］. Rock Mech. Rock Eng, 2021, 54(5): 2405－2423. doi: 10. 1007/s00603－021－02396－0.

［5］YE Y, ZENG Y W, CHENG S F, et al. Three － dimensional DEM simulation of the nonlinear crack closure behaviour of rocks［J］. Int. J. Numer. Anal. Methods Geomechanics, 2022, 46: 1956－1971. doi: 10. 1002/nag. 3376.

［6］JIANG Y L, ZENG J J, XU C J, et al. Experimental study on TBM cutter penetration damage process of highly abrasive hard rock pre－cut by high－pressure water jet［J］. Bull. Eng. Geol. Environ, 2022, 81(12): 511－519. doi: 10. 1007/s10064－022－03022－1.

［7］LI B, HU M M, ZHANG B, et al. Numerical simulation and experimental studies of rock－breaking methods for pre－grooving－assisted disc cutter［J］. Bull. Eng. Geol. Environ, 2022, 81(3): 90－15. doi: 10. 1007/s10064－022－02594－2.

［8］ZHOU X P, ZHAI S F, BI J. Two－dimensional numerical simulation of rock fragmentation by TBM cutting tools in mixed－face ground［J］. Int. J. Geomechanics, 2018, 18(3): 1－17. doi: 10. 1061/(asce)gm. 1943－5622. 0001081.

第 5 章
水刀切缝岩石破裂模式试验研究

5.1 引言

>>>

　　近年，我国 TBM 制造商提出了第四代半 TBM 概念，即使用其他的破岩方法对完整岩体进行切缝以降低其完整性，促使滚刀破岩所需的推力降低。其中高压水射流被认为是最可行的方案，相关资料表明，该方法水刀的切槽比能大幅低于其余方法，还能够有效地抑尘，降低刀温与振动，进而减少破岩工具的磨损。2019 年，福建万安溪引水隧洞项目成功运用搭载水刀系统的龙岩号进行破岩，破岩过程可解构为两个阶段，一为先行的水刀于掌子面切缝降低岩体完整度，二为后至的滚刀与切缝作用破除岩体。探究两阶段不同工具各自的破岩机理与岩石破裂模式对于水刀辅助 TBM 掘进技术的发展至关重要。本章将通过大量室内水刀线性切割试验，先行探究第一阶段的水刀切割岩石机制。

　　水刀线性切割试验采用不同水压力与喷嘴移动速度的水刀切割花岗岩。通过分析试验结果，提出了一个复合水刀操作参数指标——单位冲击能量（E_u），并分析了其与切缝深度与宽度的相关性。对试验后岩样进行横截面切割，采用荧光法观测到水刀切割形成的切缝底部周围有宏观裂纹分布。既有的高压水射流破岩理论侧重于解释切缝形态，却没有关注岩石中的裂纹模式，本章通过分析不同 E_u 下的裂纹开展模式，对水刀切割结晶岩的破岩机理进行新的阐释。

5.2　水刀切割试验与压头贯入试验设计　>>>

5.2.1　岩样制备

　　龙岩市万安溪引水工程沿线分布最多的岩石是黑云母花岗岩，为取得相同岩性的岩样，通过查阅当地 1∶50 万与 1∶20 万区域地质图，并经过现场踏勘，最终于龙岩市洪山乡开采完整岩样[图 5-1(a)]，当地称之为"永定红"花岗岩。

　　两种小型室内破岩试验使用的所有岩样均从同一方巨石加工制备[图 5-1(b)]，该巨石外表没有肉眼可见的节理分布。经过取芯与标准岩石物理力学测试，得到的岩石参数结果见表 5-1。水刀线性切割试验采用的岩样尺寸为 200 mm×200 mm×150 mm，厚度足够承受高压水射流冲击而不劈裂；压头贯入试验采用的岩样更大一些，尺寸为 300 mm×300 mm×200 mm，理论计算与试验结果表明该尺寸可以消除压头贯入的尺寸效应[1]。

(a) 开采场地　　　　　　　　　　　　(b) 制样

图 5-1　花岗岩开采与制样

表 5-1　黑云母花岗岩岩石物理力学参数

单轴抗压强度 /MPa	巴西劈裂强度 /MPa	弹性模量 /GPa	泊松比	天然密度 /(g·cm⁻³)	孔隙率 /%
126.08	6.29	47.7	0.27	2.6	0.714

5.2.2　水刀切割试验

水刀的线性切割于南京大地水刀厂内进行，该设备商为 TBM 龙岩号供应整套水刀系统。切割平台见图 5-2(a)，岩样被放置在一水箱顶面的钢框架上，水刀喷嘴垂直指向岩样上表面并通过上部轨道水平移动。参考龙岩号的设计，试验中的水刀喷嘴直径设为 0.51 mm，距离岩样顶面(靶距)5 cm。

相较于其他水刀切割参数，水压力(P)与喷嘴移动速度(V)对切缝形态的影响更大，因此二者为研究的主要自变量。水压力以 20 MPa 为一级，从 200 MPa 增加至 280 MPa，280 MPa 是龙岩号能使用的最高水压力。喷嘴移动速度以对数增长的形式设置了四级，分别为 1 cm/s、3 cm/s、10 cm/s、20 cm/s。20 cm/s 是该平台能达到的最快切割速度。因此共计有 20 组试验，详细水刀操作参数设计见表 5-2，为避免切缝之间产生相互作用，每个岩块表面仅进行一次水刀切割。

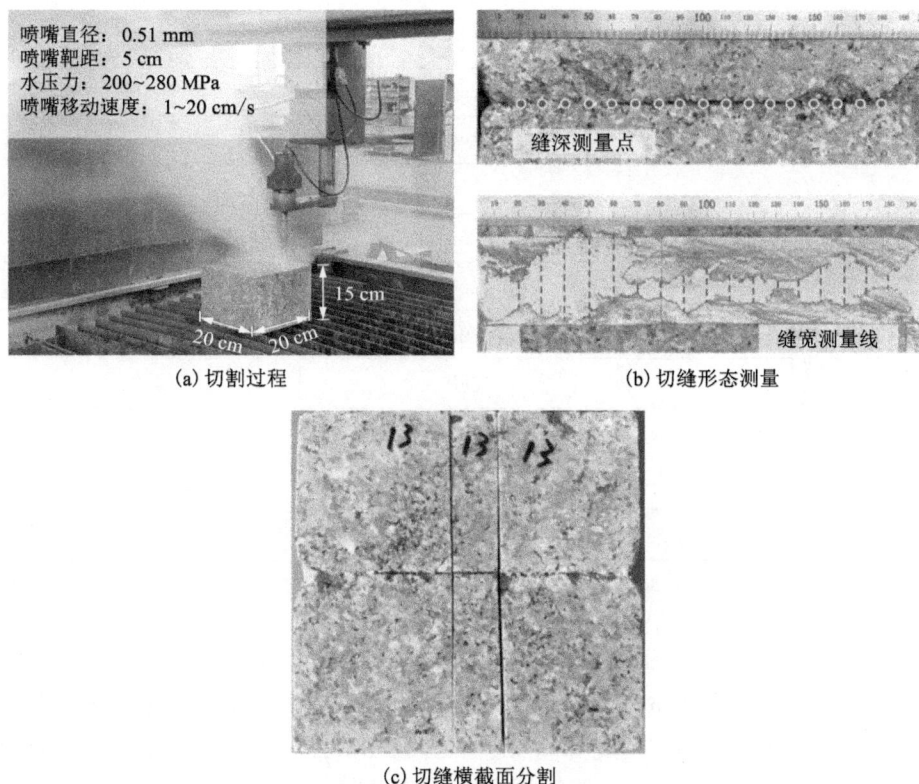

(a) 切割过程

(b) 切缝形态测量

(c) 切缝横截面分割

图 5-2　水刀切割试验

表 5-2 水刀切割试验操作参数设计

试验编号 No.	水压力 P/MPa	喷嘴移动速度 V/(cm·s^{-1})
1*	200	1
2	200	3
3	200	10
4	200	20
5*	220	1
6	220	3
7	220	10
8	220	20
9	240	1
10	240	3
11	240	10
12	240	20
13*	260	1
14	260	3
15	260	10
16	260	20
17*	280	1
18*	280	3
19*	280	10
20*	280	20

注：＊代表该岩样进行了截面荧光裂纹观察。

如图 5-2(b)所示，切缝的形状沿水刀切割路径并不均一，许多大小不同的破碎坑在切缝上随机分布，该现象在大部分岩样上都有出现。为合理反映每条切缝在宽度与深度上的均值与变异特征，本研究以 1 cm 为间距对这两项切缝形态参数进行了精确测量：每条切缝的深度采用精度为 0.01 mm 的数显测深计进行了19 次测量；切缝的上表面宽度则先用拓印纸描绘出更清晰的边缘，再以精度为0.01 mm 的数显游标卡尺进行 19 次测量。统计结果显示，切缝左右两端点的数据因端部效应通常为离群值，因此舍去。最后每次试验的切缝都有 17 个测量点，由此计算了切缝深度与宽度的平均值（分别记为 Avg. d、Avg. w）和变异系数（分别记为 $C_{v,d}$、$C_{v,w}$）。变异系数是数据标准差与平均值的比值，作为一项标准化指标可消除单位与分布范围的影响，并反映了数据的变异程度。

　　随后，为观察表 5-2 中用星号标记的七块岩样中的裂纹分布，采用大直径金刚石圆锯对每块岩样进行两次切分 [图 5-2（c）]。两道截面分别选在切缝宽度最小与最大处，代表了低程度与高程度的岩石损伤，并采用湿抛光机对横截面打磨以除去圆锯切割时产生的划痕。最后，将配置的含有荧光粉的悬浊液大面积涂抹在切缝周围，经 12 小时静置吸收后，大量荧光粉可嵌入裂纹内，擦除表面多余荧光粉后，在紫光灯的照射下进行裂纹观察并使用微距摄像头拍照。

5.3　水刀切缝引起的岩石破裂模式

5.3.1　切缝形态变化规律

　　一些水刀切割后的岩样的顶视图展示于图 5-3 中，拓印纸覆盖在切缝上表面以展示清晰的切缝边缘与周围开展的宏观裂纹。可以看出由于大小不一的破碎坑随机分布，切缝的宽度与深度的变化在不同的水刀切割参数下各有不同。两形态参数的具体测量结果见表 5-3。

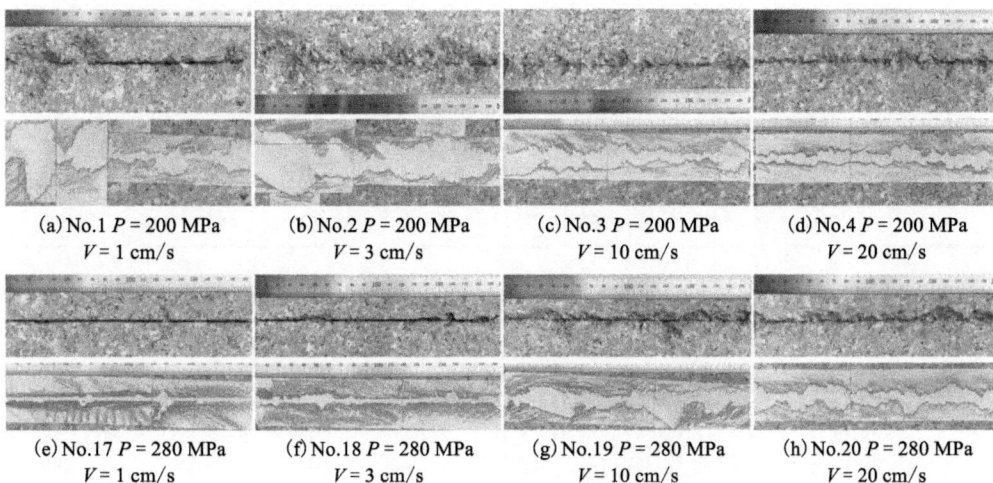

(a) No.1 $P = 200$ MPa　　　(b) No.2 $P = 200$ MPa　　　(c) No.3 $P = 200$ MPa　　　(d) No.4 $P = 200$ MPa
　　$V = 1$ cm/s　　　　　　　　$V = 3$ cm/s　　　　　　　　$V = 10$ cm/s　　　　　　　$V = 20$ cm/s

(e) No.17 $P = 280$ MPa　　(f) No.18 $P = 280$ MPa　　(g) No.19 $P = 280$ MPa　　(h) No.20 $P = 280$ MPa
　　$V = 1$ cm/s　　　　　　　　$V = 3$ cm/s　　　　　　　$V = 10$ cm/s　　　　　　$V = 20$ cm/s

图 5-3　部分水刀切割后岩样的顶视图

表 5-3 水刀切缝形态测量结果

试验编号 No.	水压力 P/MPa	喷嘴移速 V/(cm·s^{-1})	单位冲击能量 E_u/J	平均切缝深度 Avg. d/mm	切缝深度变异系数 $C_{v,d}$	平均切缝宽度 Avg. w/mm	切缝宽度变异系数 $C_{v,w}$
1	200	1	1317.680	7.51	0.21	17.65	0.83
2	200	3	439.227	5.86	0.13	26.86	0.40
3	200	10	131.768	3.94	0.38	11.55	0.45
4	200	20	65.884	3.04	0.08	9.68	0.26
5	220	1	1520.194	7.47	0.19	7.70	0.48
6	220	3	506.731	6.51	0.18	12.61	0.57
7	220	10	152.019	4.29	0.12	13.59	0.50
8	220	20	76.010	3.21	0.22	8.95	0.29
9	240	1	1732.136	8.27	0.28	6.43	0.59
10	240	3	577.379	6.23	0.20	15.76	0.67
11	240	10	173.214	4.55	0.27	10.14	0.50
12	240	20	86.607	3.43	0.35	8.30	0.43
13	260	1	1953.103	9.54	0.17	4.29	0.39
14	260	3	651.034	7.9	0.09	8.01	0.59
15	260	10	195.31	5.36	0.20	13.17	0.46
16	260	20	97.655	3.66	0.32	9.42	0.52
17	280	1	2182.74	10.41	0.12	3.85	0.54
18	280	3	727.58	7.19	0.12	4.58	0.41
19	280	10	218.274	5.93	0.16	14.49	0.46
20	280	20	109.137	3.91	0.20	11.61	0.29

切缝平均深度(Avg. d)的变化见图 5-4(a),在不同水刀水压力(P)下,Avg. d 始终与喷嘴移速(V)呈明显的对数关联。自 V 从 1 cm/s 开始增加,Avg. d 先急剧下降,当 V 超过 10 cm/s 后下降趋势放缓,该变化规律与前人试验结果一致[2,3]。需要注意的是,不同 P 下的 Avg. d 差异随着 V 增加而降低,因此水压力对切缝深度的影响亦受喷嘴移动速度控制。如果喷嘴速度已经足够快,一味增加水压力并不能有效提升切缝深度。切缝平均宽度(Avg. w)的变化见图 5-4(b),不同 P 下的 Avg. w 随 V 的变化趋势并不一致,且相关性不高。因此需要构建一个

新的指标融合两水刀控制参数，且该指标应与 Avg. d 及 Avg. w 均有明显关联。

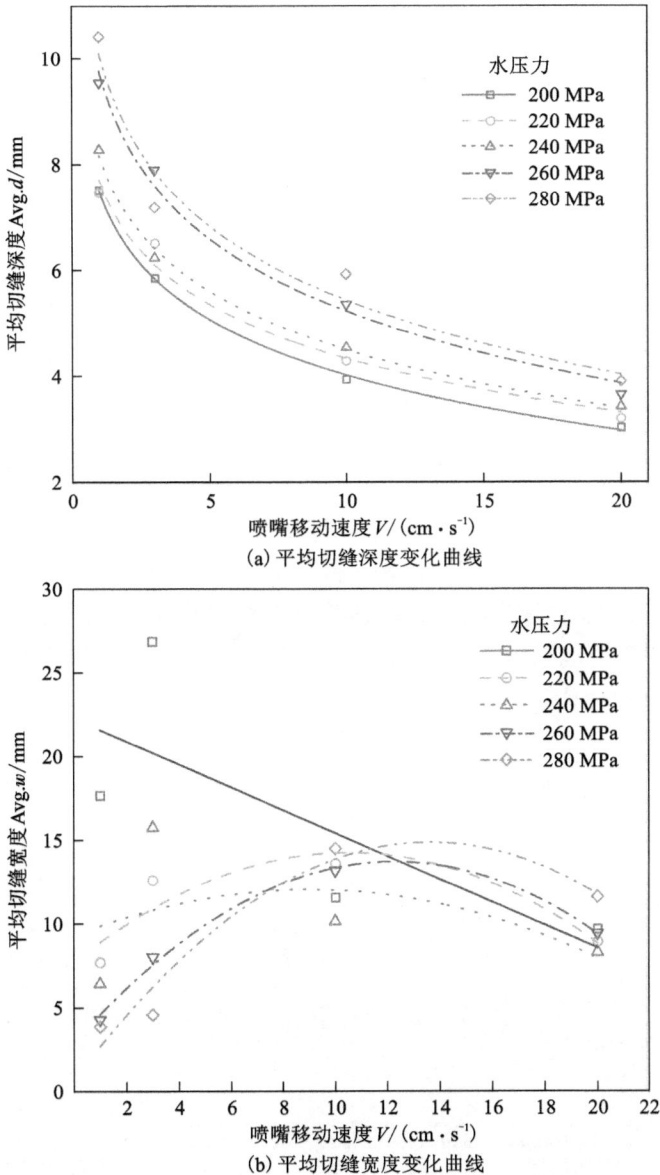

(a) 平均切缝深度变化曲线

(b) 平均切缝宽度变化曲线

图 5-4　不同水刀操作参数下的平均切缝深度与宽度变化曲线

本节构建了一个新的复合指标用于表征水刀操作参数，其物理内涵是水刀的单位冲击能量（E_u），即高压水射流移动一个喷嘴直径的单位距离输入进岩石的能量，等同于水刀功率与单位移动时间之积［式（5-1）］。将式（5-2）～式（5-4）代入式(5-1)，E_u 的最终表达式化简为式(5-5)。表 5-3 中列出了不同水刀操作参数下的 E_u 计算结果。

$$E_u = P_j \cdot \Delta t \qquad (5-1)$$

$$P_j = P \cdot \frac{1}{4}\pi d_n^2 \cdot v_j \qquad (5-2)$$

$$\frac{P}{\rho g} = \frac{v_j^2}{2g} \qquad (5-3)$$

$$\Delta t = d_n / V \qquad (5-4)$$

$$E_u = 3.512 \cdot d_n^3 \cdot P^{1.5} \cdot V^{-1} \qquad (5-5)$$

式中：E_u 为水刀单位冲击能量，J；P_j 为水刀功率；Δt 为喷嘴移动一个喷嘴直径距离所需的单位时间；P 为水压力，MPa；d_n 为喷嘴直径，mm；v_j 为高压水射流速度；ρ 为纯水密度(取值为 1000 kg/m³)；V 为喷嘴移速，cm/s。

E_u 作为一个复合指标由水压力、喷嘴移速与喷嘴直径三项水刀参数构成。从图 5-5(a) 可以看出，E_u 与 Avg.d 也展现出显著的对数相关性，两者间的 R^2 高达 93.1%。说明 E_u 的构造是合理的，切缝平均深度随 E_u 升高而增加，且递增梯度逐渐降低。图 5-5(b) 展示了 E_u 与 Avg.w 的关联，由于切缝宽度的变异显著高于深度的变异，总体上看，E_u 与平均切缝宽度相关性不高。但在 E_u 低于 300 J 和 E_u 高于 1400 J 两个范围内，E_u 与 Avg.w 呈线性相关。由此以 300 J 和 1400 J 为界，依次划分了低、中、高三个 E_u 区间。

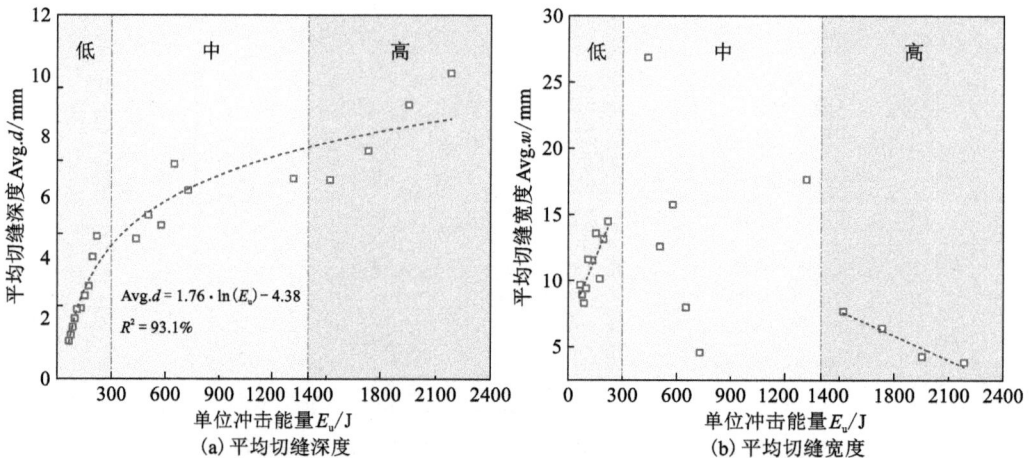

图 5-5　平均切缝深度及宽度与单位冲击能量的关联

在低 E_u 区间(低于 300 J)，Avg.w 随 E_u 增加而增大，此时有一连串小破碎坑沿水刀切割路径持续产生[图 5-6(a)]。根据 Momber 与 Kovacevic[4]的理论，切缝宽度的变异程度可以反映岩石破坏的均一性，更高的宽度标准差表明岩石表面的局部天然微裂纹对岩石破裂过程有重大影响，破碎坑分布随机性较高。而在低 E_u 区间，切缝宽度变异系数 $C_{v,w}$ 普遍低于 0.5，因此岩石的破坏较为均一，受天然缺陷影响不大。

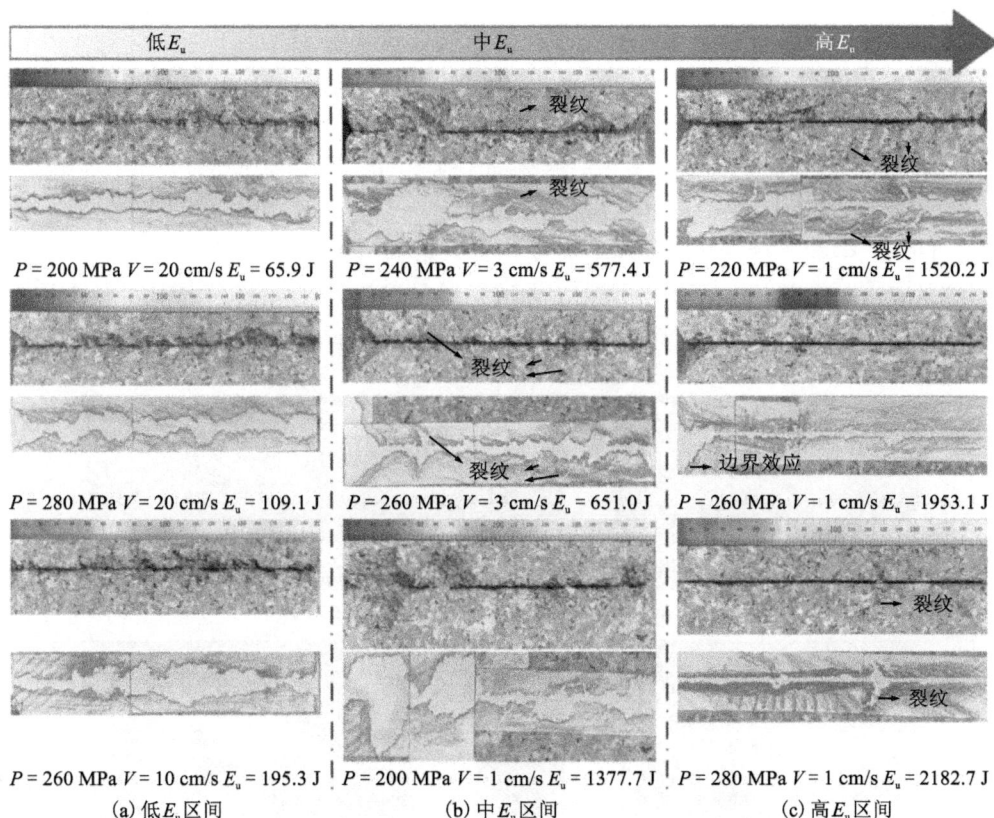

图 5-6　不同 E_u 的水刀切割下切缝的顶视图

　　在中 E_u 区间（300 J~1400 J），Avg. w 的数据点分布十分分散，如图 5-6(b) 所示，当 E_u 为 577.4 J 和 1317.7 J 时，一些更大的破碎坑在切缝上随机出现，造成了高 Avg. w 与 $C_{v,w}$；当 E_u 为 651.0 J 时，虽然切缝两侧能够观察到宏观裂纹，但是大破碎坑并未形成。在该 E_u 区间，部分水刀切缝的 $C_{v,w}$ 超过 0.5，表明此时的水刀切割效果受岩石局部微裂纹影响程度较高，有可能与花岗岩形成时的天然微裂隙面有关（英文称为 rift plane 和 grain plane）[5]。

　　在高 E_u 区间（高于 1400 J），Avg. w 随 E_u 增加而减少，小的破碎坑与宏观裂纹逐渐消失[图 5-6(c)]。此时的切缝上表面接近于一条宽度均一的直线，宽度标准差较低，表明岩石天然微裂纹对水刀破岩的影响再次降低。

5.3.2 水刀切缝的裂纹展开模式

将七块典型岩样切分观察岩石内部裂纹开展模式，这些试验使用的水刀的 E_u 是逐步增加的。经绿色荧光粉处理后的岩样横截面照片见图 5-7~图 5-9，为方便观察，照片中除绿色荧光外其余颜色调整为灰度色。对于每块岩样，分别在切缝最窄处与最大破碎坑处截取两个横截面，若不存在破碎坑，则第二横截面取在宏观裂纹处。

水刀切割产生的裂纹根据其扩展方向分为斜上裂纹、侧向裂纹与垂直裂纹。其中斜上裂纹与铅锤线的夹角记为 θ_d，具体大小标注在图 5-7 中。当水刀 E_u 在低区间时，得益于缝深较低，斜上裂纹一直可以自缝底扩展至顶部自由面。斜上裂纹的 θ_d 角随 E_u 增加而略有增大，导致切缝的宽度增加。其余方向的裂纹并不明显，侧向裂纹的扩展有限。

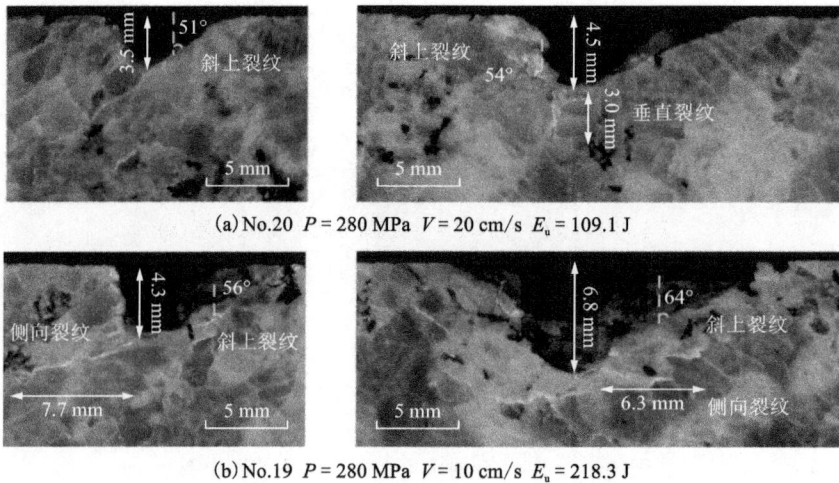

(a) No.20 $P = 280$ MPa $V = 20$ cm/s $E_u = 109.1$ J

(b) No.19 $P = 280$ MPa $V = 10$ cm/s $E_u = 218.3$ J

图 5-7 低 E_u 水刀切割下的岩样内部裂纹

当水刀 E_u 在中段区间时，试样 No.18 的平均切缝宽度是所有试样中最小的，虽然其 E_u 并非最低或者最高。在该次切割中，密闭的斜上裂纹的 θ_d 角很小，并未扩展至顶部自由面，侧向裂纹与垂直裂纹的扩展也不充分[图 5-8(a)]。但当 E_u 增加至 1317.7 J 后，虽然切缝深度超过 8 mm，仍存在一个岩石截面，其中的斜上裂纹可以 68° 的 θ_d 角贯通至顶面，但垂直裂纹的扩展依旧受限[图 5-8(b)]。两案例的鲜明对比表明，对于中 E_u 下的水刀切割，岩石的破坏形态不仅受水刀参数的控制，也受随机分布的局部微裂隙面影响。

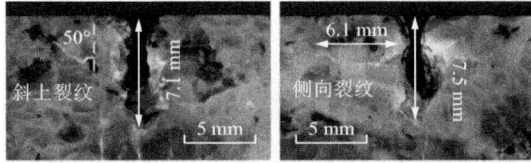

(a) No.18　$P = 280$ MPa　$V = 3$ cm/s　$E_u = 727.6$ J

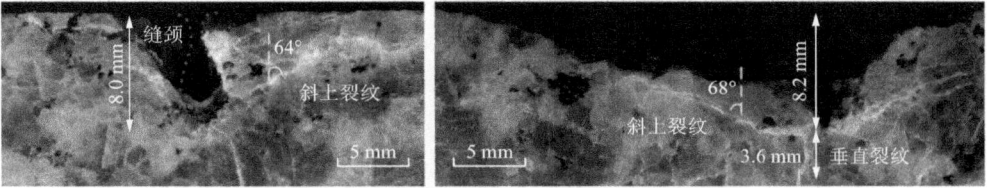

(b) No.1　$P = 200$ MPa　$V = 1$ cm/s　$E_u = 1317.7$ J

图 5-8　中等 E_u 水刀切割下的岩样内部裂纹

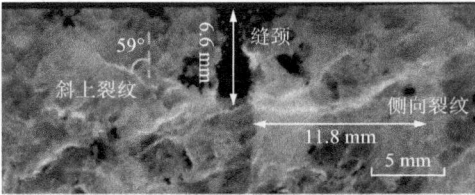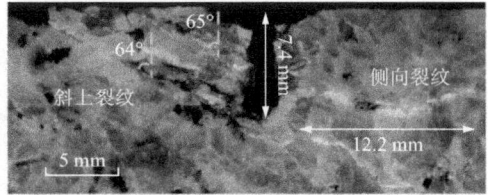

(a) No.5　$P = 220$ MPa　$V = 1$ cm/s　$E_u = 1520.2$ J

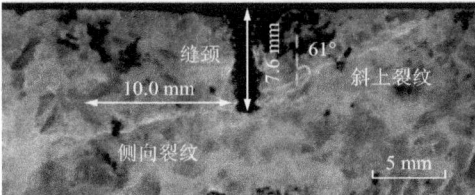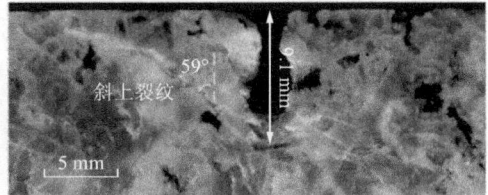

(b) No.13　$P = 260$ MPa　$V = 1$ cm/s　$E_u = 1953.1$ J

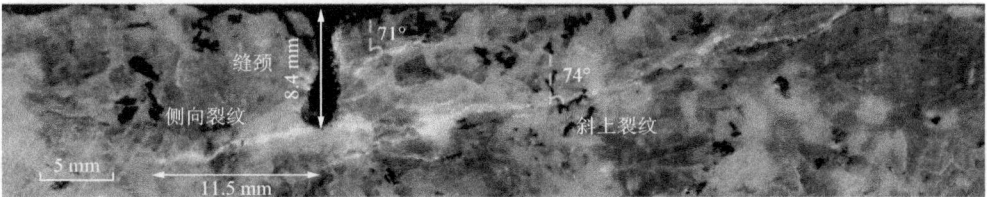

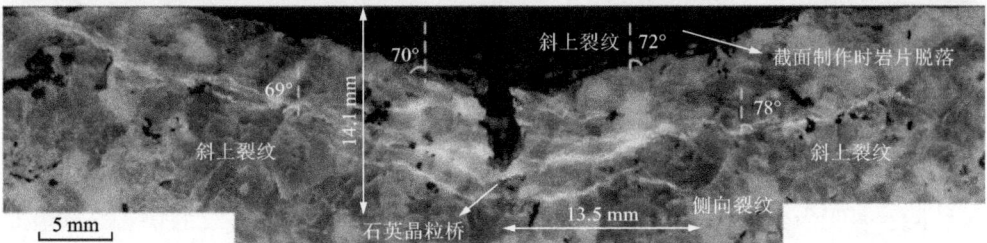

(c) No.17　$P = 280$ MPa　$V = 1$ cm/s　$E_u = 2182.7$ J

图 5-9　高 E_u 水刀切割下的岩样内部裂纹

当水刀 E_u 在高区间时，所有岩样经水刀切割后均没有岩片产生，图 5-9(c) 中的空缺是在圆锯加工截面时，岩片受外力作用脱落产生的。随着 E_u 的升高，切缝的深度增加，并且斜上裂纹的扩展 θ_d 角变大。得益于高能量输入，图 5-9 中的三块岩样中均存在一个横截面，其上切缝一侧的斜上裂纹能够扩展至顶部。然而这样的斜上裂纹数量较少，并且裂纹虽然有所张开，岩片却不能形成，使得切缝上表面宽度极小。此外，在高能量输入下，虽然斜上裂纹的扩展长度增加，切缝附近的裂纹密度增大，但是始终没有观察到垂直裂纹。

5.3.3 水刀切割花岗岩机理

既有的水刀移动切割岩石的机理解释主要着眼于高压水射流持续侵蚀岩石颗粒，当裂纹尖部应力超过颗粒间的黏结强度时便促使裂纹开始增长，裂纹偏好的扩展路径主要为晶间边界、晶体内部的亚晶界以及原生微裂隙，这些路径上的颗粒连接强度更低，在高压水射流持续为裂纹尖部提供水压力的条件下，裂纹持续增长并且相互穿插贯通，从而造成单个岩石颗粒或大一些的颗粒簇被剥离。但是这种论述并没有考虑切缝周围会产生有规律的宏观裂纹，从观察的裂纹形态看，它们更似因剧烈的应力冲击而形成。因此，需要新的机理解释前文得到的岩石破坏规律。

先从 E_u 在中、高区间条件下开始分析，图 5-8 与图 5-9 中部分切缝的形状轮廓线由红色虚线标示，切缝在形状完整的情况下呈水滴状。在顶部区域切缝宽度向下先收缩至一个颈部，随后逐渐张开最终于底部形成口袋 [图 5-10(b)、(c)]。当高压水射流从喷嘴中喷出时，射流会向四周分散，形成比喷嘴直径更大的液柱，其中最中央的核心射流压力更高，而外部射流沿液柱半径方向应力逐渐降低。核心射流能够持续侵蚀岩石突破缝颈，而外部射流会因侵蚀作用逐渐失去动能，造成切缝顶部宽度收缩。从横截面图中还可以发现，缝颈与顶面之间的垂直距离随 E_u 增加逐渐增大，这是因为高压水射流的初始动能更高。在突破缝颈后，随着深度增加，头部水射流的能量不足以支持进一步的颗粒侵蚀破坏而开始向两侧偏转、反射，而后至水射流持续挤压反射射流。由此，切缝内壁被进一步侵蚀成口袋状。

在上述高压水射流侵蚀岩石的过程中，如前人所述机理，裂纹更倾向于沿晶间边界与晶内微裂纹扩展，致使颗粒被剥离。从微观角度观察，晶界的破裂面十分光滑；从宏观角度看，由于晶界与微裂纹随机分布，切缝内壁呈不规则锯齿状。特别地，在图 5-9(c) 中切缝的底部可以看到一个石英晶粒桥，桥两侧的颗粒均被移除，表明内部更硬的石英晶体和更强的晶体连结会阻碍裂纹的增长。但在低 E_u 条件下，没有识别出水滴的切缝截面，大部分切缝轮廓已不完整。从岩样顶视图 [图 5-6(a)] 看，仅有部分局部切缝还留存有一侧缝壁，见图 5-7(b)。但在该

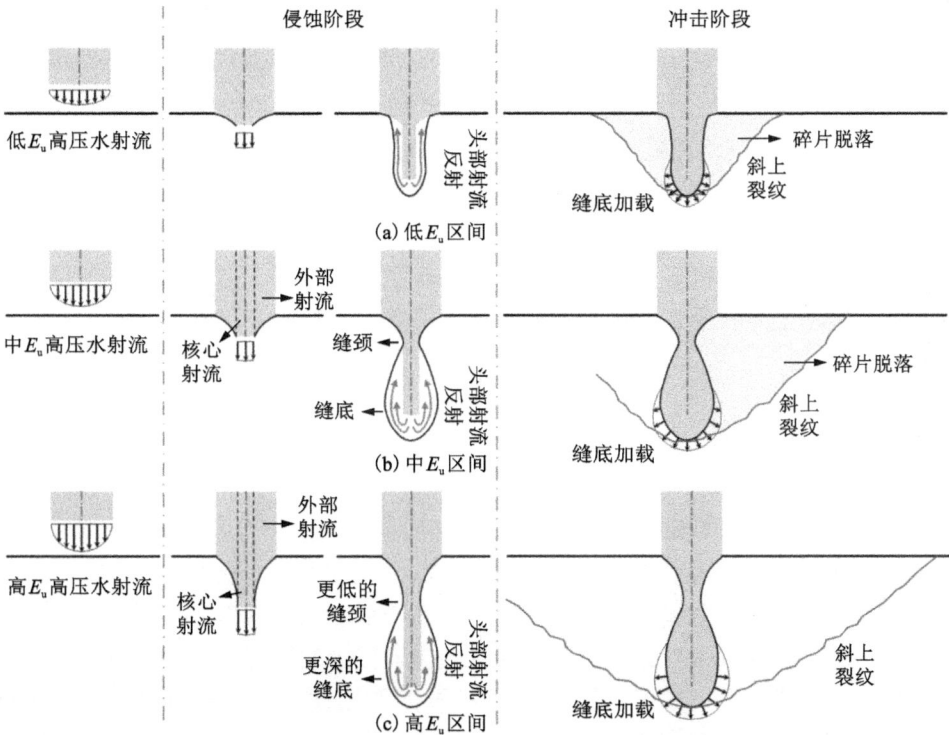

图 5-10　不同水刀 E_u 区间下的水滴形切缝与周围裂纹的形成

截面图中，左侧的缝壁也不能分辨出缝颈与底部口袋，可能是由于水射流能量低且切缝比较浅，底部侵蚀程度不高，反射的水射流将缝颈部的颗粒剥离而下 [图 5-10(a)]。

再进一步分析自切缝底部口袋区域开展的宏观裂纹。切缝底部口袋区域形成之后，底部的"水垫"阻止了后续的高压水射流继续向下侵蚀岩石，转而对口袋底面施加动态冲击载荷。宏观裂纹从加载区萌生，并主要向斜上方和侧方延伸，相关 θ_d 角与 E_u 量级有关，当斜上裂纹贯通至自由面后，产生较大的碎片，但是裂纹在垂直方向的扩展十分有限。因此，水刀切割坚硬结晶岩包含侵蚀晶体颗粒和动态冲击两个阶段。

切缝的深度受侵蚀晶体颗粒阶段控制，侵蚀的程度会随 E_u 增加而变得更为剧烈，从而增加切缝的深度。但是平均缝深与 E_u 呈对数关系，意味着当 E_u 增至高区间时，使用更慢的喷嘴移动速度或者更高的水压力并不能有效地进一步加深切缝。

切缝的宽度受动态冲击阶段控制，主要取决于岩石碎片是否会形成。总体而言，斜上裂纹的扩展 θ_d 角与延伸长度随 E_u 增加而增大。当 E_u 处于低区间时，由于所需的传播长度较短，斜上裂纹一直可以较小的 θ_d 角发展至自由面，因此侵蚀作用形成的切缝轮廓被破坏，留下小的破碎坑[图 5-10(a)]。当 E_u 处于中间区间时，仅当水刀穿过一些局部原生裂隙区时，斜上裂纹偶可以以较大的 θ_d 角延伸至顶面，形成沿切割路径随机分布的大破碎坑，导致缝宽变异较大[图 5-10(b)]。当 E_u 处于高区间时，虽然在某些横截面上有少许斜上裂纹以大 θ_d 角延伸至顶面，但是这种裂纹因数量较少或者没有张开而没有在其他区域彻底贯通形成岩片。最终的切缝宽度极低，主要取决于高压水射流的直径，当 E_u 更高时，水射流在空中传播时更为收束，因此平均缝宽略有降低。

5.4 本章小结

>>>

本章基于水刀切割试验研究了水刀破岩机制，并提出了一个新的水刀操作参数 E_u，将其与切缝形态和裂纹扩展模式关联。E_u 的物理内涵为水刀移动一个喷嘴直径距离的单位冲击能量，提升水压力或者降低喷嘴移速能够提升 E_u。

切缝试验表明，水刀切割花岗岩的机理包含侵蚀岩石颗粒和动态冲击两个过程。在岩样横截面上，高压水射流先通过侵蚀作用创造出一道水滴形轮廓的切缝，随 E_u 增加，缝深呈对数增长，而缝颈位置变低。随后缝底区域在承受高压水射流的动态冲击作用下产生宏观裂纹。当 E_u 属低区间（不足 300 J）时，裂纹大多能自缝底扩展至岩样上表面，水滴形轮廓被破坏成小的破碎坑。当 E_u 属高区间（超过 1400 J）时，由于扩展角增大、所需的传播距离更长，斜上裂纹难以延伸至顶面，因此水滴形轮廓得以保留，从顶面俯视角观察岩面，切缝呈宽度均一的直线状。在这两个 E_u 区间，切缝宽度均与 E_u 呈线性关系。当 E_u 属中等区间（300~1400 J）时，斜上裂纹可在天然微裂纹大量分布的局部区域扩展至顶面，从而形成大的破碎坑，破碎坑随机出现，导致宽度变异较大。本章提出的水刀切割破岩机理仅适用于高强度结晶岩，在其他岩性中需进一步验证。下一章将通过全尺寸滚刀破岩试验进一步探究水刀与滚刀联合破岩机制与性能。

参考文献

[1] YIN L J, GONG Q M, MA H S, et al. Use of indentation tests to study the influence of confining stress on rock fragmentation by a TBM cutter[J]. International Journal of Rock Mechanics and Mining Sciences, 2014, 72: 261-276.

[2] SUMMERS D A. Water Jet Cutting Related to Jet & Rock Properties[C]// The 14th U. S.

Symposium on Rock Mechanics, University Park, Pennsylvania, 1972: 569-588.

[3] ZHANG J, LI Y, ZHANG Y, et al. Using a high－pressure water jet－assisted tunnel boring machine to break rock[J]. Advances in Mechanical Engineering, 2020, 12(10): 1-16.

[4] MOMBER A W, KOVACEVIC R. Statistical character of the failure of multiphase materials due to high pressure water jet impingement[J]. International journal of fracture, 1995, 71: 1-14.

[5] SUMMERS D A, PETERS J F, BUR T. The effect of rock anisotropy on the excavation rate in Barre granite[C]//Paper H5, Proc. 2nd Int. Symp. Jet Cutting Tech., BHRA, Cambridge, UK. 1974.

第 6 章
水刀–滚刀联合破岩布局模型试验研究

6.1　引言

>>>

　　基于大型室内破岩平台进行的水刀与滚刀相互作用破岩试验可以模拟全尺寸滚刀转动破岩的过程，优点在于可便捷地调整滚刀、水刀的设计参数以及操作参数与切割布局，通过采集滚刀力、滚刀振动、切缝形态、渣片特征等数据结果，多角度分析联合水刀后的滚刀破岩性能变化，进而为水刀辅助 TBM 刀盘设计与操作策略提供理论与数据基础。

　　本章先设计了多种水刀与滚刀切割布局，通过比较破岩现象与滚刀性能参数，比选出两种效果更佳的水刀滚刀布局。在此基础上，充分考虑多种切缝缝深与滚刀贯入度组合，进一步完成两种优选布局下连续多层的"切缝—滚刀破岩"的工作循环，并考虑滚刀间的相互作用，以模拟实际的水刀辅助破岩过程。

　　在深部硬岩条件下，岩石内的裂纹需经过多回次滚刀作用才能积蓄延伸，最终相邻滚刀间侧向裂纹贯通形成岩片，在高法向力作用下剧烈能量释放会伴随强烈的滚刀振动，破岩振动通过机械结构传递至主驱动等 TBM 关键部件时显然不利于设备安全高效的运行。为探明水刀辅助破岩是否能同时有效减缓滚刀剧烈振动，延长刀具工作寿命，北工大破岩平台首次搭载了振动监测系统，可监测滚刀破岩过程中的三向加速度。在数据处理阶段，除在时域上对振动信号进行统计分析，还引入变分模态分解方法，对振动信号的频域特征进行细致分析，研究缝深与滚刀贯入度对高、低频带中心频率的影响。此外对试验中的滚刀力及岩渣相关参数也进行了采集与统计，最后通过荧光裂纹显现法揭示了部分试验条件下的岩石破裂模式，揭示了两种优选布局下的破岩机制。

6.2　水刀与滚刀联合破岩布局试验

6.2.1　试验方案

岩样仍采用龙岩市黑云母花岗岩，尺寸为 980 mm×980 mm×600 mm（图 6-1），岩石的各项物理力学参数见表 5-1。

图 6-1　试验所用的大型花岗岩岩样

通过总结前人研究的试验方案，最终设计了如图 6-2 所示的四种切割布局，此外还设计了无切缝的滚刀破岩方案，以比较水刀滚刀联合破岩的效能提升情况。虽然滚刀于单水刀切缝一侧破岩和双切缝之间破岩的目的一致，都是为了使滚刀与一侧的切缝之间形成相互作用，但是该布局可大幅减少高压水射流在实际

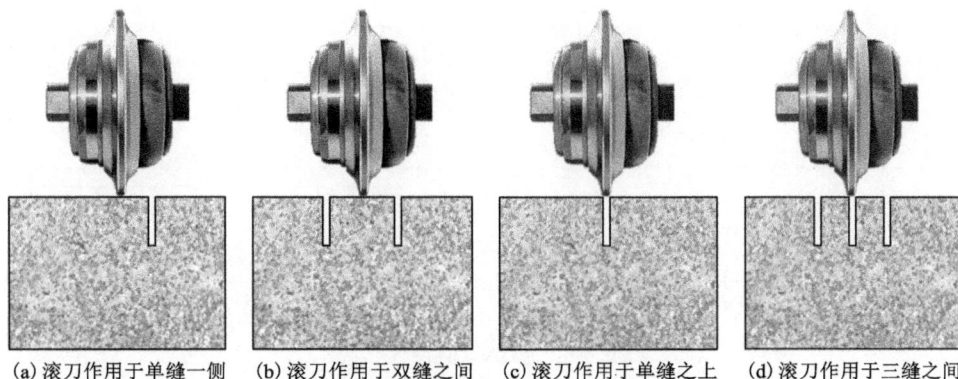

(a) 滚刀作用于单缝一侧　(b) 滚刀作用于双缝之间　(c) 滚刀作用于单缝之上　(d) 滚刀作用于三缝之间

图 6-2　不同水刀滚刀布局示意图

TBM 刀盘上的使用量，因为每两把滚刀之间仅需布置一枚射流喷嘴，因此有必要分析该布局下的滚刀破岩效率。

如图 6-3 所示，试验在四块大型完整岩石试样表面进行，岩样 Ⅰ 对应无水刀切缝条件下的滚刀破岩(滚刀切割编号 4、5)和单水刀切缝一侧的滚刀破岩(滚刀切割编号 1~3)。岩样 Ⅱ、Ⅲ、Ⅳ 则分别对应滚刀沿双水刀切缝之间、单缝之上、三缝之间的滚刀破岩，共五种试验条件。水刀切缝所用单位冲击能量 E_u 分四级，切缝深度设为 $K_1 \sim K_4$，在岩样 Ⅰ、Ⅱ、Ⅳ 中，滚刀与切缝的间隔设定为 40 mm，为龙岩号滚刀间距 80 mm 的一半。每块岩样上最外侧的滚刀破岩轨迹与岩样边缘的距离均超过 20 cm。

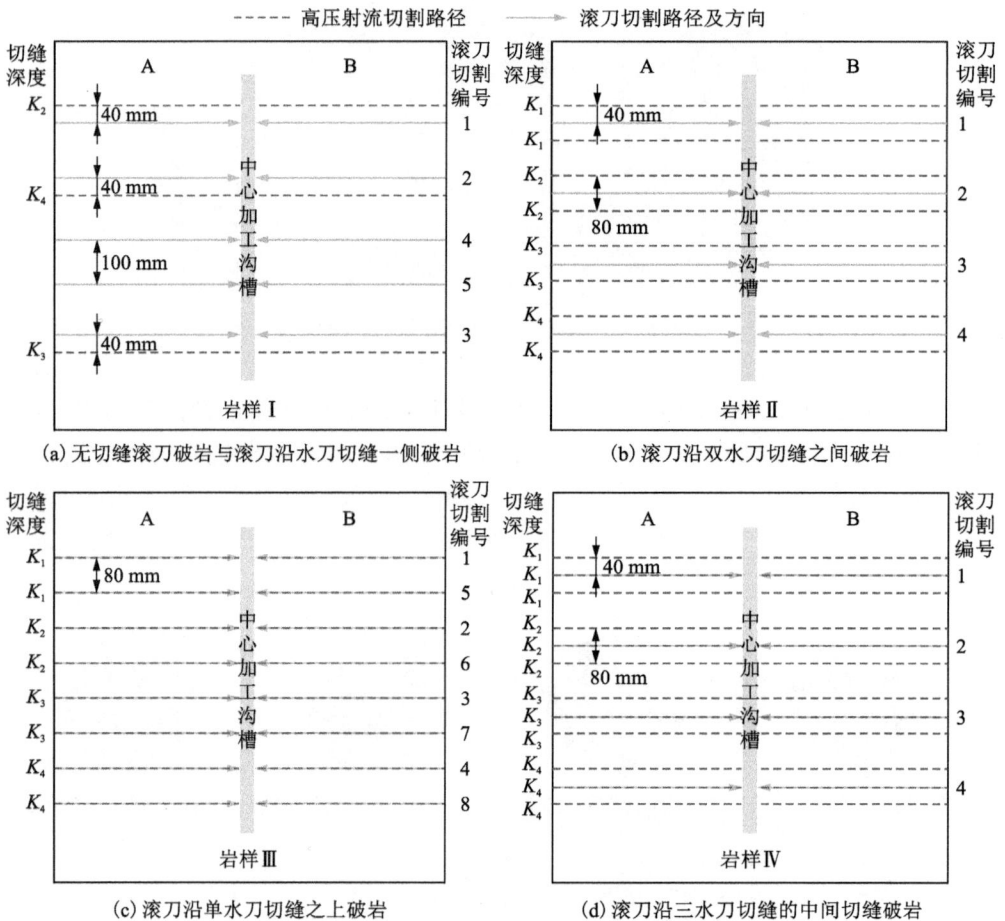

----- 高压射流切割路径　　　→ 滚刀切割路径及方向

(a) 无切缝滚刀破岩与滚刀沿水刀切缝一侧破岩　　岩样 Ⅰ

(b) 滚刀沿双水刀切缝之间破岩　　岩样 Ⅱ

(c) 滚刀沿单水刀切缝之上破岩　　岩样 Ⅲ

(d) 滚刀沿三水刀切缝的中间切缝破岩　　岩样 Ⅳ

图 6-3　整体试验设计布局

试验岩样送至南京大地水刀公司按既定布置进行高压纯水射流切割(图 6-4)。依据龙岩号 TBM 的水刀设计参数,并结合前一章节水刀切割试验数据,最后确定维持 280 MPa 水压力,采用直径为 0.51 mm 的射流喷嘴与 5 mm 的靶距分别以 20 cm/s、5 cm/s、2 cm/s、1 cm/s 移动速度切割岩样表面,获得四级切缝 $K_1 \sim K_4$。使用深度测量计和游标卡尺以 1 mm 的间隔沿着切缝测量其深度和宽度,得到四个级别切缝深度和宽度的平均值及标准差,数据详见表 6-1。

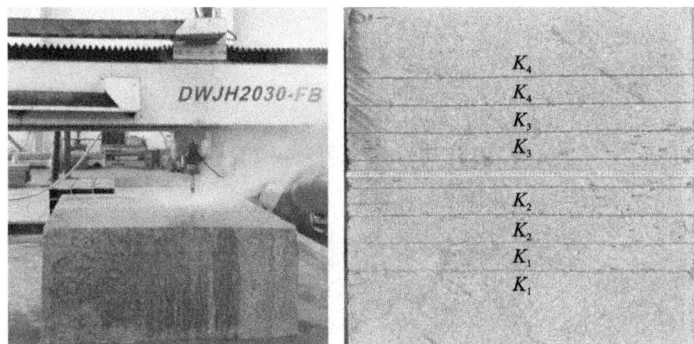

图 6-4　水刀对岩样预切缝

表 6-1　四级切缝的形态测量结果　　　　单位: mm

切缝深度	K_1	K_2	K_3	K_4
深度平均值	3.28	5.22	6.98	8.36
深度标准差	0.86	1.09	1.29	1.34
宽度平均值	8.70	9.81	9.23	3.88
宽度标准差	3.18	6.19	7.92	1.36

岩样表面切缝试验完成后,送至北京工业大学,在自研的多功能破岩试验平台[1]进行后续的全尺寸滚刀破岩试验(图 6-5)。试验使用直径为 432 mm 的平刃滚刀,刃宽为 13 mm,这种滚刀与"龙岩号"TBM 实际使用的滚刀非常相似。试验平台上,装载岩样的试验箱可以通过推力油缸在双向导轨上进行 X 方向水平移动,以实现岩样的切割。同时,装有滚刀的刀架可以在 Z 方向上移动,控制切割的贯入度,并且在滚刀切割过程中可保持贯入度不变;将采样频率为 100 Hz 的传感器安装在刀架上方。岩样吊装进试样箱后,试样箱内呈方形的液压油缸会推动 4 块钢板来固定岩样。由于该试验不涉及地应力对岩样的作用,因此在产生 0.5 MPa 的围压后,就停止油缸的进一步伸展。在每种试验条件下,完成对岩样

的切割后，收集产生于岩面的岩渣。

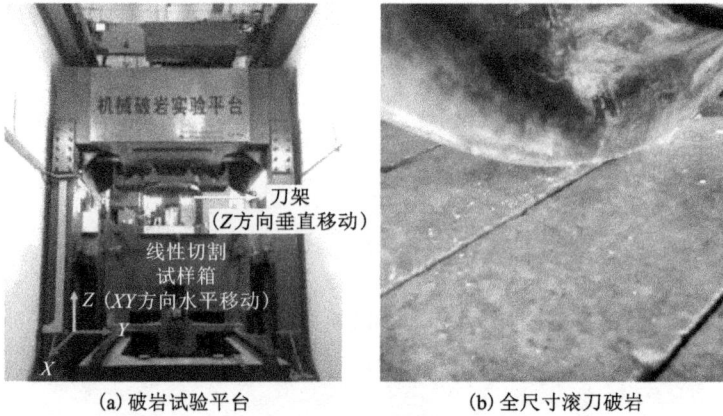

(a) 破岩试验平台　　　　　　　(b) 全尺寸滚刀破岩

图 6-5　破岩试验平台与滚刀线性破岩试验

　　工厂加工后的岩样上表面光滑，不利于滚刀破岩，需要进行表面预处理，即采用低贯入度($p = 2$ mm)对设定的滚刀破岩轨迹进行两次重复切割，图 6-6 为预处理后的效果。为确保变量的单一性，对岩样 Ⅰ、Ⅱ、Ⅳ 都采用在设计的每道轨迹上进行预处理(图 6-3)。考虑到滚刀沿缝破岩时，水刀先行对岩样表面形成损伤，有利于滚刀贯入，因此岩样Ⅲ仅对 A 部分进行了相同的预处理，而 B 部分则没有预处理，仅进行正式破岩，以此进行对比分析。滚刀破岩顺序依据四块岩样上的滚刀切割编号(图 6-3)，具体试验设计方案如表 6-2 所示。

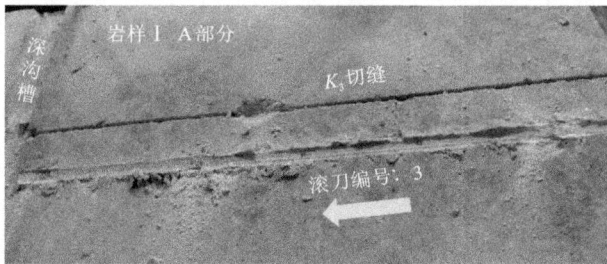

图 6-6　试验岩样表面预处理效果示例(岩样 Ⅰ-A 部分)

表 6-2　具体试验设计方案

岩样编号	滚刀作用位置	水刀切缝深度	滚刀切割编号	预处理
Ⅰ	无水刀切缝	—	4、5	√

续表6-2

岩样编号	滚刀作用位置	水刀切缝深度	滚刀切割编号	预处理
I	单水刀切缝一侧	K_2	1	√
		K_3	2	√
		K_4	3	√
II	双水刀切缝之间	K_1	1	√
		K_2	2	√
		K_3	3	√
		K_4	4	√
III（A）	单水刀切缝之上	K_1	1、5	√
		K_2	2、6	√
		K_3	3、7	√
		K_4	4、8	√
III（B）	单水刀切缝之上	K_1	1	×
		K_2	2	×
		K_3	3	×
		K_4	4	×
IV	三水刀切缝之间	K_1	1	√
		K_2	2	√
		K_3	3	√
		K_4	4	√

注：√代表对岩样进行了预处理，×代表没有对岩样进行预处理。

6.2.2　试验数据处理

　　收集在不同布局下进行滚刀破岩所得的滚刀力与岩渣数据。通过观察图 6-7 可知，对岩样表面进行两次预处理后，滚动力与法向力均在切割一段时间后保持稳定，而且滚动力处于很低的水平。说明在对岩样预处理过程中，滚刀不但增加了研磨岩面表面粗糙程度，还持续压密岩样，并且在刃底形成小破碎核，但并未在破碎核周围产生扩展至切缝处的裂纹，所以对在预处理过程中的滚刀力不做深层次分析。在正式进行滚刀破岩时，发现法向力和滚刀力上下波动的频率很高，说明滚刀对岩样实现一次又一次"跃进"破坏，且每次跃进破坏都伴随着高能量的释放和岩屑的飞出,平均法向力和平均滚动力的数值是根据对时序数据求算术平均值获得。

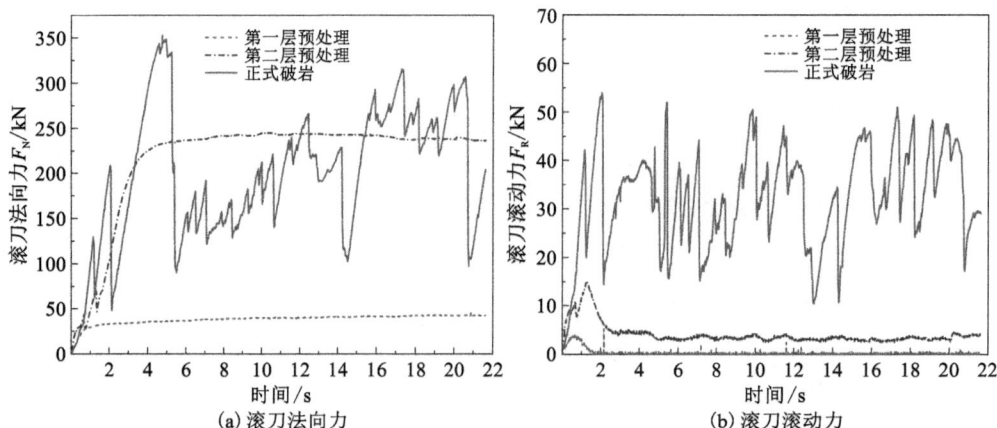

(a) 滚刀法向力　　　　(b) 滚刀滚动力

注:数据取自岩样 Ⅰ-A 的编号 3 破岩。

图 6-7　三次切割滚刀力示例

　　破岩比能(SE)与破岩效率密切相关,其定义为破碎单位体积的岩石所需能量,单位为 MJ/m^3。虽然在本试验中有两个方面涉及到能量消耗,分别为水射流切缝和滚刀破岩,但侧重研究的是预切缝对滚刀破岩的影响,所以式(6-1)作为计算滚刀破岩所消耗的能量公式。此外,表面处理的两次切割的滚动力极低且产生岩渣不多,所以不纳入比能的计算之中。

$$SE = \frac{F_R \cdot L}{V} = \frac{F_R \cdot L}{1000 \cdot m/\rho} \tag{6-1}$$

式中:F_R 为平均滚动力,kN;L 为滚刀切割岩石的切割长度,m;V 为破岩体积,即岩片质量与岩石密度的比值,m^3。

　　在每次试验后,对产生的岩渣进行筛分,使用的筛网孔径从大到小依次为 50 mm、20 mm、10 mm、5 mm、2.5 mm、1.25 mm、0.63 mm、0.315 mm。筛分完成后,对每个筛网上的岩渣进行称重,并计算出累计通过率,从而得到筛分曲线。为了更深入地分析这些数据,采用了 Rosin-Rammler 粒径分布函数[2]来对筛分曲线进行拟合,公式见式(6-2)。R-R 函数涉及两个待定系数,一个是特征粒径 d,它表示累计通过率达到63.2%时对应的粒径值。特征粒径 d 越大,意味着岩渣的粒径整体上更粗大。另一个系数是分布模数 n,它反映了岩渣粒径分布的宽度,n 的值越小,表示岩渣粒径的分布范围越广。在五种不同的试验条件下,得到的筛分结果如图 6-8 所示,图中的五条曲线对筛分数据的拟合具有很好的效果。这些曲线从上到下对应的特征粒径 d 和分布模数 n 逐渐增加，说明随着试验条件的变化，岩渣的整体粒径趋于增大，同时岩片在岩渣中所占的比例也增加。

$$Y = 1 - \exp\left[-\left(\frac{x}{d}\right)^n\right] \tag{6-2}$$

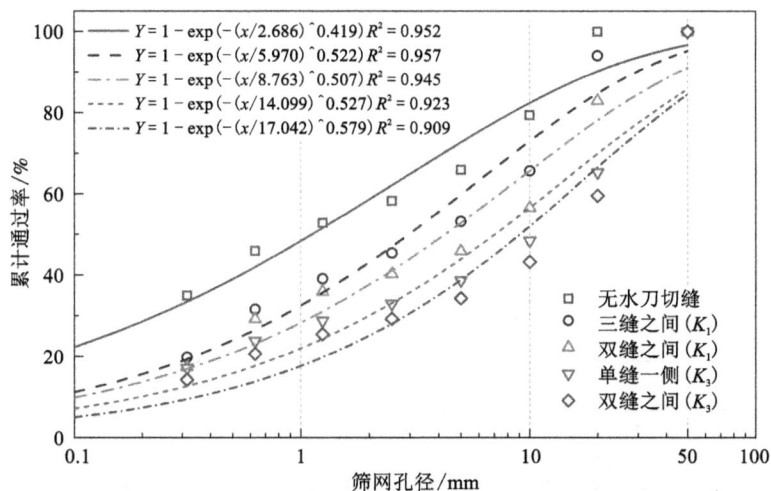

图 6-8　岩渣筛分数据 Rosin–Rammler 函数拟合曲线

在岩渣分析领域，除了采用 R-R 粒径分布函数外，一般还使用 Roxborough 和 Rispin[3] 提出的粗糙度指数 CI 来反映岩渣的整体粒径大小与分布，无量纲的 CI 由每层筛网上的筛余百分比累加得到，通常岩渣中大岩片占比高时 CI 值更大。CI 与 R-R 拟合各有优劣，CI 的缺点在于受到筛网层数与孔径的影响，不同研究使用的套筛不同，则 CI 结果不可相互比较。而 R-R 拟合可排除筛分条件的影响，但也存在部分数据拟合效果不佳的情况。因此本研究同时引入两种量化分析方式，将结果相互比较印证。

经过上述处理和分析后，在五种试验条件下所得的数据结果见表 6-3。

表 6-3　不同水刀滚刀布局下的线性破岩试验结果

试验条件	切缝编号	F_N/kN	F_R/kN	d/mm	n	CI	SE/(MJ·m^{-3})
无切缝		267.21	39.07	2.686	0.419		250.51
单缝一侧	K_2	255.20	31.83	11.686	0.451		103.54
	K_3	212.15	28.60	14.099	0.527		91.44
	K_4	212.90	18.31	20.629	0.512		60.74

续表6-3

试验条件	切缝编号	F_N /kN	F_R /kN	d /mm	n	CI	SE /$(MJ \cdot m^{-3})$
双缝之间	K_1	257.97	19.74	8.763	0.507		76.28
	K_2	244.46	21.30	17.294	0.565	573.12	62.59
	K_3	229.65	19.00	17.042	0.579	573.40	50.85
	K_4	195.06	19.11	18.262	0.576	582.08	46.22
单缝之上 (岩样Ⅲ-A)	K_1	318.20	24.84	6.431	0.447	453.20	137.21
	K_2	299.04	25.46	4.489	0.470	418.20	122.72
	K_3	285.07	22.15	6.686	0.455	459.08	91.05
	K_4	271.41	17.48	6.353	0.487	454.69	71.71
单缝之上 (岩样Ⅲ-B)	K_1	196.23	11.19	3.382	0.457	387.85	187.61
	K_2	179.36	10.94	2.738	0.489	365.34	184.58
	K_3	180.29	12.35	2.012	0.455	336.96	217.68
	K_4	226.54	15.15	3.853	0.498	400.76	160.54
三缝之间	K_1	247.44	34.11	5.970	0.522	451.18	130.72
	K_2	251.46	24.28	10.184	0.495	506.31	84.52
	K_3	232.77	31.18	13.439	0.555	545.34	78.74
	K_4	207.30	23.96	14.764	0.526	551.98	60.68

6.2.3 不同水刀与滚刀布局下的破岩性能

1. 无水刀切缝滚刀破岩

对高差和岩样表面光滑问题进行优化,实现滚刀在预处理后以 4 mm 的贯入度持续破岩的效果,见图 6-9(a)。在滚刀破岩过程中,滚刀剧烈震动,在岩片崩裂瞬间产生巨大的破岩响声,岩屑持续飞出。每次跃进过程造成的滚刀平均法向力 F_N 和平均滚动力 F_R 呈锯齿状变化,且 F_N 和 F_R 最大值分别可达到 267.2 kN 和 39.1 kN。伴随着高能量输入岩样,在距离刃底一定距离处形成密实区,从而滚动力达到较大值,推测有许多裂纹在滚刀切割形成的凹槽下部产生。

观察图 6-9(b)发现,破岩所产生的岩片极小且薄,特征粒径 d 仅有 2.69 mm,分布模数为 0.419,两待定系数数据说明岩屑粒径分布范围较广,小粒径占大多数,粗糙度系数 CI 也仅达到 362.65。高能量小体积破岩,导致破岩所消耗的能量很高,破岩比能 SE 达到 250.51 MJ/m^3。

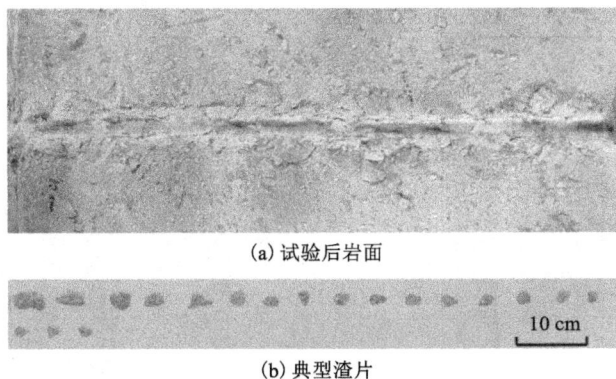

(a) 试验后岩面

10 cm

(b) 典型渣片

图 6-9　无水刀切缝下的滚刀破岩结果

2. 滚刀沿单水刀切缝一侧破岩

试验结果和相应的照片详见图 6-10,结果与第三章的压头贯入试验的现象相吻合。水刀切缝能够引导侧向裂纹从刃底扩展到切缝的底部,在滚刀和水刀切割轨迹之间形成岩片。然而,在滚刀一侧无切缝处,发现只有细小的岩屑迸出,并且在岩样表面没有发现宏观裂纹。在 K_2 条件下产生较浅的切缝,与岩样表面无预切缝试验结果相比,F_N 变化较小,而 F_R 降低了 18.5%,d 和 CI 均提高,试验现象表明所产生的岩渣粒径增加。因此比能 SE 明显下降。对于切缝 K_3 和 K_4,随着切缝深度的增加,切缝底部周围由水刀作用产生的侧向和斜上裂纹扩展距离增加,因此在滚刀破岩过程中,从滚刀下方密实区所延申出的侧向裂纹更容易与水刀切缝产生的裂纹贯通,产生更多的大块岩渣,而滚刀力下降。从 K_4 条件下预切缝滚刀破岩试验结果看,F_N 和 F_R 相较于在没有切缝条件下分别降低了 20.3% 和 53.2%,d 和 CI 数值明显上升,伴随着大岩片的产生,分布模数 n 达到更大值,SE 相较于在无切缝条件下下降了 75.8%。

3. 滚刀沿双水刀切缝之间破岩

观察破岩完成后岩样表面图片[图 6-11(a)]发现,有许多大岩片在破岩路径和预切缝之间生成,说明从密实区延伸出更多的侧向裂纹,扩展至预切缝底部。试验结果见图 6-11(b)。随着预切缝深度的增加,F_N 峰值逐渐降低,但 F_R 峰值处于较低值且变化较小。出现这种情况是因为在单切缝和双切缝条件下,破岩轨迹与预切缝之间的距离是固定不变的,且侧向裂纹都可以扩展至缝底,所消耗的

(a) 平均滚动力

(b) R-R 拟合参数

(c) 粗糙度系数与比能

(d) K_4 切缝试验岩面

(e) K_4 切缝试验后典型渣片

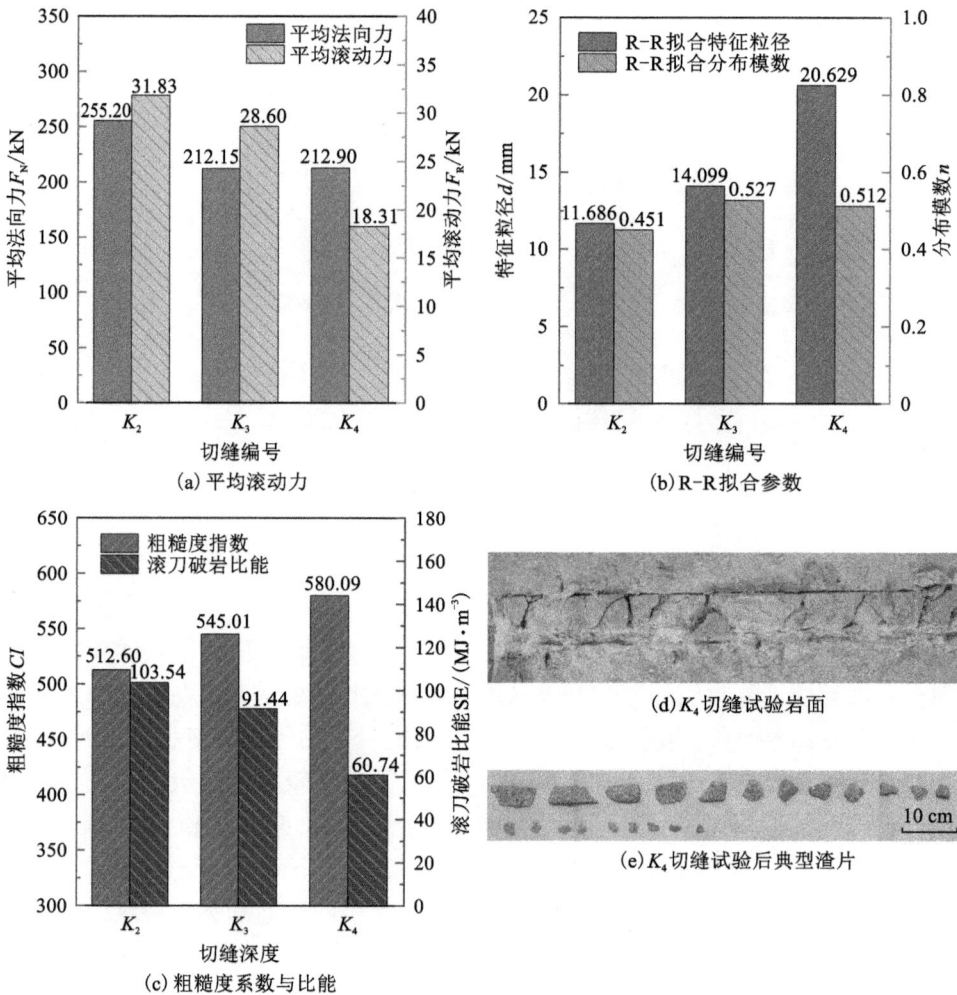

图 6-10　滚刀沿单水刀切缝一侧破岩的结果

能量差距不大。d、CI 与 n 三个参数的值随着切缝深度从 K_1 变化到 K_2，提升较明显，但变化至 K_3、K_4 时增加较小。因为岩渣直径主要受渣片宽度决定，但滚刀与预切缝的距离不变，导致产生的岩片宽度差距较小。从比能的角度看，随切缝深度的增加渣片厚度增大，破岩体积增加，导致 SE 不断降低。在 K_4 条件下切割产生的预切缝破岩，发现 F_N、F_R 的峰值与无预切缝条件相比分别下降了 27%、51.1%，比能显著下降 81.5%。

(a) 平均滚动力

(b) R-R 拟合参数

(c) 粗糙度系数与比能

(d) K_4 切缝试验后岩面

(e) K_4 切缝试验后典型渣片

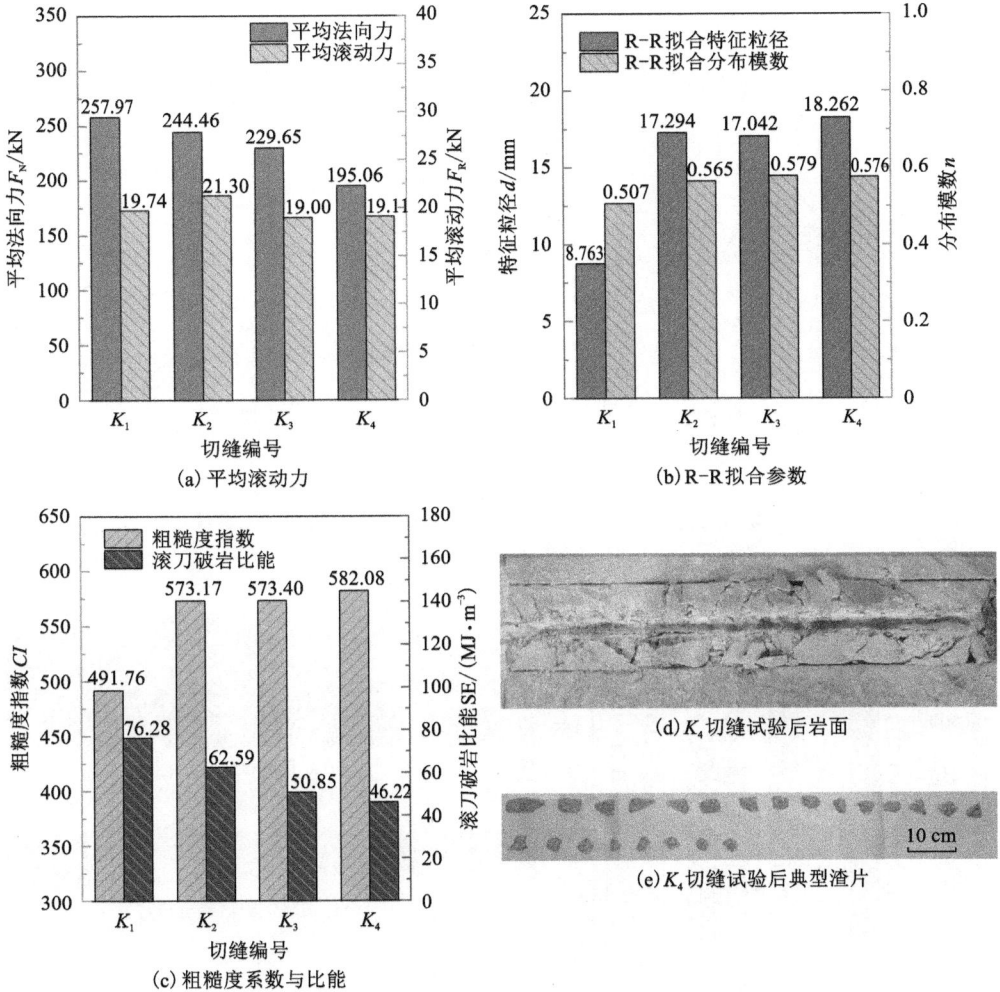

图 6-11　滚刀沿双水刀切缝之间破岩的结果

4. 滚刀沿单水刀切缝之上破岩

对经过预处理的岩样ⅢA进行滚刀破岩试验,结果如图 6-12 所示。与无切缝条件相比,F_N 显示出更高的值,而 F_R 则有所下降,并且这两个参数在缝深增加时大致呈现降低趋势。在产生的岩渣方面,d、CI 和 n 值相比无切缝条件略有上升,但这三个参数在缝深变化时没有明显变化,说明岩渣各组分的比例保持不变。随着预切缝深度的增加,渣片厚度增加,体积增大,从而导致比能降低。针对 K_4 切缝,F_N 和 F_R 数值相比于无切缝条件提升了 1.6% 和降低了 55.3%,而 SE 则下降了 71.4%。

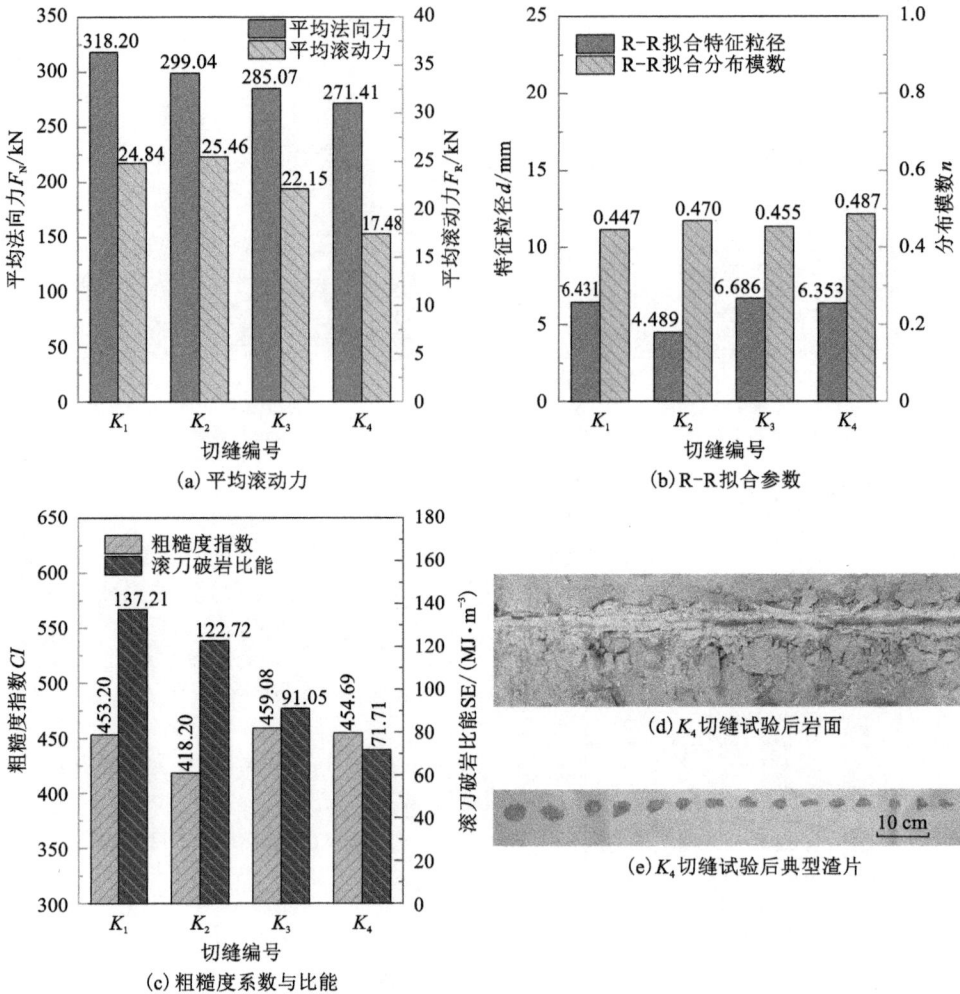

(a) 平均滚动力

(b) R-R 拟合参数

(d) K_4 切缝试验后岩面

(e) K_4 切缝试验后典型渣片

(c) 粗糙度系数与比能

图 6-12　滚刀沿单水刀切缝之上破岩的结果(有预处理)

在滚刀破岩过程中发现,经过预处理的两次切割会使预切缝被清除,或者部分被破坏,并会有产生的岩粉填充剩余部分。由于切缝会阻碍自密实区延伸出的裂纹向更深处扩展,因此预处理并未起到构建垂直裂纹的作用,进而需要更高的 F_N 破岩。F_R 的降低与产生的岩渣粒径较大,说明经过两次 2 mm 的贯入度切割后岩石内部有侧向裂纹生成。

对无预处理的岩样ⅢB进行滚刀破岩试验,滚刀在各级切缝中依然能够持续破岩(图 6-13)。在此情况下,F_N 和 F_R 显著低于 A 部分的试验结果,滚刀力在 K_1 变化至 K_3 的情况下变化较小,但在 K_3 转变至 K_4 时却突然上升。在 K_4 条件下形成的预切缝在岩样表面呈直线形态，切缝平均宽度很小，且宏观裂纹并没有在岩样表面生成，所以需要更大的力进行破岩。关于岩渣特征，切割预切缝时，裂纹以斜上裂纹为主，但因只有少部分斜上裂纹扩展至自由面，所以只产生小岩片。在滚刀破岩时，刃底密实区延伸出的垂直裂纹受预切缝影响扩展受限，以至于切缝周围岩石被粉碎压实、破碎岩片较小。切缝宽度的平均值和标准差随着 K_1 变化至 K_3 而增加，d 和 CI 值不断减小，而且与无切缝条件相比，在 K_3 切缝条件下进行破岩产生的岩粉比例增加，破岩体积减小，SE 上升。而在 K_4 切缝周围，岩石更为完整，SE 也随着产生的岩渣粒径的增大而降低。整体分析可得，对于无预处理的沿缝破岩，K_1 切缝能显著降低滚刀力，使 F_N 和 F_R 分别比无切缝条件下的值下降 26.6% 和 71.4%，SE 下降了 25.1%。

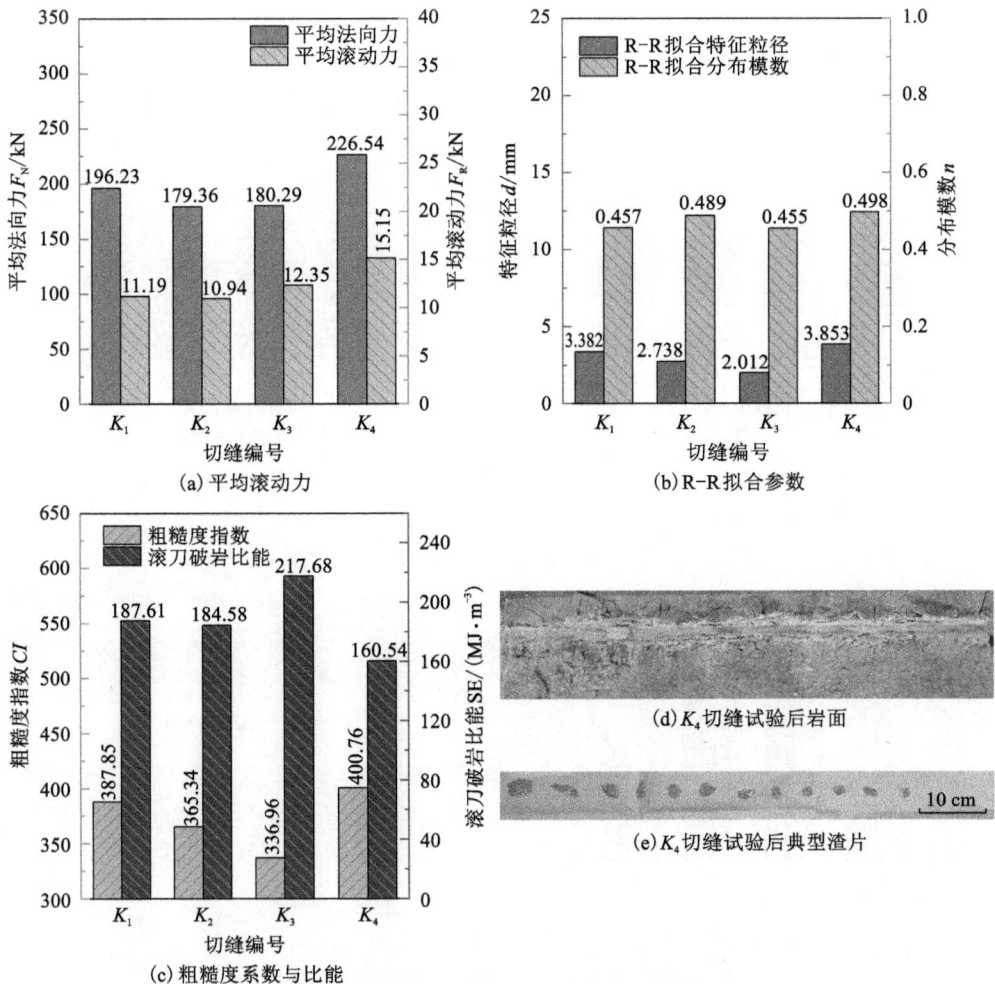

(a) 平均滚动力

(b) R-R拟合参数

(c) 粗糙度系数与比能

(d) K_4 切缝试验后岩面

(e) K_4 切缝试验后典型渣片

图 6-13　滚刀沿单水刀切缝之上破岩的结果(无预处理)

5. 滚刀沿三水刀切缝之间破岩

该布局的初衷是融合滚刀沿缝切割与双缝间切割的优点，一方面通过中间切缝来降低滚刀的方向力，另一方面则通过两侧切缝来增加破岩量。然而，未经预处理的沿缝破岩结果表明，滚刀的破岩范围极其有限，侧向裂纹无法有效扩展，因此在三水刀切缝间的破岩设计中采用了预处理方法，试验结果及照片见图 6-14。F_N 与 F_R 在切缝深度增加时大致呈现降低趋势。与有预处理的沿缝破岩结果相比，两侧切缝的存在促使裂纹更集中地向侧边缝底部扩展，导致 F_N 更低。但侧向裂纹的扩展长度却超过了单一切缝中裂纹向斜上方邻近表面的扩展距离，这使

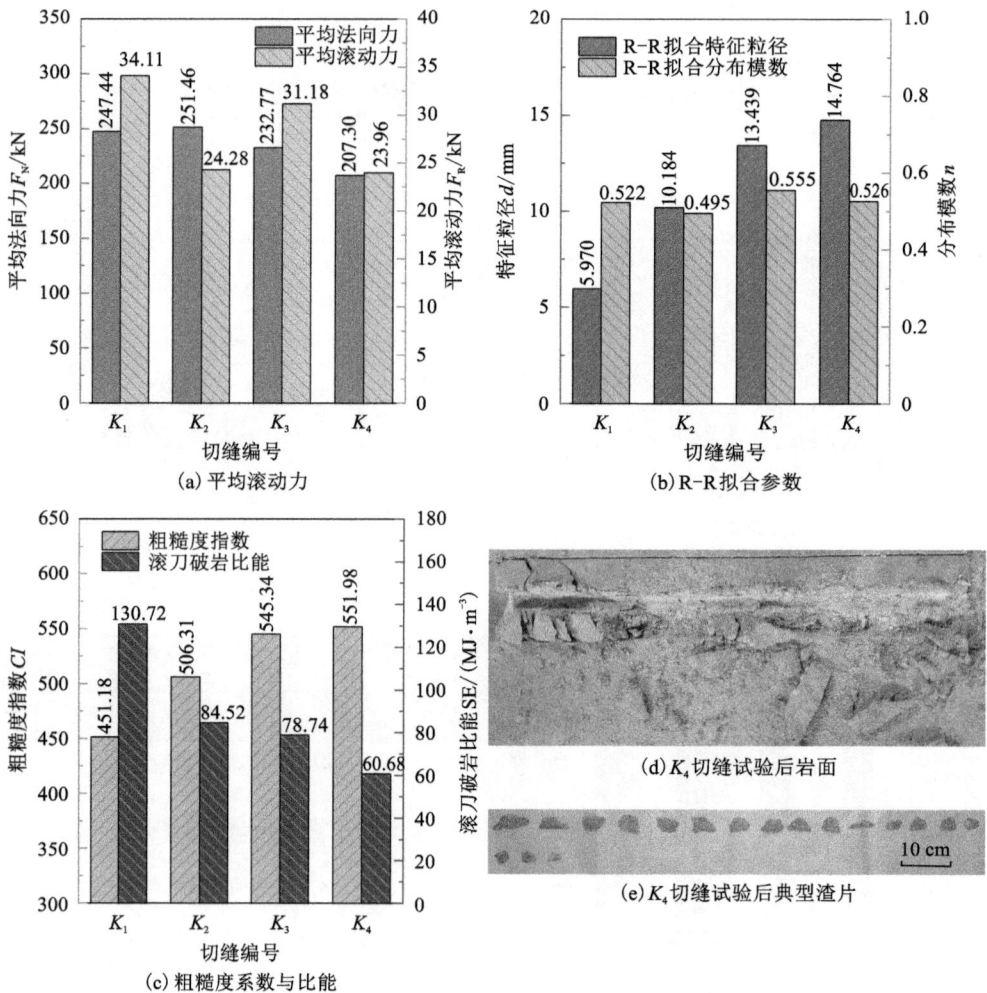

(a) 平均滚动力

(b) R-R拟合参数

(c) 粗糙度系数与比能

(d) K_4 切缝试验后岩面

(e) K_4 切缝试验后典型渣片

图 6-14　滚刀沿三水刀切缝之间破岩的结果

得能量需求增加，从而导致 F_R 整体更高。在岩渣方面，随着切缝深度的加深，能够扩展至旁边切缝的裂纹数量增加，从而使 d 与 CI 逐步升高，最终导致 SE 降低。对于切缝 K_4，F_N 和 F_R 分别较无切缝条件下的值降低 22.4% 和 38.7%，而 SE 则降低了 75.8%。需要注意的是，在破岩过程中，刀底产生的裂纹并不能同时均匀扩展至两侧的缝底。图 6-14(d) 展示了 K_4 切缝条件下的结果，在滚刀刚开始破岩时，两侧都能延伸出侧向裂纹至切缝。但随着滚刀的细微横向位移，尽管刀刃仍然作用于中间切缝，后续的侧向裂纹仍在滚刀横移的那一侧扩展，而另一侧则因刀刃的磨削产生大量岩粉，滚刀横移后未能复位。这一现象也在 Chadwick 的现场试验中被观察到，在岩墙切缝间距仅为 2.5 cm 的条件下，滚刀沿中切缝破岩时，许多区域仅有一侧的岩片脱落，另一侧则保持完好。在实际 TBM 破岩过程中，由于刀座并不存在绝对的刚度，因此这种因侧向力引起的滚刀细微横移也是难以避免的，无法始终精确地控制刀刃中心与切缝的对齐，这意味着在三切缝条件下，中间切缝可能会抑制滚刀一侧侧向裂纹的扩展。

6.2.4　基于破岩性能的滚刀与水刀布局比选

TBM 在极硬岩中掘进时主要需要克服高滚刀的法向力，并在此基础上降低滚刀破岩比能。不同水刀滚刀布局下的 F_N 变化见图 6-15(a)，仅有预处理的沿单缝破岩的 F_N 高于无切缝破岩。在其余布局中，单缝一侧、双缝之间与三缝之间的主要破岩机理一致，均为滚刀与一旁切缝产生作用而形成岩片，致使三种布局的 F_N 在不同切缝条件下均较为接近。无预处理的沿单缝破岩的 F_N 整体最低，特别是在水刀 E_u 最低的 K_1 切缝中，F_N 也处于较低水平。以试验中 47 cm 切割长度计算，水刀消耗的能量约为滚刀消耗的 19 倍。因此该布局是优选布局之一，能通过较低的水刀能耗实现滚刀力的大幅下降，但缺点是破岩产物以岩粉为主，SE 极高。

不同水刀滚刀布局下的 SE 变化见图 6-15(b)，所有布局的 SE 均低于无水刀切缝条件，除无预处理的沿缝破岩外，其余布局中 SE 大体均随缝深增加而降低。有预处理的沿缝破岩的 SE 虽然较无预处理的大幅降低，但主要是因为其滚动力仍处于低水平，破岩量实质较少。在剩余三种布局中，单切缝一侧和三切缝之间破岩的 SE 十分接近，因为滚刀均只能与一侧的切缝产生作用，而滚刀另一侧的岩脊却十分完整，若实际应用在刀盘上，反而会导致滚刀间的相互作用减弱。相比之下，在滚刀沿双缝之间的破岩中，滚刀作用岩面产生的侧向裂纹在两侧均能扩展至切缝底部，产生更多岩片，在水刀 E_u 最高的 K_4 切缝中得到全试验最低的 SE。因此该布局是另一项优选布局，能够在降低 F_N 的同时大幅降低 SE。但缺点是需要高能量支撑水刀切割深缝，此时水刀消耗的能量约为滚刀消耗的 224 倍。

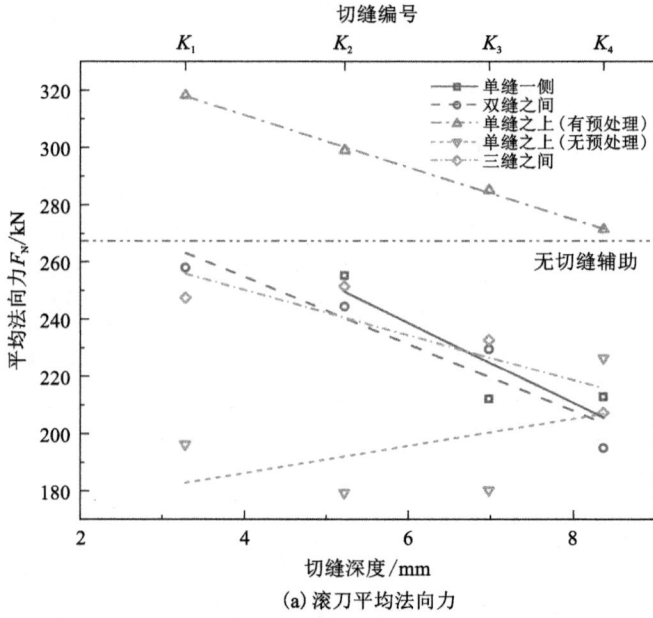

(a) 滚刀平均法向力

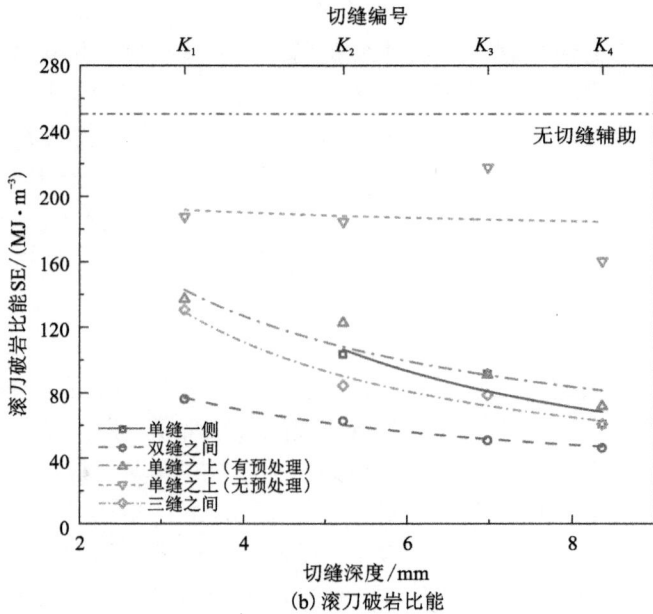

(b) 滚刀破岩比能

图 6-15　不同水刀滚刀布局下平均法向力与破岩比能的比较

6.3　优选布局下的破岩性能与机制

>>>

6.3.1　试验方案

在得出滚刀沿单缝破岩和双缝间破岩两种优选布局后,进一步设计了连续多层的破岩试验,以真实模拟水刀-滚刀破岩的工作循环,并且同样进行了无水刀切缝辅助的纯滚刀连续破岩试验作为比较。三种工况的试验分别在三块大型黑云母花岗岩岩样上进行,在正式试验开始前均采用 1 mm 的贯入度切割 25 层进行表面预处理,每层布置 8 刀,刀间距为 80 mm。表面清理后的效果见图 6-16(a),岩样上表面已完全粗糙,还原了现场粗糙的掌子面条件。

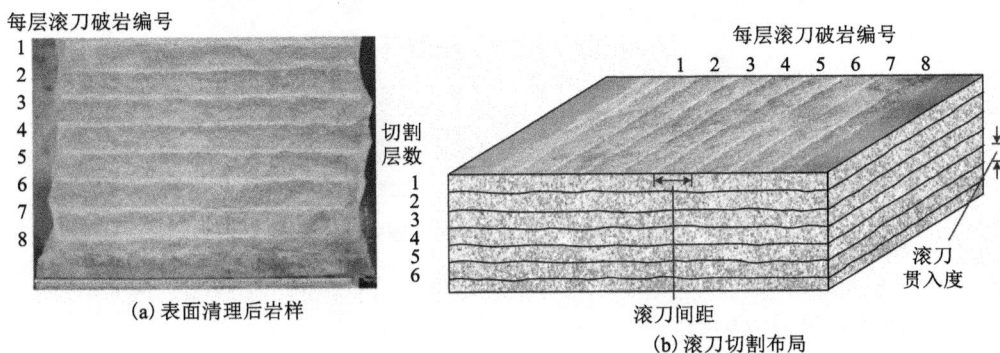

图 6-16　无切缝的滚刀破岩方案示意图

1. 无切缝的滚刀破岩

作为控制组试验,从图 6-16(b)可以看出无切缝的滚刀破岩考虑了滚刀间的相互作用。共设计了 7 级滚刀贯入度(p,等同于 TBM 破岩时刀盘每转进尺),每一级切割 6 层,具体试验参数见表 6-4。需要注意的是,每一层的第 1 与第 8 刀分别位于最左与最右端,仅能与一侧的滚刀破岩轨迹产生相互作用,因此这两刀的数据不纳入分析,并收集第 2 与第 7 刀之间产生的岩渣。在破岩振动监测方面,对滚刀刀架进行了改造以安装振动监测系统。于刀架顶面上加工了空腔与布线槽[图 6-17(a)],空腔内安置有三向加速度传感器[图 6-17(b)],最大量程为 16 g,采样频率高达 3000 Hz。在试验中采集了 2 mm、4 mm 与 6 mm 三级贯入度下的滚刀振动数据。在试验结束后,为揭示无切缝条件下的裂纹开展模式,将最后一级 6 mm 贯入度破岩后的大型岩样送至工厂进行切分，在截面上使用荧光法显现裂纹。

表 6-4 无切缝的滚刀破岩试验参数

滚刀贯入度 p/mm	滚刀破岩层数/层	滚刀间距 S_c/mm	滚刀直径/mm	刀具刃宽 w/mm
0.5, 1, 2, 3, 4, 5, 6	6	80	432	13

(a) 滚刀刀架上加工空腔   (b) 空腔内振动传感器

图 6-17 刀具振动传感器安装

2. 切缝间的滚刀破岩

使用另一块表面清理后的岩样进行切缝间的滚刀破岩试验，试验设计示意图见图 6-18。首先定义切缝深度(D)为滚刀刃尖与缝底在铅垂坐标轴 Z 轴上的高差，因为表面清理后或者是正式破岩时的岩样表面均不平整，而滚刀刃尖的坐标是通过刀架的起落主观控制的，是已知的恒定值。试验共设计了 2 mm、4 mm 与 6 mm 三级滚刀贯入度(p)，每一级贯入度切割 3 层。每层设计了 8 次滚刀破岩与 6 级切缝深度，其中最左与最右端的滚刀破岩是为了避免滚刀刀毂与向下破岩产生的边缘磕碰设计的[图 6-19(a)]，因此不作分析。而 No. 2~7 的滚刀破岩沿两平行切缝的中线进行，从左至右依次开展。切缝间距(S_k)固定为 80 mm，刀刃在破岩前的 Z 轴坐标定为 Z_b，则缝底的坐标为 Z_b+D。图 6-18 中绘制了每刀进行的具体流程，首先加工两条 3 mm 深的切缝，然后开始 No. 2 滚刀破岩，贯入度为 p mm，收集产生的岩渣。随后将右切缝加深至 6 mm 并新加工另一条 6 mm 切缝，再进行 No. 3 滚刀破岩，贯入度同样为 p mm，该层其余试验照此模式依次执行。由于平台尚未搭载水刀系统，试验中的切缝由金刚石切割锯人工完成。

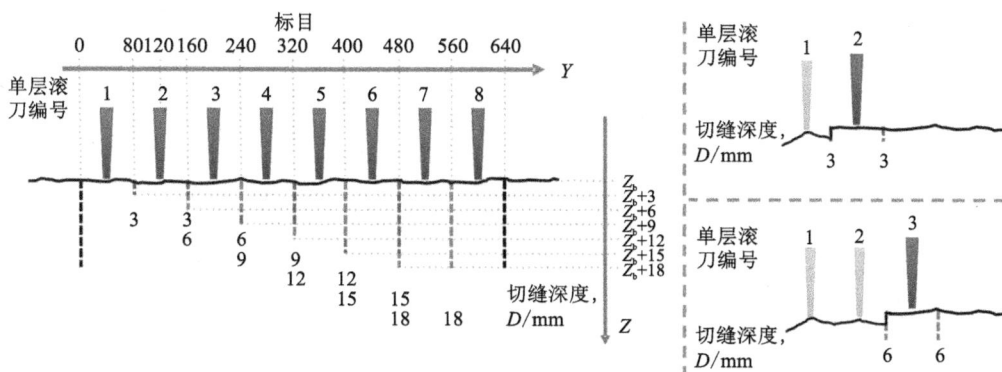

图 6-18　切缝间破岩试验设计示意图

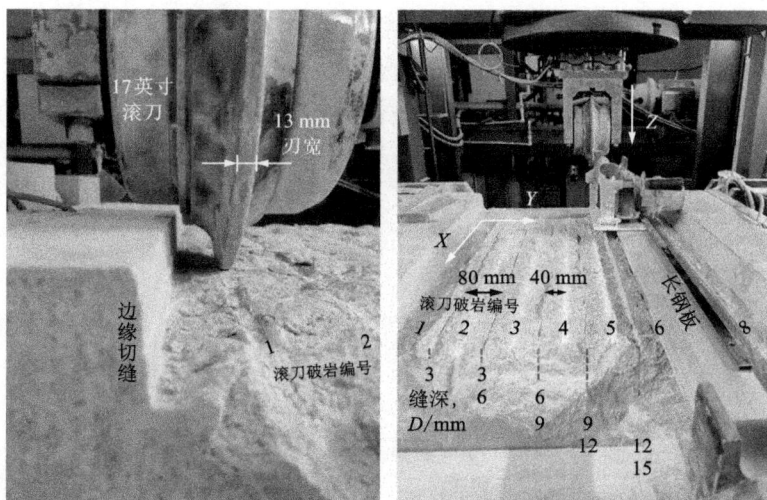

（a）编号1破岩防止滚刀刀毂磕碰边缘　　　（b）使用长靠尺进行直线切缝

图 6-19　切缝加工细节

　　当某级贯入度连续三层的试验完成后，继续使用 1 mm 的贯入度对岩面进行表面处理，待完全消除切缝影响，岩面重新呈图 6-16(a) 的状态后，开始下一级贯入度的试验，以保持初始条件一致，表 6-5 汇总了所有试验参数。试验采集了所有滚刀破岩的滚刀力与振动加速度数据。最后一级 6 mm 贯入度的试验完成后，同样切分了岩样，使用荧光法观察了横截面中滚刀与切缝作用下的裂纹开展模式。

表 6-5 滚刀于切缝间破岩试验参数

滚刀贯入度 p/mm	切缝深度 D/mm	滚刀破岩层数/层	切缝间距 S_k/mm
2	3, 6, 9, 12, 15, 18	3	80
4	3, 6, 9, 12, 15, 18	3	80
6	3, 6, 9, 12, 15, 18	3	80

3. 沿切缝的滚刀破岩

最后一块表面清理后的岩样进行沿切缝的滚刀破岩试验，试验设计示意图见图 6-20。试验设计的滚刀贯入度同样为 2 mm、4 mm 和 6 mm，每一级贯入度切割 3 层。每层切割 8 刀，图 6-20 中仅列出了中间 6 次有效的滚刀沿缝破岩。两条相同深度的切缝构成一组试验，每层设置了 3 级切缝深度，分别等同于一半、一倍与两倍的当前滚刀贯入度，切缝间距依旧为 80 mm。破岩使用的滚刀与前述试验一致。假定表面清理后滚刀刃尖 Z 轴坐标为 Z_b，正式试验开始后，先用切割锯切割出组 1 的两条切缝，缝底 Z 轴坐标为 $Z_b+p/2$，随后滚刀以贯入度 p 先后沿左右切缝破岩，并收集两次破岩产生的岩渣。后续的组 2 与组 3 试验照此模式进行，不一次性加工一层内的所有切缝可以避免不同组之间产生相互作用。在连续 3 层试验完成后，同样先进行表面处理，消除上一级贯入度破岩与切缝的影响，再开展下一级贯入度的试验，以保证岩面初始条件相同，具体试验参数见表 6-6。试验同样采集了所有滚刀破岩的滚刀力与振动加速度，但由于试验过程中观察发现岩石破碎模式简单而大型岩样切分成本高昂，因此最后并未使用荧光法观察岩石内部裂纹。

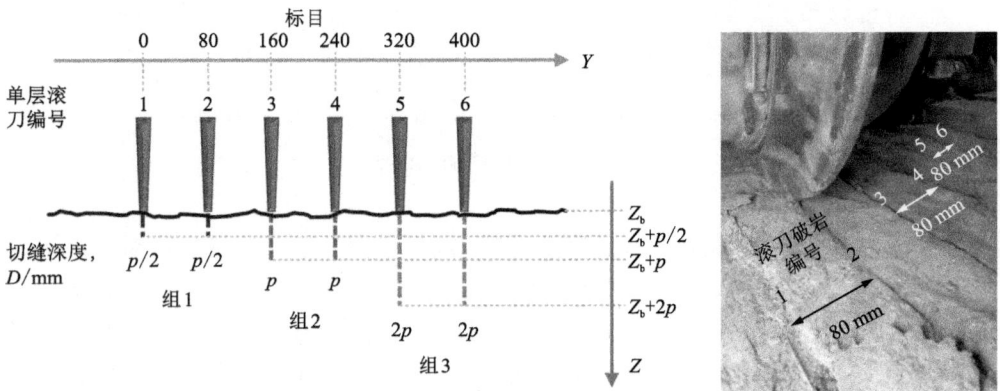

图 6-20 沿切缝破岩试验设计示意图

表 6-6　滚刀沿切缝破岩试验参数

滚刀贯入度 p/mm	切缝深度 D/mm	滚刀破岩层数/层	切缝间距 S_k/mm
2	1, 2, 4	3	80
4	2, 4, 8	3	80
6	3, 6, 12	3	80

6.3.2　数据处理

1. 滚刀力、岩渣参数及滚刀破岩比能

所有试验中每次滚刀线性破岩采集的滚刀力均为一段时序数据,取算术平均值得到每一刀的平均滚刀力。在无切缝的破岩试验中,将相同滚刀贯入度下的滚刀力进一步平均,最终得到各级贯入度下的滚刀平均法向力与平均滚动力。在两种有切缝的破岩试验中,则是提取相同滚刀贯入度与切缝深度下的滚刀力,进一步平均得到各试验条件下的滚刀平均法向力与平均滚动力。

处理三种试验的岩渣时,也需先分别聚集相同试验条件下的岩渣,再进行筛分。由于本章收集的岩渣整体尺寸较前一章试验更大,套筛筛网直径略有调整,自上而下分别为 50 mm、31.5 mm、20 mm、10 mm、5 mm、2.5 mm、1.25 mm、0.63 mm。获得筛分数据后,根据 7.2 节介绍的方法,得到不同试验条件下的特征粒径 d 与粗糙度指数 CI。

破岩比能 SE 的计算需要额外关注,在提取出相同试验条件下的滚刀滚动力、滚动距离以及岩渣质量数据后,SE 通常由式(6-3)计算得到,但在线性破岩试验中存在单层破岩轨迹数不同导致 SE 不能精确互相比较的问题。以无切缝的破岩试验为例,将间距为 80 mm 的相邻滚刀破岩轨迹间的岩石称为一道岩脊,并假定某一贯入度下的平均滚动力为 F_R,从一道岩脊上收集的岩渣平均体积为 V,在 n_c 次破岩中岩脊数量为 n_c-1,则最终比能应为 $(F_R \cdot L \cdot n_c)/[V \cdot (n_c-1)]$。可见,$SE$ 会随着 n_c 增加而逐步降低,最后趋于稳定。而在沿缝破岩的设定中,每组试验的单层破岩仅设计了两刀,收集一道岩脊上的岩渣,会导致计算的 SE 过大。因此无切缝破岩与沿缝破岩的 SE 需根据 n_c 进行标准化[式(6-4)],以消除轨迹数不同带来的差异,意为一次滚刀破岩在一道岩脊宽度内的破岩比能。切缝间的破岩试验无须修正,因为可将间距为 80 mm 的切缝间的岩石视为一道岩脊,而滚刀破岩轨迹数正好为 1。

$$SE = \frac{\left(\sum_1^{n_c} F_{Ri} \cdot L_i\right)}{V_m} = \frac{\left(\sum_1^{n_c} F_{Ri} \cdot L_i\right)}{1000 \cdot m/\rho_r} \tag{6-3}$$

$$SE_s = SE \cdot (n_c - 1)/n_c \tag{6-4}$$

式中：n_c 为特定试验条件下的滚刀破岩次数；F_{Ri} 为第 i 次破岩的平均滚动力，kN；L_i 为对应的滚刀滚动距离，m；m 为特定试验条件下所有的岩渣质量，kg；ρ_r 为岩石密度，kg/m^3；SE_s 为标准化滚刀破岩比能。

2. 滚刀振动数据时域特征提取

所有采集到的滚刀振动数据需要经过预处理，先去除白噪声与重力的影响，再提取出有效数据。以一条滚刀沿切缝间破岩的 Z 轴振动数据为例（2 mm 滚刀贯入度，3 mm 缝深），从图 6-21(a)可以看出时序数据的开头与结尾部没有尖刺状波形，此时滚刀没有与岩面接触。而当滚刀破岩时，由于裂纹扩展、岩石破碎，时域图中形成一系列"尖刺"，放大后可以看出是瞬态振动引起的振荡波形。提取的两个数据片段展示了波形细节，在滚刀接触岩面之前（片段 1）以及振荡波形之间（片段 2）还存在设备运行产生的白噪声。

预处理时先使用先进的数字信号处理技术——小波去噪来移除白噪声，该技术将输入信号分解为由小波系数表示的多个子带信号。与噪声相关的小波系数更小，将被设定的规则消除，并且信号不会有明显的退化。最后对所有子带信号进行重构以获得去噪数据。在此，使用 Matlab 的小波工具箱进行操作，经过大量测试，选择的小波族、去噪方法和阈值选择规则分别为 db5、mini-max 和 soft。图 6-21(b)展示了去噪结果，可以看出白噪声已被移除。为了进一步排除重力的影响，使用 0.5 Hz 通过频率的高通滤波器来去除低频分量，由此滚刀破岩前监测的 Z 轴加速度从 1 g 变为 0 g。最后，通过识别滤波后数据的第一次和最后一次振荡波形来获得切割开始和结束的时间戳，从而提取有效数据。

岩石破碎引起的刀具振动是典型的随机振动，加速度数据的均方根（RMS）是评估振幅大小的经典参数。将相同试验条件下的振动数据成组后，由式(6-5)计算其加速度均方根 RMS_a。时域图中的绝大部分振荡波形的加速度最大幅值低于 1 g，而最大幅值高于 1 g 的可以认为与剧烈的能量释放、岩片的产生有关，因此对这些高能振荡波形使用 Matlab 的 find_peaks 函数提取出其加速度峰值点，峰值点之间的时间间隔应大于 0.03 s 以避免在一个振荡波形中提取出多个点（图 6-22）。随后，将每种试验条件下的峰值加速度取平均值[式(6-6)]，记为 M_p，并定义 f_p 为高能振荡波形出现频率[式(6-7)]。

$$RMS_a = \sqrt{\frac{1}{n} \sum_i A_i^2} \tag{6-5}$$

$$M_p = \frac{1}{n_p} \sum_j A_{p,j} \tag{6-6}$$

$$f_p = \frac{n_p}{t_c} \tag{6-7}$$

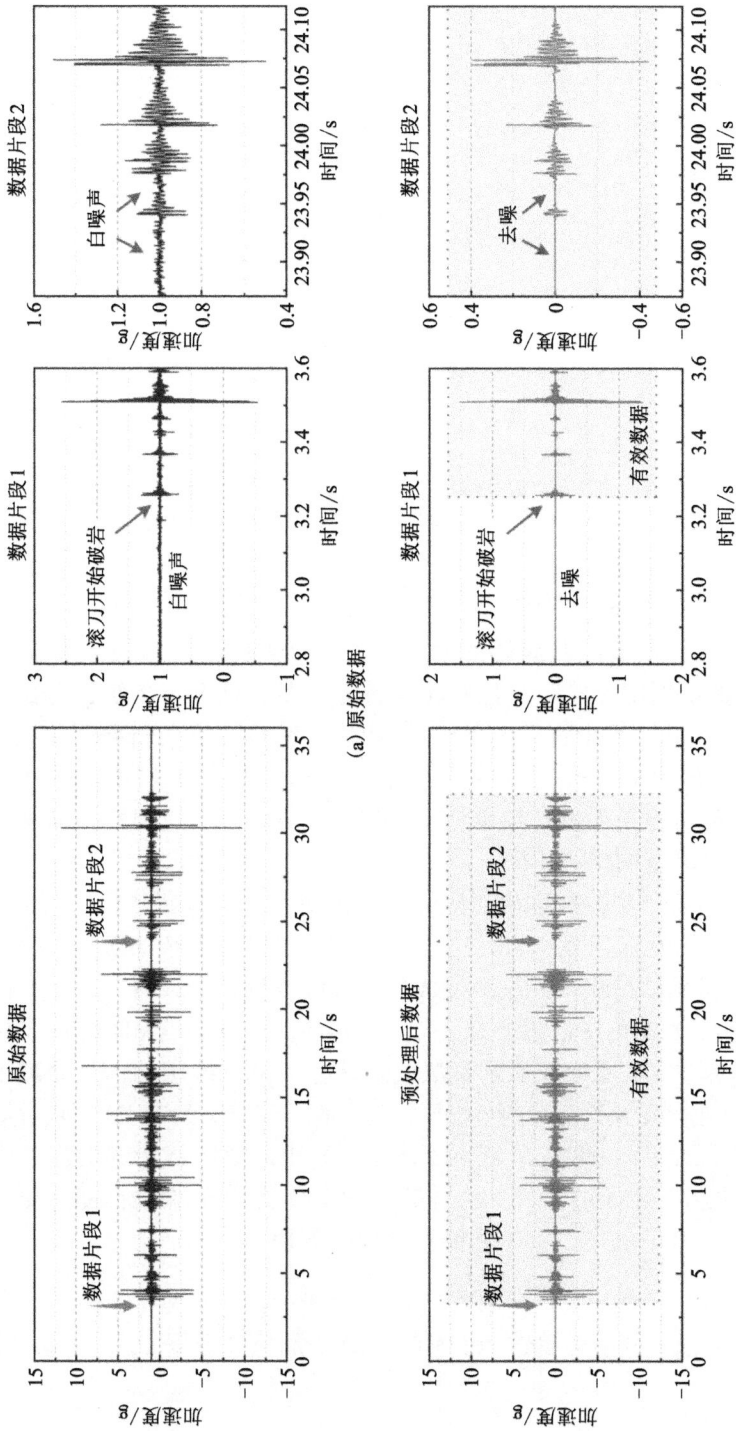

(a) 原始数据

(b) 预处理后数据

注：数据来自缝间破岩，第一层，$p=2$ mm，$D=3$ mm，Z轴振动。

图6-21 振动数据预处理

式中：n 为加速度数据量；A_i 为逐个加速度数据，g；n_p 为高能振荡波形个数；$A_{p,j}$ 为逐个高能振荡波形的峰值加速度，g；t_c 为滚刀破岩时长，s。

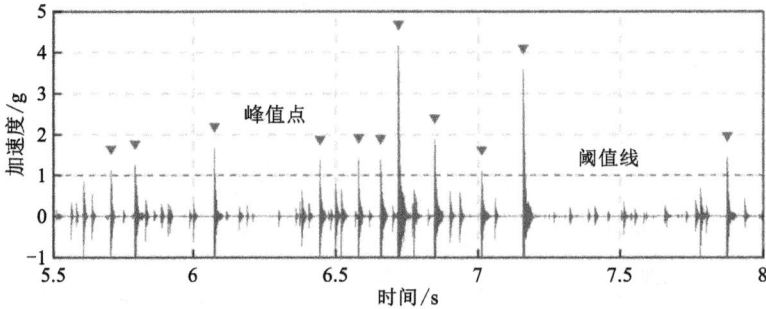

注：数据来自缝间破岩，第一层，$p=2$ mm，$D=3$ mm，Z 轴振动。

图 6-22　高能振荡波形峰值加速度提取

3. 滚刀振动数据频域特征提取

时频图可以反映频谱沿时间轴的变化情况，而颜色则代表各频率成分的功率。在图 6-23 的示例中，时频图上可以识别出许多浅色垂直条纹，代表了刀具的剧烈振动。可以明显看出，每条条纹的峰值功率都集中在两条子带上（参见图 6-23 中的虚线矩形框）。对于本例，两子带分别大致为 $0.25\sim0.5$ kHz 和 $1\sim1.25$ kHz。在其他试验条件的数据中，每个频谱图中也可以找到两条蕴含高振动能量的子带，但频率范围略有不同。

为自动识别两条子带并提取出对应的特征频率，本研究使用了 Dragomiretskiy 和 Zosso 提出的变分模态分解（VMD）方法。该方法可以将复杂的信号分解为多条窄带上的本征模态函数（IMF），优点是 IMF 的数量可以人为设置，每条本征模态函数的瞬时频率变化缓慢并且集中在一个中心值（f_c）附近。VMD 的具体算法不再赘述，请参考原论文，在此仅展示算法效果。通过 Matlab 中的信号处理工具箱对所有振动数据进行变分模态分解，程序设定了两个 IMF，其中 IMF_1 包含高频子带，IMF_2 包含低频子带。图 6-24 展示了两个分解出的 IMF 波形和对应的中心频率（f_{c1} 和 f_{c2}）。此外，还通过式（6-8）计算了两 IMF 蕴含的振动能量比值（E_R）。最后对相同试验条件下的中心频率和能量比取平均值。

$$E_R = \sum_i A_{IMF1,\,i}^2 \bigg/ \sum_i A_{IMF2,\,i}^2 \qquad (6-8)$$

式中：$A_{IMF1,\,i}$ 和 $A_{IMF2,\,i}$ 分别为 IMF_1 和 IMF_2 中逐个加速度数据。

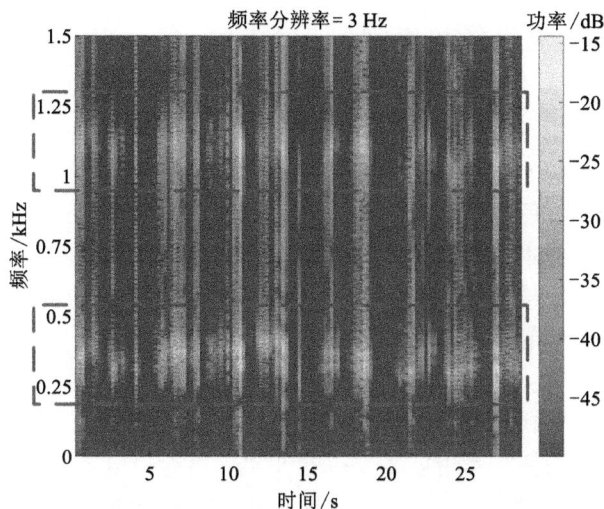

注：数据来自缝间破岩，第一层，$p=2$ mm，$D=3$ mm，Z 轴振动。

图 6-23　单次滚刀破岩时频图

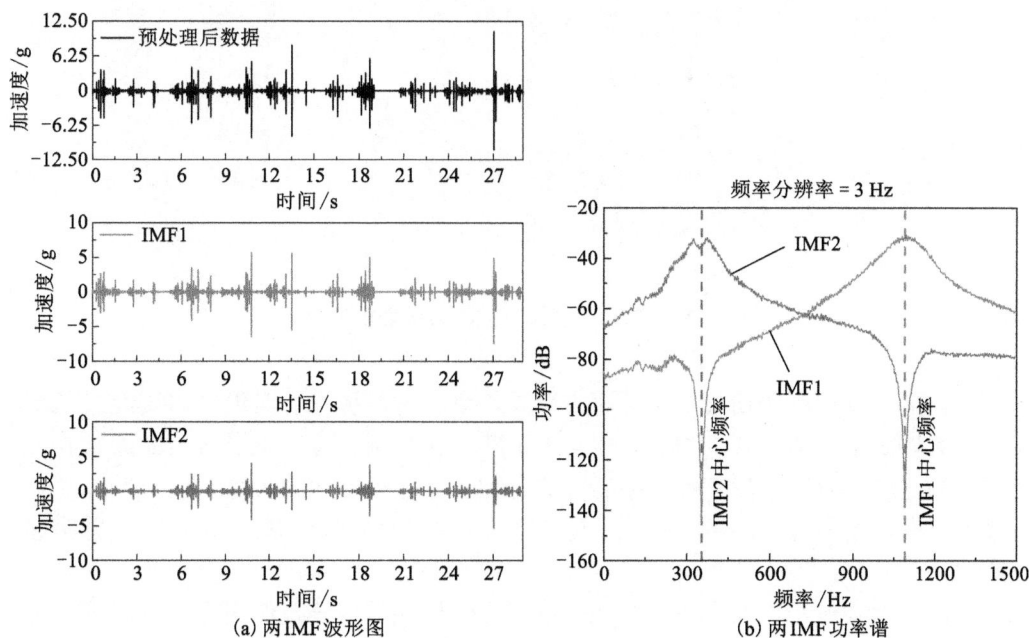

(a) 两 IMF 波形图

(b) 两 IMF 功率谱

注：数据来自缝间破岩，第一层，$p=2$ mm，$D=3$ mm，Z 轴振动。

图 6-24　变分模态分解处理

6.3.3 无切缝破岩性能与机制

1. 破裂模式

没有切缝的完整岩石的破岩机理已在过去的研究中得以充分阐释[6,7]。当滚刀切入岩石时，刀尖底部会形成致密的核心和围绕这个核心分布的宏观裂纹。在多次滚刀破岩的过程中，侧向裂纹逐渐扩展到相邻的滚刀轨迹。当这些侧向裂纹在相邻轨迹之间相互连通时，就会形成岩片。因此，在没有切缝的条件下，岩石的破坏主要是由于相邻滚刀之间的相互作用。

当贯入度较低时，滚刀主要通过研磨作用破碎岩石。在多层滚刀往复破岩的过程中，轨迹内部会形成明显的致密核心，而轨迹之间的岩脊会逐渐变厚。岩石内部的侧向裂纹会慢慢积累并扩展，一旦贯通，就会产生较大的岩片。以贯入度为 1 mm 的破岩为例[图6-25(a)]，在5层破岩后，矩形内才有脱落尺寸很大的岩脊。

(a) 贯入度为1 mm的第5层破岩   (b) 贯入度为4 mm的第3层破岩

图6-25　无切缝下的滚刀破岩现象

在贯入度较高的情况下，岩片的生成效率会显著提高，但仍然需要经过几层滚刀的切割来积累足够的裂纹。以4 mm贯入度为例，同一块岩石表面通常在经过大约3层滚刀破岩后就能产生新的岩片，而且这些岩片的尺寸会明显减小。这是因为在较高的滚刀力作用下，能够扩展到相邻轨迹的侧向裂纹数量会明显增加。

荧光裂纹显示的结果(图6-26)与上述分析相符，滚刀作用点周围出现了径向裂纹。但由于岩石的完整性和较高的强度，即使在高滚刀力的作用下，向下发展的径向裂纹长度也非常有限。在图6-26中，第4和第5刀之间积累了很厚的岩脊，两侧向裂纹即将连通。本研究将侧向裂纹与水平线的夹角定义为 θ_1，并且规定从刃底斜向下传播的裂纹为正，斜向上的为负。因此，图中 6 mm 贯入度下的裂纹扩展角 θ_1 大约为-13°。这与 TBM 施工现场的观察结果一致，在完整岩体的掌子面上，滚刀轨迹之间的岩面通常略微凸起形成岩脊状，或者因为岩片刚刚脱落而显得相对平直，但很少出现下凹的形状。

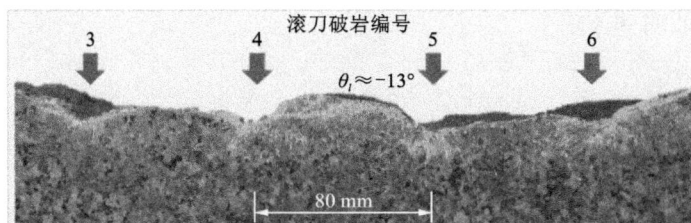

图 6-26　无切缝破岩下的裂纹扩展模式($p=6$ mm)

总的来说，在完整且强度高的岩体中，岩片的产生依赖于滚刀往复滚动积累的岩石内部的侧向裂纹。只有在滚刀之间形成较厚的岩脊，侧向裂纹才能贯通，而且这些裂纹的扩展角通常为负值。

2. 滚刀力

图 6-27(a)显示滚刀的平均法向力 $F_{N.avg}$ 和最大法向力 $F_{N.max}$ 随着贯入度 p 的增加而增大，但增大的速率逐渐减缓。$F_{N.avg}$ 和 $F_{N.max}$ 之间的差距随着贯入度的增加而变大，这表明在较高的贯入度下，滚刀更有可能遇到极高的瞬间法向力，这可能会对滚刀的长期稳定运行造成不利影响。当贯入度达到 6 mm 时，$F_{N.avg}$ 和 $F_{N.max}$ 分别达到 221.3 kN 和 432.6 kN。这说明，即使是稍微增加贯入度，也可能

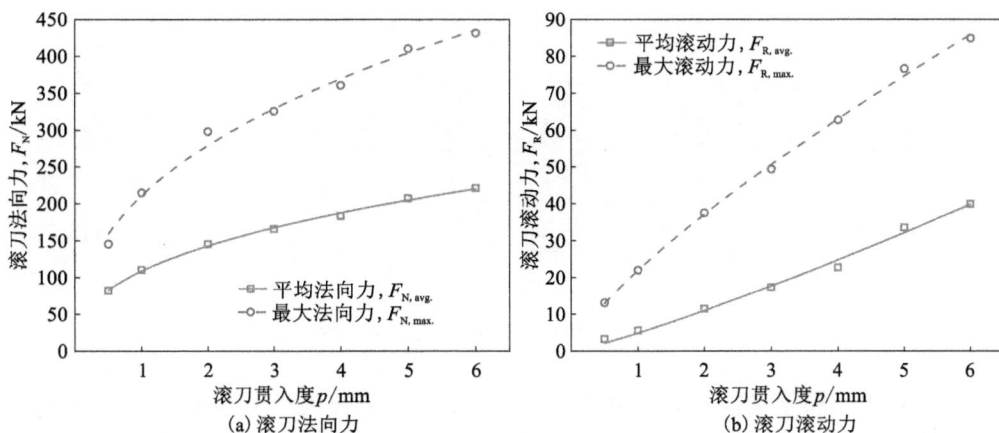

图 6-27　无切缝破岩下的滚刀力

导致平均滚刀推力接近滚刀的极限。试验中使用的花岗岩样本的单轴抗压强度为 126 MPa，如果施工中遇到的完整岩体的岩石强度更高，TBM 能够达到的最高贯入度可能会更低，因此滚刀的极限承载能力是限制掘进速度的一个关键因素。同样地，滚刀的平均滚动力 $F_{R.avg}$ 和最大滚动力 $F_{R.max}$ 也随着贯入度 p 的增加而增加，而且这种增加呈现出线性关系。当贯入度为 6 mm 时，$F_{R.avg}$ 和 $F_{R.max}$ 分别达到 39.9 kN 和 84.9 kN。

3. 岩渣特征

图 6-28 为不同贯入度条件下产生的代表性岩片。在最小的贯入度 0.5 mm 下，使用滚刀进行破岩时产生的岩片数量非常少，而且这些岩片通常体积较小。当贯入度增加到 2 mm 时，经过大约 3 到 4 层的切割后，可以产生大量的岩片，这些岩片通常较长，整体尺寸也较大。随着贯入度的进一步增加，滚刀刃底处的侧向裂纹更加频繁地扩展，导致产生的岩片整体尺寸变短。

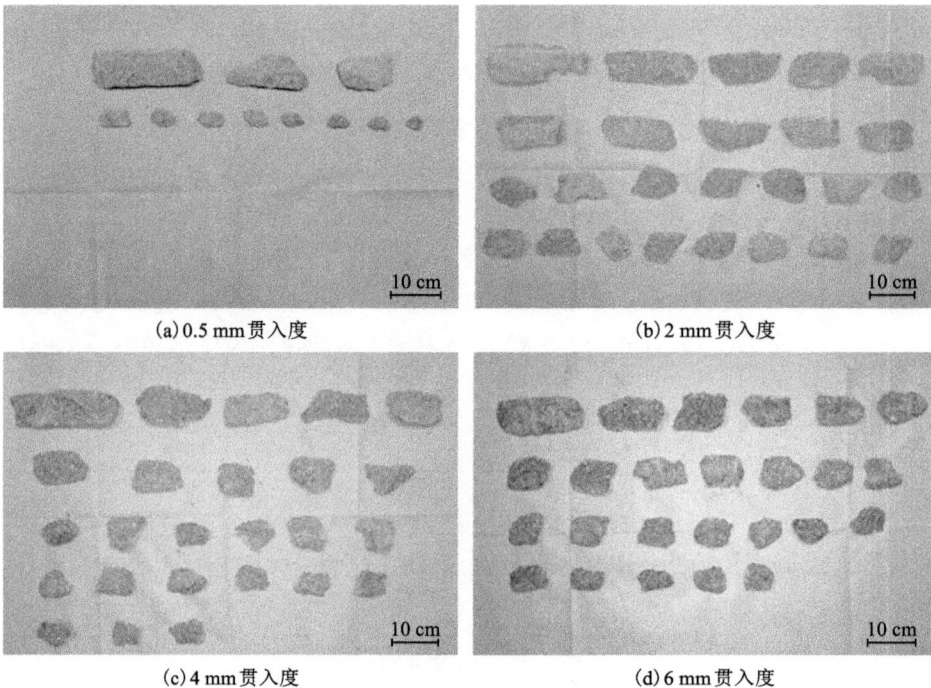

(a) 0.5 mm 贯入度　　　　　　　　　　(b) 2 mm 贯入度

(c) 4 mm 贯入度　　　　　　　　　　(d) 6 mm 贯入度

图 6-28　无切缝破岩下的典型渣片

岩渣的粗糙度指数(CI)和特征粒径(d)是衡量岩渣粒径分布和整体粒径大小的两个重要指标。从图 6-29 可以看出，CI 和 d 都与贯入度(p)呈现出二次函数的关系。在贯入度较低时，岩渣中岩粉的比例非常高，导致岩渣的整体粒径较小。当贯入度增加到 3 mm 时，CI 和 d 达到最大值，分别为 655.2 和 26.0 mm，这意味着此时的破岩效率非常高，产生的岩片尺寸也较大。然而，如果贯入度继续增加，岩石会过度破碎，虽然产生了大量的岩渣，但其中岩粉的比例也很高，这导致 CI 和 d 这两个参数再次减小。

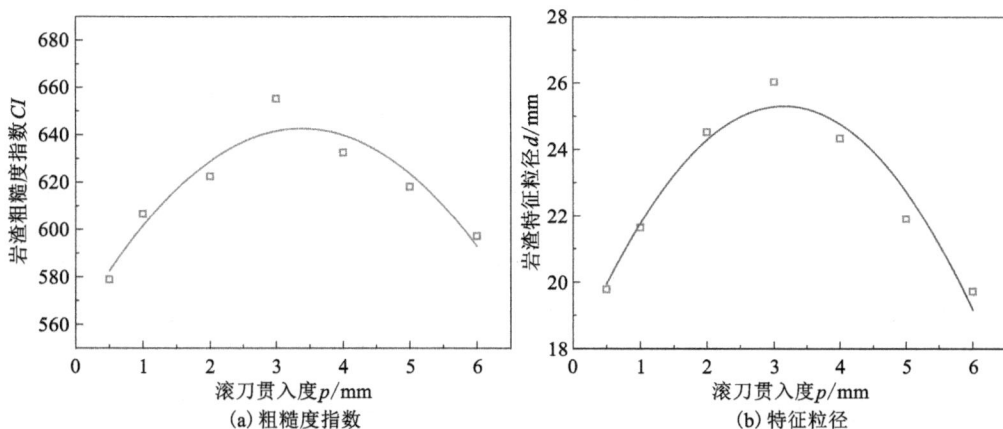

(a) 粗糙度指数　　　　　　　　(b) 特征粒径

图 6-29　无切缝破岩下的岩渣特征参数

4. 破岩比能

图 6-30 为滚刀破岩轨迹数标准化后的比能 SE_s 与贯入度 p 之间的关系。在贯入度 p 为 0.5 mm 时，尽管滚刀的滚动力相对较低，但 SE_s 却非常高，这是因为产生的岩渣主要是岩粉，且渣量很少。随着贯入度增加到 1 mm，经过多层积累

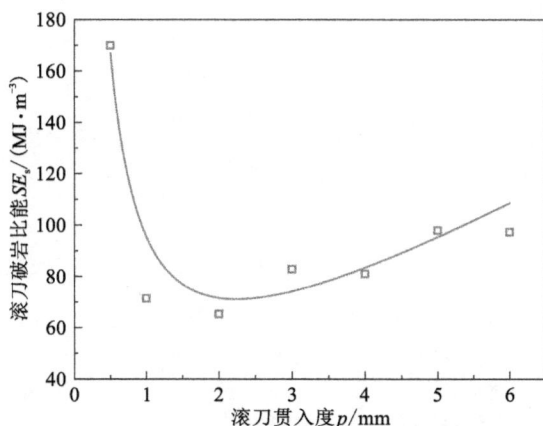

图 6-30　无切缝破岩下的比能

后，岩片开始形成，导致 SE_s 急剧下降，在贯入度 p 为 2 mm 时，SE_s 达到最低值 65.2 MJ/m³。然而，随着贯入度 p 的进一步增加，SE_s 开始逐渐上升。尽管在较高的贯入度下，岩片产生的频率更高，但由于岩石破碎过度，岩粉的比例增加，这导致比能反而增加。

5. 振动参数

图 6-31 汇总了处理后的滚刀振动参数。加速度均方根(RMS_a)是衡量振动剧烈程度的指标。从图 6-31(a)可以看出，无论是哪个方向的振动，无切缝破岩时滚刀的 RMS_a 都随着贯入度 p 的增加而增大，特别是当贯入度从 2 mm 增加到 4 mm 时，由于岩石变得更加破碎，RMS_a 显著上升，振动加剧。此外，滚刀在法向方向上的振动 RMS_a 明显高于其他两个方向，这与 Ates 等人记录的结果一致。因此重点分析法向的滚刀振动参数。图 6-31(b)展示了法向振动数据中高能振荡波形的出现频率(f_p)及其对应的平均峰值加速度(M_p)。结果与 RMS_a 的趋势相

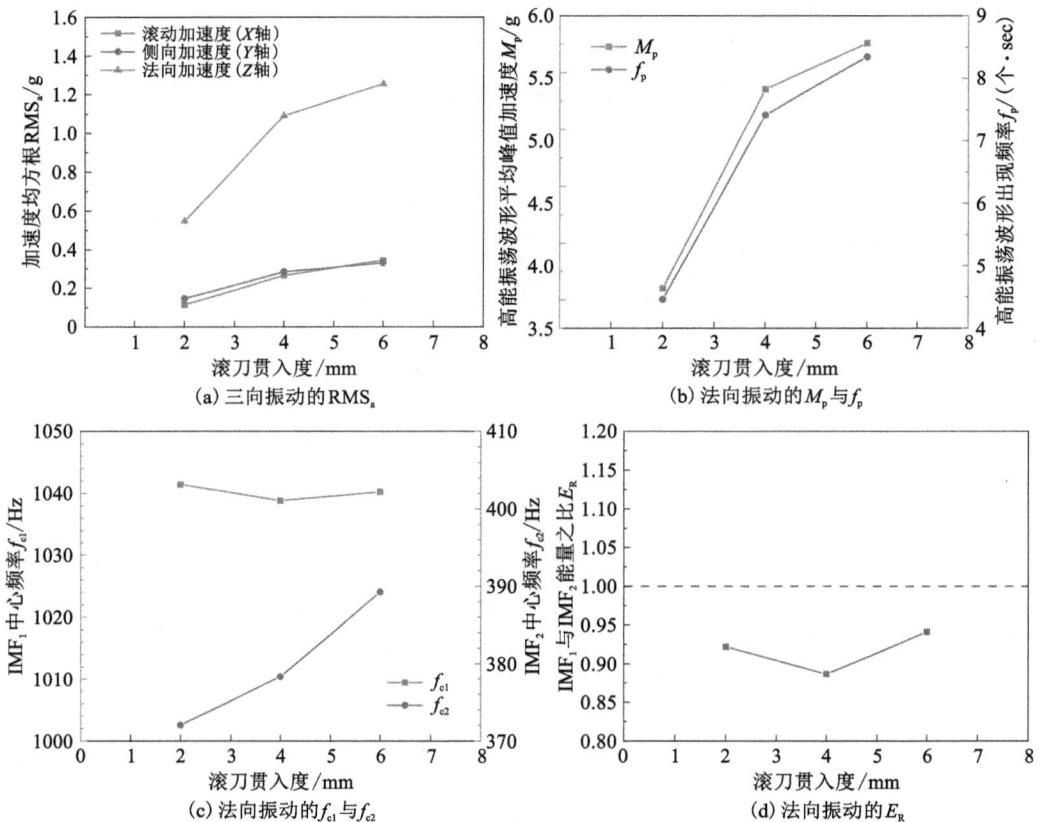

(a) 三向振动的 RMS_a

(b) 法向振动的 M_p 与 f_p

(c) 法向振动的 f_{c1} 与 f_{c2}

(d) 法向振动的 E_R

图 6-31　无切缝滚刀破岩振动参数

似,这两个参数都随着贯入度 p 的增加而增大。高能振荡波形的产生与岩石的宏观裂纹扩展和岩片形成有关,这表明随着贯入度的增加,能够扩展到相邻滚刀切槽的裂纹数量也在增加。

至于振动信号的 VMD(变分模态分解)分解结果,包含高频子带的 IMF_1(第一模态函数)的中心频率(f_{c1})没有随着贯入度 p 的变化而发生明显变化,大约保持在 1040 Hz。相比之下,包含低频子带的 IMF_2(第二模态函数)的中心频率(f_{c2})对贯入度 p 的变化更为敏感,并且随着贯入度的增加而略有上升,这意味着 IMF_2 上的振动信号与破岩过程更为相关。两个 IMF 的能量比(E_R)在不同的贯入度下都略低于 1,表明 IMF_2 上的能量略高于 IMF_1。

6.3.4 切缝间破岩性能与机制

1. 破裂模式

6.2 节的布局试验已经显示,缝间破岩的机理涉及滚刀与两侧切缝的相互作用。在不考虑水刀在切缝底部形成的宏观裂纹的情况下,本研究进一步探讨了不同缝深和滚刀贯入度组合下的多层破岩过程中岩石的破裂模式。缝间破岩典型的横截面示意图见图 6-32,部分试验照片见图 6-33。为了显著提高破岩效率,滚刀应该完全破坏两条切缝之间的岩脊。

为了显著提高破岩效率,需要确保滚刀彻底破坏位于两条切缝之间的岩脊。在贯入度仅为 2 mm 以及缝深小于 6 mm 的条件下[图 6-32(a)],在第一层破岩过程中会产生一些薄岩片。尽管切缝较浅,但由于表面清理过程中积累的刃底裂纹,侧向裂纹仍有可能扩展到切缝的一侧。侧向裂纹与水平线之间的角度 θ_1 可以通过特定公式(6-7)来计算,对于 3 mm 和 6 mm 的切缝深度,θ_1 的角度分别大约是 1.7° 和 6.8°。

$$\theta_1 = \arctan \frac{D - p}{(S_k - w)/2} \tag{6-9}$$

式中:D 为切缝深度;p 为滚刀贯入度;S_k 为切缝间距;w 为刀刃宽度,单位均为 mm。

在切缝变得更深的第二层和第三层破岩过程中,岩片的生成数量显著减少,只有在上一次破岩中没有形成岩片的局部岩脊区域,侧向裂纹才能扩展到切缝的底部。而在之前已经形成了岩片的区域,在后续的破岩层中,主要产生的是岩粉和细小颗粒,这时候缝深和刃底的裂纹还在继续积累。当切缝深度达到 9 mm 或 12 mm 时,首次破岩产生的楔形岩块数量比浅切缝条件下要多,见图 6-33(a),对应的 θ_1 角分别是 11.8° 和 6.8°。在随后的两层破岩中,在首次破岩中没有形成岩块的区域,会新生成更厚的楔形岩块,而其他区域则会产生一些薄片。当切缝

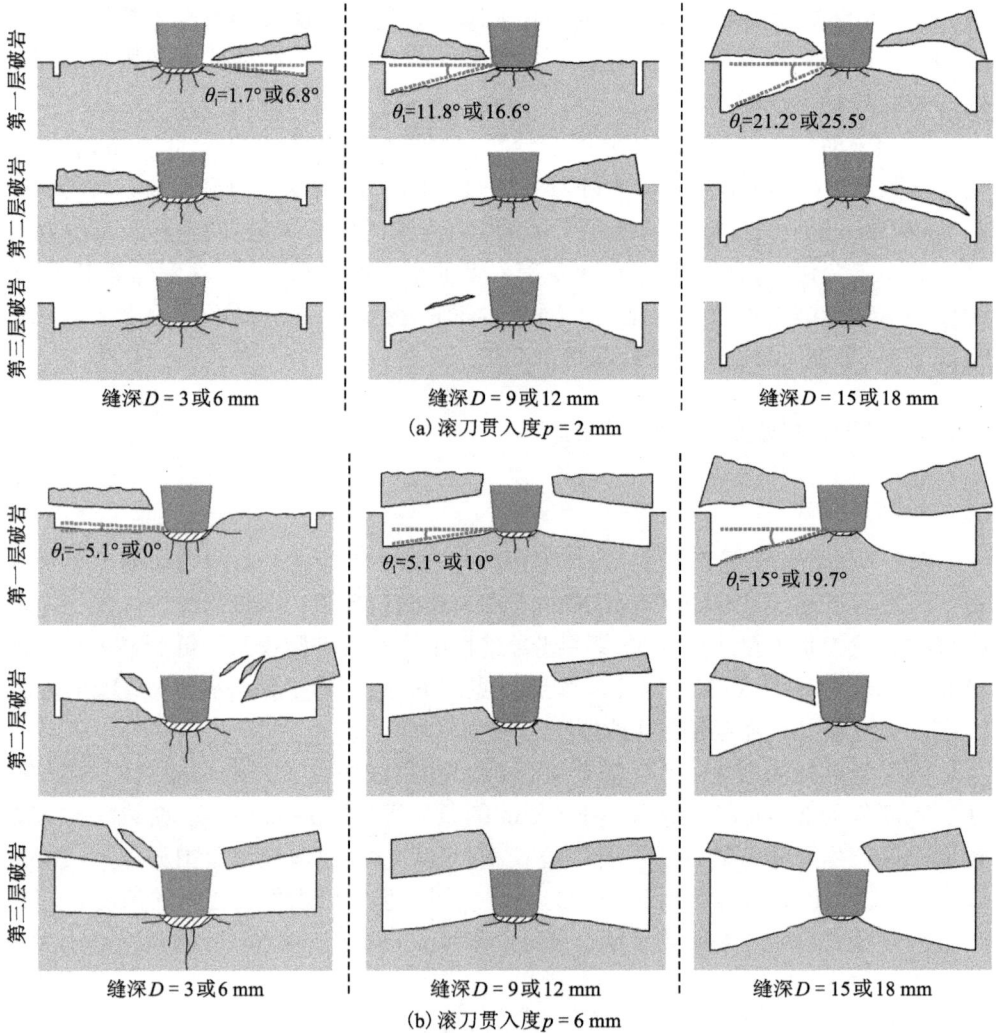

图 6-32　缝间破岩的典型横截面示意图

深度超过 15 mm，θ_1 角大于 21.2°时，刃底的侧向裂纹可以同时扩展到两侧的切缝，首次破岩中约有 80%的岩脊被滚刀破碎，产生大量的楔形岩块，剩余的岩脊也会在接下来的两层破岩中被破坏。但是，没有新的侧向裂纹能够再次扩展到切缝底部，这表明需要更多的层积累才能再次形成滚刀与切缝间的有效作用。在 2 mm 滚刀贯入度的试验全部完成后，岩面上留下的切缝间的白色条纹是滚刀破岩造成的压痕，见图 6-33(b)，这些条纹的宽度大致反映了刃底粉碎区的大小。随着缝深的逐渐增加，白色条纹的宽度变窄，这表明滚刀破岩的能量在减少，因图 6-33 显示在破岩过程中，大量的能量被用于形成粉碎区。

(a) 第一层破岩产生的楔形岩块　　　　(b) 贯入度为2 mm的破岩完毕后的岩面

(c) 第二层破岩产生的薄刃状岩块　　　　(d) 贯入度6 mm破岩完毕后的岩面

图 6-33　缝间破岩的现象

在贯入度为 6 mm 且切缝深度小于 6 mm 的条件下［图 6-32(b)］,侧向裂纹的扩展角度 θ_1 变为负值,这意味着裂纹从刃底向斜上方扩展至切缝底部。在这种情况下,初始的岩脊在前两层破岩过程中被完全破坏。当切缝深度增加到第三层时,仍有侧向裂纹能够扩展到切缝底部,从而产生一些薄岩片。当切缝深度增加至 9 mm 以上,且 θ_1 角大于 5.1° 时,初始岩脊在第一次破岩时几乎被完全破坏,产生大量楔形岩块。在第二次破岩过程中,部分新的侧向裂纹扩展到更深的切缝底部,形成了薄刃状岩片［见图 6-33(c)］。在第三次破岩中,由于侧向裂纹在第二次破岩中的积累,产生了更多的刃状岩片。完成 6 mm 贯入度试验后的岩面情况见图 6-33(d),与 2 mm 贯入度的试验结果相似,图 6-33(d)中的白色条纹从上到下逐渐变窄,这表明随着切缝深度的增加,滚刀底部的粉碎区域面积减小。

图 6-34 展示了在 6 mm 贯入度试验后,岩块的切分位置以及两个横截面上裂纹的实际扩展情况。在切分和运输过程中,由于第二道破岩轨迹下的垂直裂纹张开,岩样在该区域遭受了严重的破坏。两个横截面的荧光裂纹图揭示了侧向裂纹的扩展路径,从左到右,随着缝深的逐渐增加,θ_1 角从 -5.1° 增加到 19.7°,同时其他方向的裂纹扩展面积和密度显著减少。具体来说,当缝深只有 3 mm 时(编号 2),与没有切缝的滚刀破岩情况类似,侧向裂纹趋向于向上斜向扩展,但垂直

裂纹的延伸明显更长，这表明滚刀的法向贯入比没有切缝时更容易实现。在相同切缝间距和多层滚刀滚动破岩的情况下，即使每层的缝深非常浅，切缝间的岩石也能被有效破坏，这证实了滚刀与水刀联合破岩的有效性。随着切缝深度的增加，θ_1 角增大，垂直裂纹的数量明显减少且长度变短。在最深的 18 mm 缝深（编号 7）下，刃底没有明显的垂直裂纹分布，结合粉碎区变窄的现象，这两个观察结果表明滚刀破岩的效率更高。

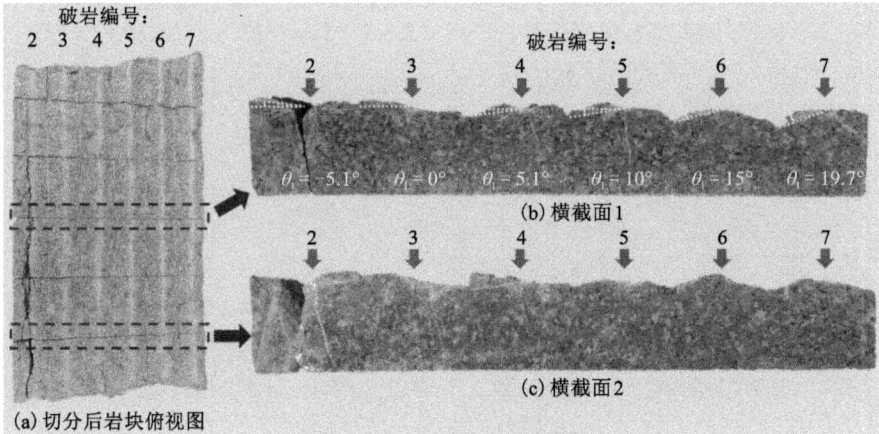

图 6-34　缝间破岩的裂纹扩展模式（$p = 6$ mm）

2. 滚刀力

图 6-35（a）展示了在不同切缝深度条件下，滚刀在破岩过程中法向力的变化情况。在所有测试的缝深条件下，滚刀的平均法向力（$F_{N.avg}$）和最大法向力（$F_{N.max}$）都随着贯入度的增加而增大。同时，滚刀的法向力随着切缝深度的增加而线性减小，且减小的速率随着贯入度的增加略有降低。总体而言，$F_{N.max}$ 的减小速率高于 $F_{N.avg}$，这表明在切缝较深的情况下，滚刀破岩过程更加稳定，异常的滚刀力得到了有效控制。

图 6-35 中最左侧的数据点表示没有切缝时的滚刀力，用作比较基准。即便是在只有 3 mm 浅切缝的条件下，所有贯入度级别的 $F_{N.avg}$ 和 $F_{N.max}$ 都低于没有切缝的情况。随着切缝深度的增加和侧向裂纹扩展角的增大，法向力逐渐降低。在 18 mm 的缝深和 6 mm 贯入度的条件下，$F_{N.avg}$ 和 $F_{N.max}$ 分别降至 91.1 kN 和 183.7 kN，仅为没有切缝破岩时的 41% 和 20%，这表明在应对完整且强度高的岩体时，高滚刀推力的问题得到了有效解决。

图 6-35（b）展示了滚刀在破岩过程中滚动力的变化情况，其变化趋势与法向力的变化相似，但有所不同的是，滚动力的平均值（$F_{R.avg}$）随切缝深度增加而下降

的趋势并不明显，基本上保持在一个相对稳定的水平，这与前一章的布局试验结果相符。在 18 mm 的缝深和 6 mm 贯入度条件下，$F_{R.avg}$ 和 $F_{R.max}$ 分别为 20.4 kN 和 45.9 kN，大约是没有切缝破岩时的 51% 和 54%。这说明，在滚刀与切缝相互作用的情况下，法向力的降低幅度大于滚动力。

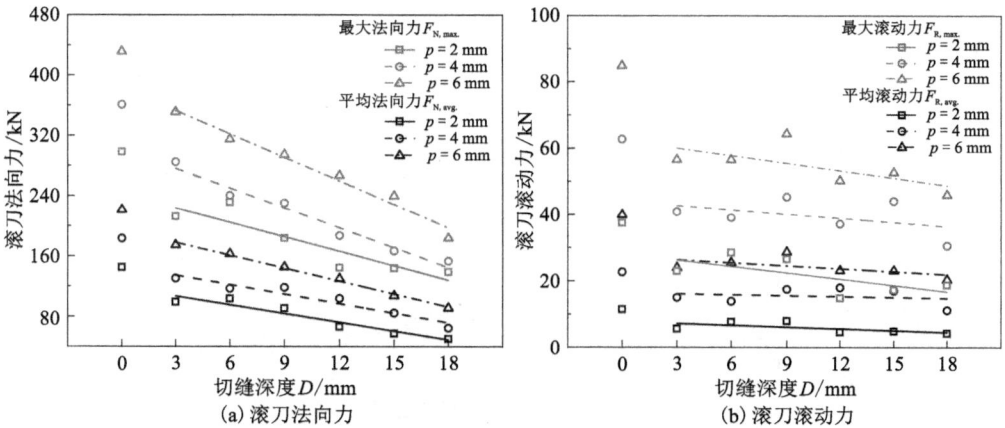

图 6-35　缝间破岩的滚刀力

3. 岩渣特征

图 6-36 为不同缝深和滚刀贯入度条件下收集到的较大尺寸的岩渣。从上到下观察，随着切缝深度的增加，较大尺寸岩片的数量有所上升。从左到右看，随着贯入度的增加，岩片的数量增加更为明显，尤其是在高缝深条件下(第三行)，岩片的长度明显减小，这表明有更多的侧向裂纹扩展到了切缝底部，导致岩石的破碎程度加剧。此外，在低贯入度条件下[图 6-36(a)]，后续的破岩层中产生的岩片数量较少，这表明滚刀与切缝的相互作用需要通过多层破岩和切缝的进一步加深才能充分展现。相反，在高贯入度条件下[图 6-36(c)]，在后续的破岩层中岩片的数量显著增加，每次切缝加深都能产生一些刃状的薄岩片，这说明滚刀与切缝的相互作用在这些条件下更为有效。

图 6-37 展示了岩渣的粗糙度指数(CI)和特征粒径(d)随切缝深度变化的规律，两者的变化趋势非常相似。在最小缝深 3 mm 的条件下，CI 和 d 的值都低于没有切缝的情况。随着切缝深度的增加，不同贯入度下的岩渣特征参数都有所提高，但增长的速度不同。具体来说，2 mm 贯入度下的 CI 和 d 的增长速度比 4 mm 贯入度的要快。而 6 mm 贯入度的 CI 和 d 则逐渐趋于稳定，这可能是因为岩渣的尺寸受到了试验中固定切缝间距的限制，表明在高贯入度和大切缝深度的条件下，切缝间距有进一步增大的潜力。在最大缝深 18 mm 的条件下，2 mm 贯入度的 CI 和 d 值最高，这是因为在多层破岩过程中，主要形成了较厚的楔形岩块，而

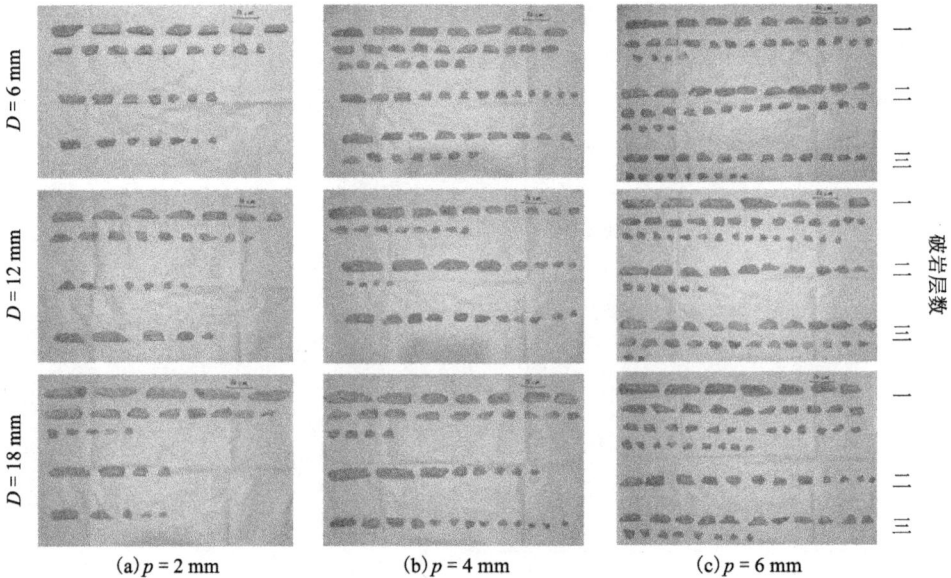

图 6-36　缝间破岩的典型渣片

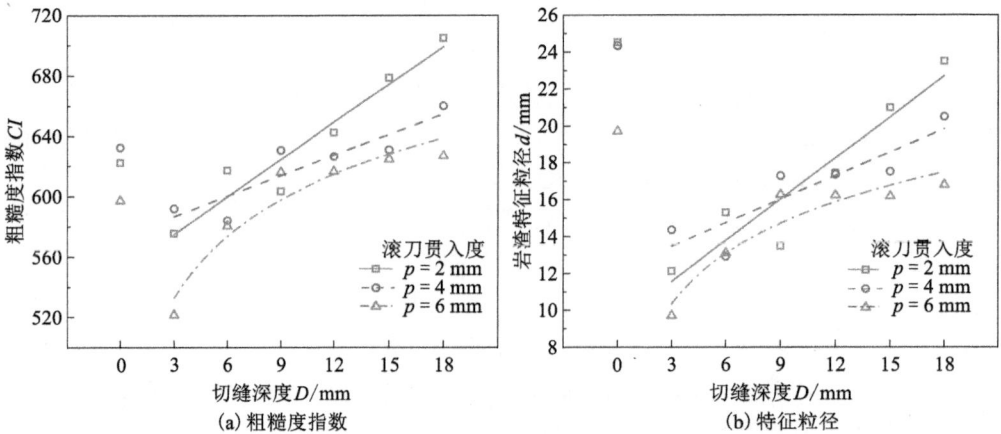

(a) 粗糙度指数　　　　　　　　　　(b) 特征粒径

图 6-37　缝间破岩的岩渣特征参数

没有产生新的薄刃岩片。值得注意的是，在所有三个贯入度水平下，有切缝时的 d 值都低于没有切缝时的 d 值，而 CI 值在缝深超过 12 mm 时高于没有切缝时的值，这表明在深缝条件下，岩粉的比例较低。

4. 破岩比能

图 6-38(a)显示，在滚刀进行缝间破岩时，所需的比能显著低于没有切缝的比能，这与其他人的研究结果相一致[8,9]。与没有切缝的破岩情况相似，当贯入

度为 2 mm 时，破岩比能 SE_s 最低，而 4 mm 和 6 mm 贯入度的 SE_s 依次增加。在三个贯入度级别下，SE_s 与缝深都呈现出负相关关系。在 2 mm 贯入度和 18 mm 缝深的条件下，SE_s 达到最小值 12.2 MJ/m³，这仅是没有切缝破岩时相同贯入度条件下的 18.7%。在 6 mm 贯入度和 18 mm 缝深的条件下，SE_s 为 34.7 MJ/m³，与没有切缝破岩时的最小比能相比也减少了一半。

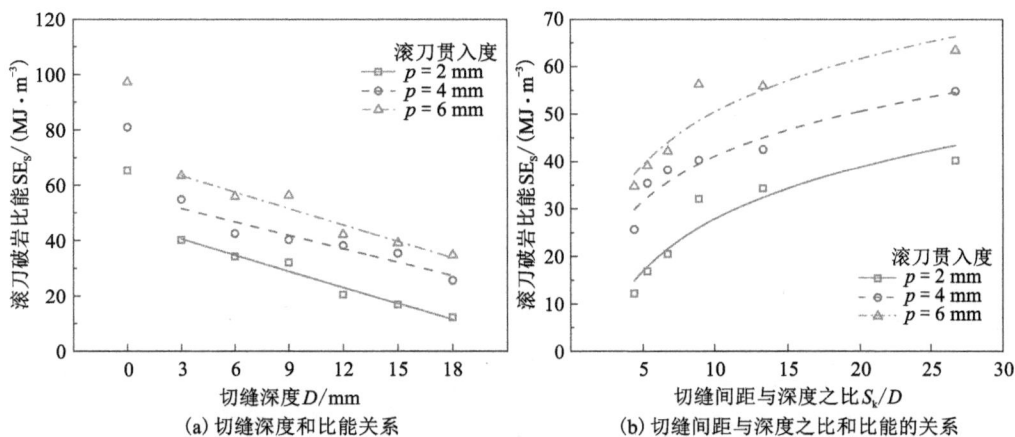

(a) 切缝深度和比能关系　　　　(b) 切缝间距与深度之比和比能的关系

图 6-38　缝间破岩的比能

此外，研究还探讨了 SE_s 与切缝间距与深度之比（S_k/D）之间的关系[图 6-38(b)]，不同贯入度下的数据点可以通过对数函数进行大致拟合。S_k/D 也能够反映侧向裂纹的扩展角度大小，S_k/D 越小，θ_l 角越大。随着 S_k/D 从较高值开始下降，SE_s 最初缓慢降低，直到 S_k/D 低于一个临界值后，SE_s 才迅速下降。在本试验中，所有贯入度级别的 S_k/D 临界值约为 7。在切缝间距为 80 mm 的条件下，当缝深超过 12 mm 时，刃底的垂直裂纹显著减少，且岩粉比例低于没有切缝的情况，因此比能下降得更快。为了使缝间破岩更有效地降低滚刀破岩比能，需要使 S_k/D 低于这个临界值。

虽然较小的切缝间距与深度之比（S_k/D）有助于减少滚刀力和破岩比能，但使用水刀在隧道施工面切割深缝需要消耗大量的额外能量。为了确保施工的经济效益，可以在采用滚刀进行缝间破岩的同时，考虑增加水刀切缝的间距，减少滚刀和水刀喷嘴的数量，以此来平衡由水刀系统切割深缝带来的成本。

5. 振动参数

图 6-39 展示了在不同试验条件下，滚刀在沿缝破岩时三个方向上的加速度均方根（RMS_a）的计算结果。可以看到，无论是哪个方向，RMS_a 都随着贯入度的

增加而增大，其中法向的 RMS_a 最高，侧向和滚动向的 RMS_a 相对较接近，侧向略高，但这种差异随着贯入度的增加而减少。与没有切缝的情况相比，切缝间破岩条件下的 RMS_a 显著降低，尤其是在高贯入度时，这种降低最为明显，这表明切缝在减少滚刀振动方面是有效的。此外，缝间破岩的 RMS_a 与缝深呈二次函数关系，其最大值出现在 6 mm 至 9 mm 的缝深之间。考虑到滚刀振动在法向上最为显著，与没有切缝的情况相似，后续的滚刀振动分析将主要集中在法向上。

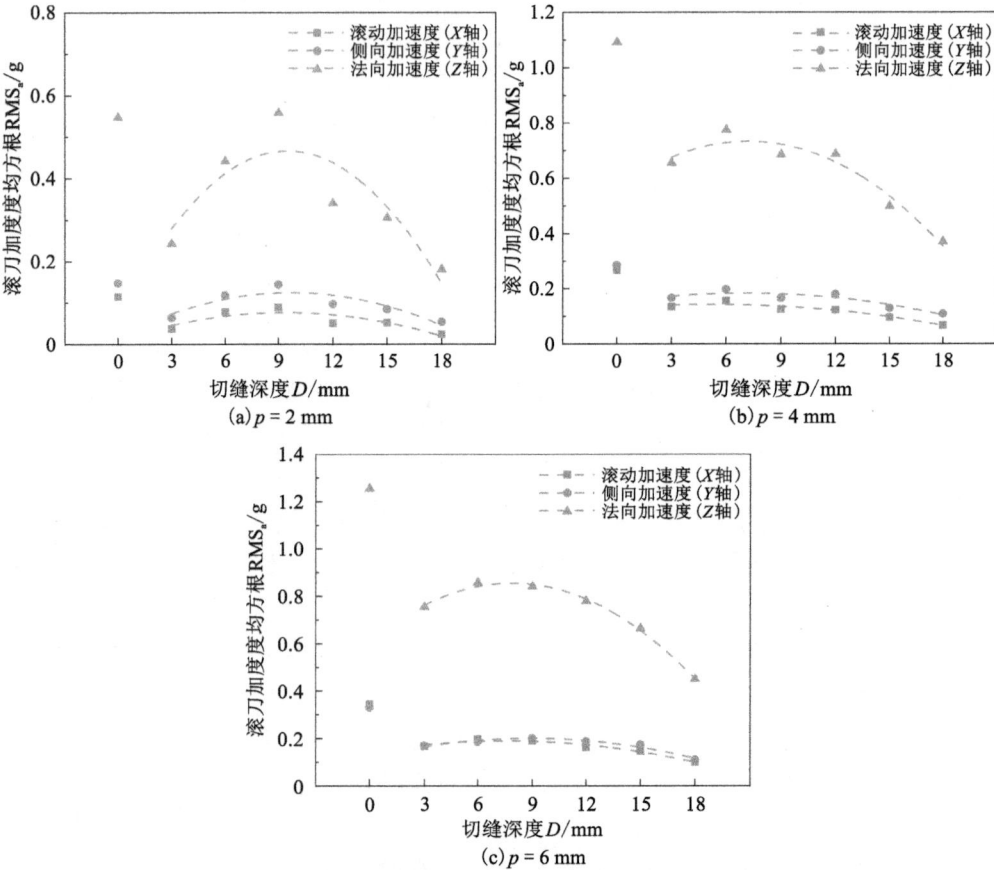

(a) $p = 2$ mm

(b) $p = 4$ mm

(c) $p = 6$ mm

图 6-39 缝间破岩滚刀三向加速度均方根

法向加速度中的高能振荡波形表明滚刀发生了强烈的瞬时振动，这通常是由岩石内部宏观裂纹的扩展和贯通触发的。如图 6-40 所示，在所有试验条件下，这些高能振荡波形的平均峰值加速度 (M_p) 和出现频率 (f_p) 都随着贯入度的增加而增大，但随着贯入度的提高，增长幅度略有减小。与没有切缝的破岩相比，缝间破岩的 M_p 和 f_p 总体上都有所下降。M_p 和 f_p 也与缝深呈二次函数关系，它们的峰值分别出现在 6 mm 和 9 mm 的缝深下,与 RMS_a 的结果相似。因此,从时域参数的结果来看,滚刀的振动在深切缝条件下可以显著降低。

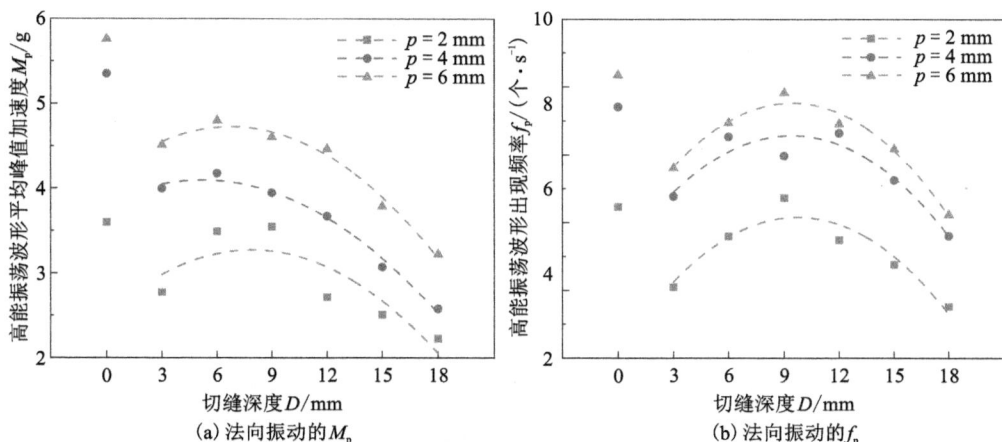

图 6-40　缝间破岩滚刀法向振动的 M_p 与 f_p

图 6-39 中展示的滚刀在沿缝破岩时三个方向上的加速度均方根(RMS_a)的变化结果揭示了它们与缝深之间的二次函数关系。这些振动参数与缝深的关系值得深入研究。从滚刀力的数据来看,法向力与缝深呈现负线性相关,这表明滚刀振动的剧烈程度并不完全依赖于力的大小,还需要考虑滚刀的破岩模式和岩片的产生情况。

对于 3 mm 的最小缝深,尽管在切缝间破岩试验中滚刀力较高,但其 RMS_a、M_p、f_p 均未达到极大值,这可能是因为在后两层破岩中产生的岩片较少,岩渣的粗糙度指数(CI)值最低,岩粉比例高,滚刀破岩过程中的研磨作用较大,宏观裂纹的贯通较少,而且刃底粉碎区面积较大,对刀具振动有一定的缓和作用。此外,在 2 mm 低贯入度下,3 mm 缝深的 RMS_a 与极大值之间的差异显著,而在 4 mm 和 6 mm 贯入度下,3 mm 缝深的 RMS_a 与极大值之间的差距不大,这可能是因为在低贯入度下,浅切缝间的岩脊在三层破岩后仍有残余,而在高贯入度下,浅切缝间的岩脊基本在三层破岩内被清除。

随着缝深增加至 6~9 mm,RMS_a、M_p、f_p 达到各自的极大值,这是因为此时岩渣量和岩片占比都有所提升,能扩展至缝底的侧向裂纹增多,且其他方向的裂纹也在发展。缝深进一步增加,这三项振动特征参数开始下降。当缝深提高至 18 mm 时,三者均达到试验设计范围内的最小值,一方面是因为滚刀力此时较低,另一方面是因为岩渣 CI 值最大,大岩片占比提升,意味着侧向裂纹扩展频率降低,其他方向的裂纹逐渐消失,整体宏观裂纹密度减少。

　　虽然在极低缝深和极高缝深下滚刀振动幅度都有一定程度的降低，但在高贯入度下，深切缝带来的降幅更为明显。因此，从减少滚刀振动的角度来看，采用深切缝更为有效，并且存在一个临界缝深，超过这个值后滚刀振幅开始迅速下降。在本试验条件下，临界缝深在 6 mm 至 9 mm 之间。

　　图 6-41 展示了缝间破岩下的变分模态分解结果，f_{c1} 和 f_{c2} 分别代表高频子带 IMF_1 和低频子带 IMF_2 的中心频率。缝间破岩的 f_{c1} 均高于无切缝破岩，主要分布在 1060 Hz 至 1100 Hz 范围内，在同一级滚刀贯入度下，f_{c1} 的变化较小，分布较窄，缝深对 f_{c1} 的影响不明显。这表明 f_{c1} 可能更多地与刀架的固有振动模态有关。

　　f_{c2} 的分布范围更广，为 320 Hz 至 400 Hz，且在同一级贯入度下，f_{c2} 有明显变化。总体来看，滚刀贯入度越大，f_{c2} 越高，但不同贯入度间的 f_{c2} 差距不大。在相同贯入度下，缝间破岩的 f_{c2} 通常低于无切缝破岩。缝深与 f_{c2} 的关系可以用钟形曲线拟合，切缝为 3 mm 时，f_{c2} 略低于无切缝时。当缝深增加至 6 mm 后，f_{c2} 升

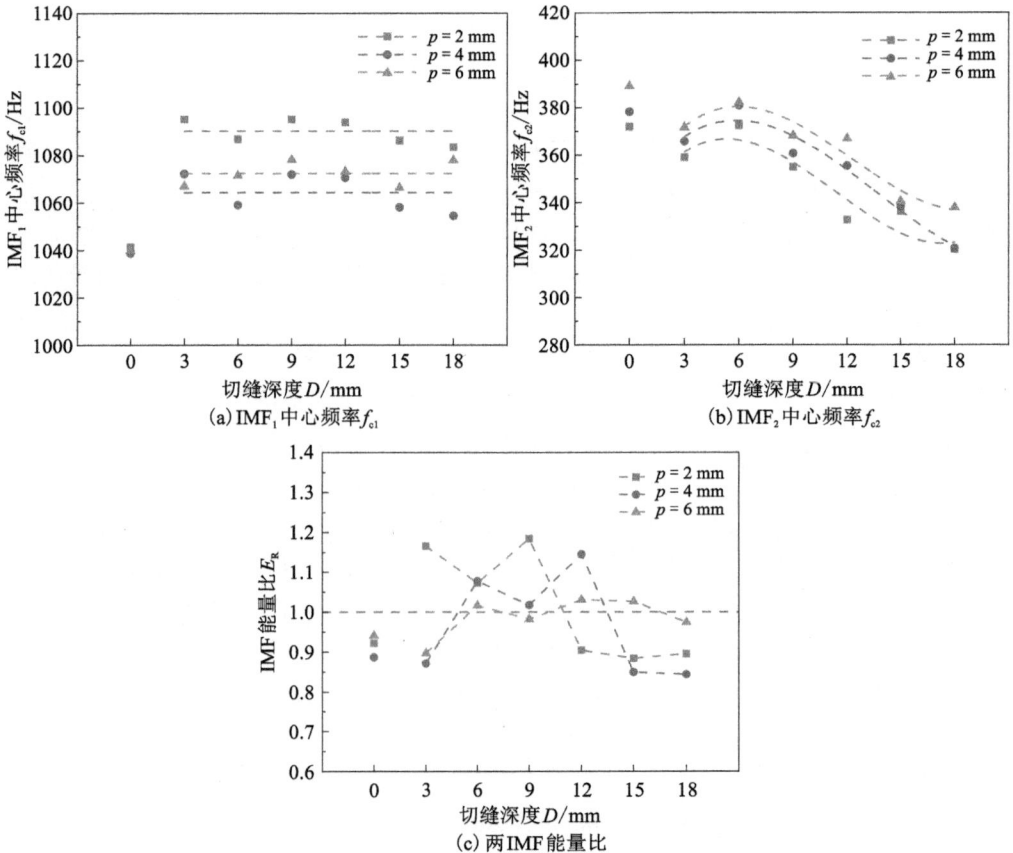

(a) IMF_1 中心频率 f_{c1}

(b) IMF_2 中心频率 f_{c2}

(c) 两 IMF 能量比

图 6-41　缝间破岩滚刀法向振动的 f_c 与 E_R

高达到最大值，进一步提高切缝深度后，f_{c2} 开始持续降低。这个规律与振动时域参数与缝深之间的关系非常相似，f_{c2} 变化的拐点对应的缝深与前述的临界缝深一致，表明 f_{c2} 与破岩过程中宏观裂纹的产生更为相关。

至于 IMF_1 和 IMF_2 所含能量之比 E_R [图 6-41(c)]，贯入度和缝深对 E_R 没有显著影响，E_R 在 1 上下分布，说明两个频带的能量大致相等。

6.3.5　沿切缝破岩性能与机制

1. 破裂模式

考虑到沿缝破岩也可能发生破岩轨迹间的相互作用，本节的沿缝破岩试验在同一层设计了两条平行切缝，由此观察到了两种岩石破裂模式，图 6-42 描绘了高、低贯入度与深、浅缝深两两组合下的前两层破岩的大致情况。

当滚刀贯入度为 2 mm 时[图 6-42(a)、(b)]，同缝深下的岩石破坏没有明显差异。虽然进行了三层滚刀破岩，但都只产生了一些小薄片。后两层的薄片尺寸较第一层更小，并且随着切缝加深，薄片尺寸进一步变小。在这种情况下，切缝附近小范围的岩石被完全粉碎，滚刀仅将切缝扩大成凹槽。在此将这种岩石破裂模式简称为"扩槽"。如图 6-42(a)所示，两沟槽之间的岩脊逐渐变厚，难以破碎。扩槽模式下的破岩量较少，不利于实际掘进。

当滚刀贯入度提升 4 mm 之后，缝深为贯入度的一半时，能够在第二层破岩中产生大岩片，缝深等同于贯入度的试验组也出现了相同的现象[图 6-43(b)]。

多层的沿缝破岩主要有扩槽和滚刀与切缝作用两种模式；扩槽模式会发生在两种条件下，一是低滚刀贯入度，二是远高于滚刀贯入度的深切缝。该模式符合 Hustrulid 提出的观点，由于切缝的存在，刃底附近小范围的岩石会被完全粉碎，在该塑性区内会抑制侧向裂纹扩展。

滚刀与切缝作用的模式主要发生在切缝深度不超过滚刀贯入度的条件下，侧向裂纹可以通过多层破岩有所积累，破岩后的凹槽底部可以观察到较长的径向裂纹。在后续层的破岩中，侧向裂纹可扩展至一旁轨迹的切缝底部，从而形成底部平直的岩片。

2. 滚刀力

图 6-44 展示了沿缝破岩的滚刀力结果，与无切缝破岩相比，沿缝破岩的滚刀力更低，并且滚刀力随缝深增加而减少，这与他人的模拟与试验结果一致[10, 11]。还可以看出的是，滚刀力的降幅与岩石破碎模式相关。在滚刀贯入度为 2 mm 时，扩槽模式下的滚刀力随切缝深度变化较小，但相对无切缝条件，滚刀力降幅极大，$F_{N, avg}$ 与 $F_{R, avg}$ 均减少超过 50%。当贯入度为 4 mm 或 6 mm，且缝

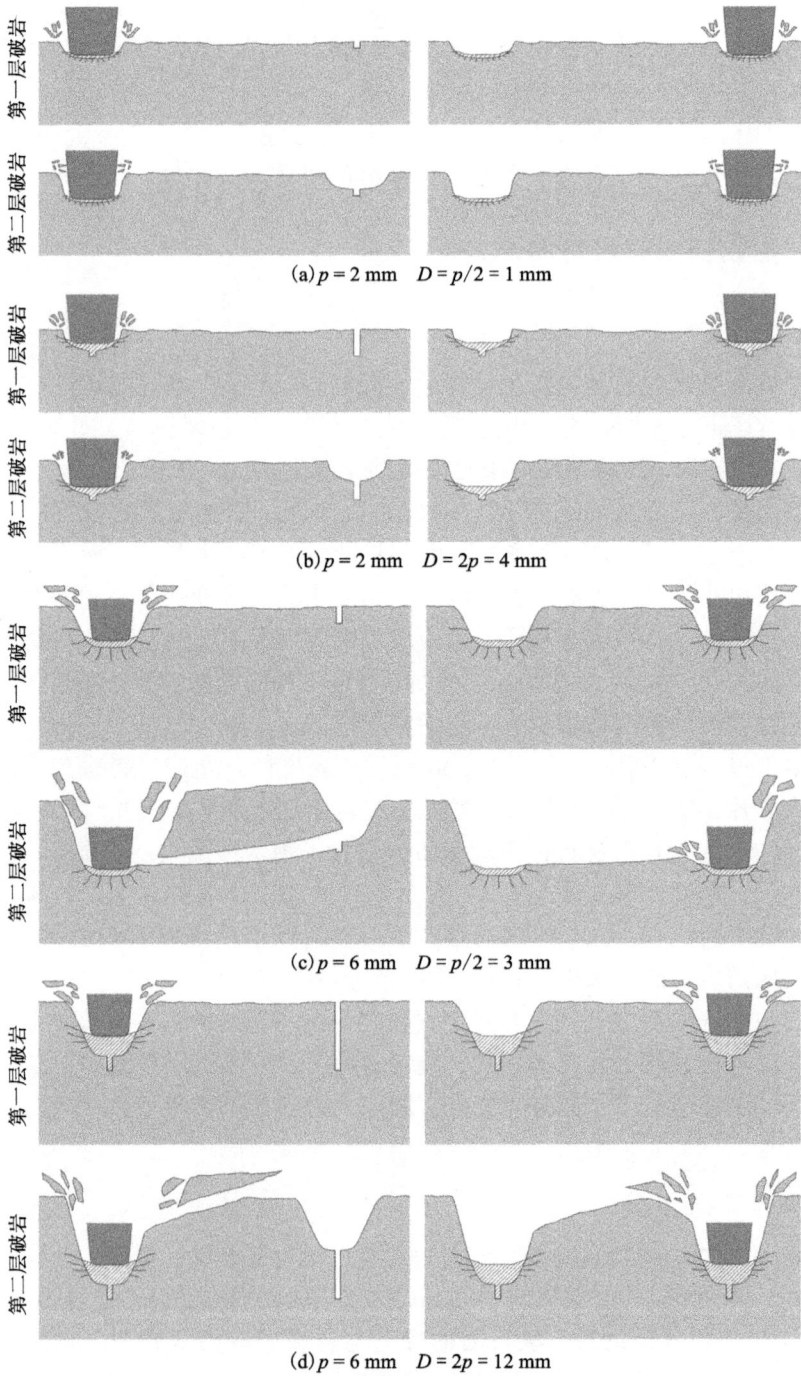

(a) $p = 2\,\text{mm}$　$D = p/2 = 1\,\text{mm}$

(b) $p = 2\,\text{mm}$　$D = 2p = 4\,\text{mm}$

(c) $p = 6\,\text{mm}$　$D = p/2 = 3\,\text{mm}$

(d) $p = 6\,\text{mm}$　$D = 2p = 12\,\text{mm}$

图 6-42　沿缝破岩的典型横截面示意图

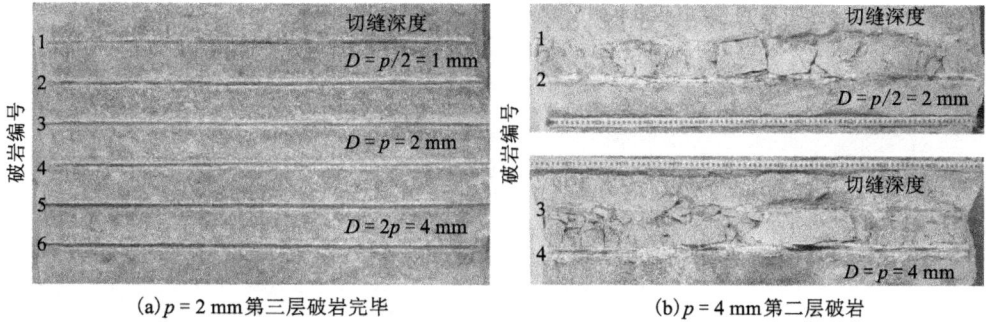

(a) p = 2 mm 第三层破岩完毕　　　　　　(b) p = 4 mm 第二层破岩

图 6-43　沿缝破岩现象

深低于贯入度时，滚刀与切缝作用模式下的 $F_{N, avg}$ 相较于无切缝条件下的值下降不多，而 $F_{R, avg}$ 的降低相对更明显。当缝深为两倍贯入度时，滚刀破岩重新变为扩槽模式，滚刀力急剧降低。对于 6 mm 贯入度、12 mm 缝深条件，$F_{N, avg}$ 与 $F_{R, avg}$ 分别为无切缝条件下的 56.1% 和 37.6%，并且最大滚刀力的降幅略高，有利于滚刀寿命的延长。

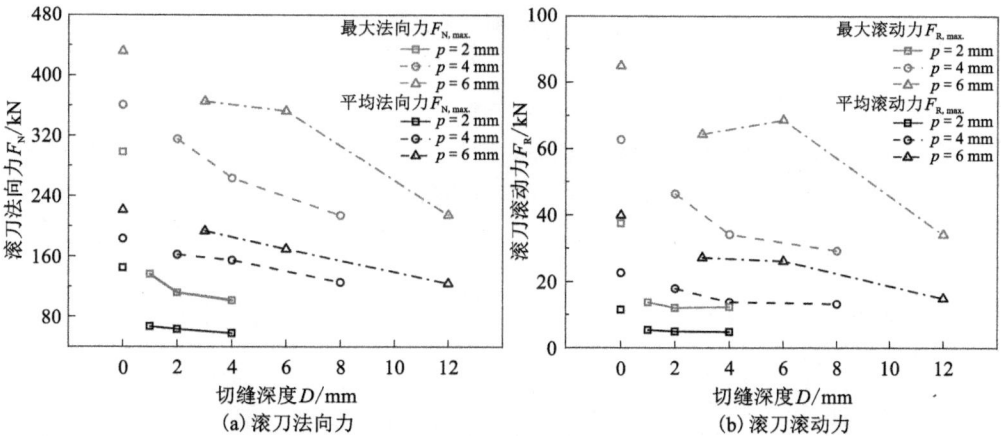

(a) 滚刀法向力　　　　　　　　　　(b) 滚刀滚动力

图 6-44　沿缝破岩的滚刀力

3. 岩渣特征

九个试验组收集的渣片展示于图 6-45，由于渣片量较少，因此直径大于 5 mm 的碎片均有展示，可以看出大岩片明显少于无切缝与缝间破岩条件。图 6-45 中第一行照片为贯入度为 2 mm 的岩渣，不同缝深均未产生大岩片，且切缝越深，碎片越小。在切缝提升至贯入度的两倍后，扩槽模式下的前两层岩片尺寸较小，贯入度为 4 mm 时，在第三层因滚刀间相互作用产出一块大而厚的岩片，而贯入度为 6 mm 时，仅有一枚稍大的薄岩片，因此扩槽模式的破岩量降低。

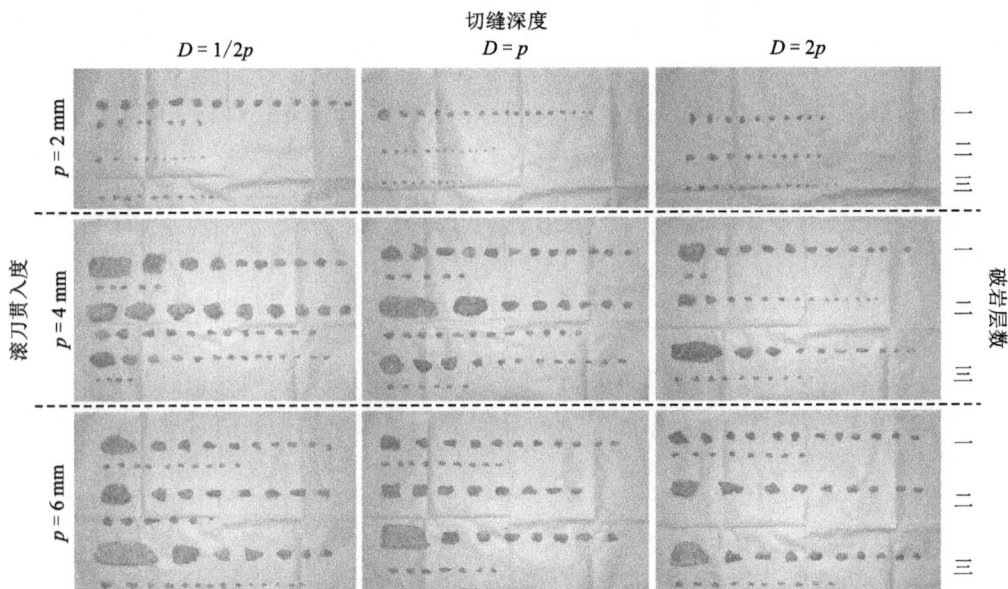

图 6-45　沿缝破岩的典型渣片

两岩渣特征参数的统计结果见图 6-46，整体而言，沿缝破岩的岩渣粗糙度指数 CI 与特征粒径 d 都低于无切缝破岩，因此岩石破碎效率相对更低。特别对于 2 mm 的低滚刀贯入度，三级缝深下的 CI 极低，因为仅收集了细小碎片和大量岩粉，d 不超过 4 mm。在滚刀与切缝作用模式下，4 mm 与 6 mm 贯入度下 CI 与 d 均非常接近，且都略低于相同贯入度下的无切缝破岩。当缝深提高至贯入度两倍，破岩模式转变为扩槽后，CI 与 d 大幅下降，表明岩粉与细小颗粒占比提升，岩渣整体粒径降低。

4. 破岩比能

图 6-47 汇总了沿缝破岩试验的比能结果 SE_S，无切缝破岩 2 mm 贯入度下比能最低，沿缝破岩在 2 mm 贯入度下由于渣量极少而 SE_S 极高。4 mm 贯入度下的破岩比能大幅降低，若以降低 SE_S 为目标，该贯入度是沿缝破岩条件下的最优贯入度。当切缝深度小于等于 4 mm 时，由于滚刀与切缝作用有厚岩块产生，SE_S 远低于无切缝破岩。缝深为 8 mm 时，虽然渣量有所下降，但因 $F_{R, avg}$ 大幅降低，最终的 SE_S 也略低于无切缝破岩。然而在贯入度提升至 6 mm 后，即便出现了滚刀与切缝间的作用，SE_S 较 4 mm 贯入度时有大幅提升，大体与无切缝破岩接近，这是因为收集的岩渣量与 4 mm 贯入度试验中的接近，而 $F_{R, avg}$ 却高其许多。缝深提

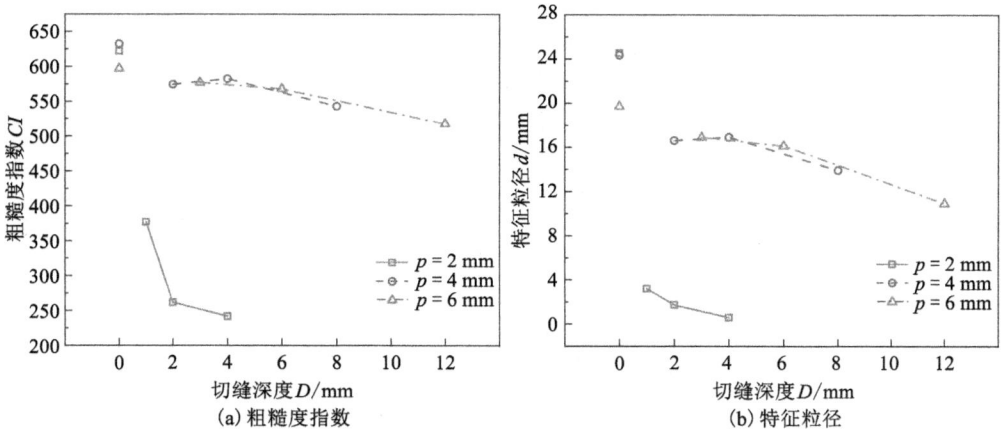

图 6-46 沿缝破岩下的岩渣特征参数

高至 12 mm 后，由于 $F_{R,\,avg}$ 的急剧降低，扩槽模式下的 SE_S 并没有进一步提高。但实际上两岩槽之间的岩脊非常完整，在实际 TBM 连续掘进下，可能需要停止继续切缝，待刀盘旋转数转破除厚岩脊后，再继续开启水刀进行切缝。

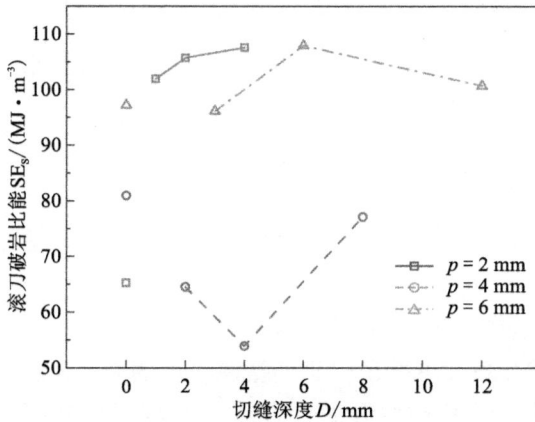

图 6-47 沿缝破岩的比能

5. 振动系数

滚刀加速度时域统计表明，沿缝破岩下的滚刀法向加速度同样显著高于其他两方向，并且三方向的振动参数随缝深的变化规律大体相同，因此本节仅展示法向统计结果。RMS$_a$，M_p 与 f_p 三项时域参数的结果见图 6-48，沿缝破岩的三项参数均低于无切缝破岩，证明该布局也能有效解决在完整高强度岩体中掘进的振动问题。

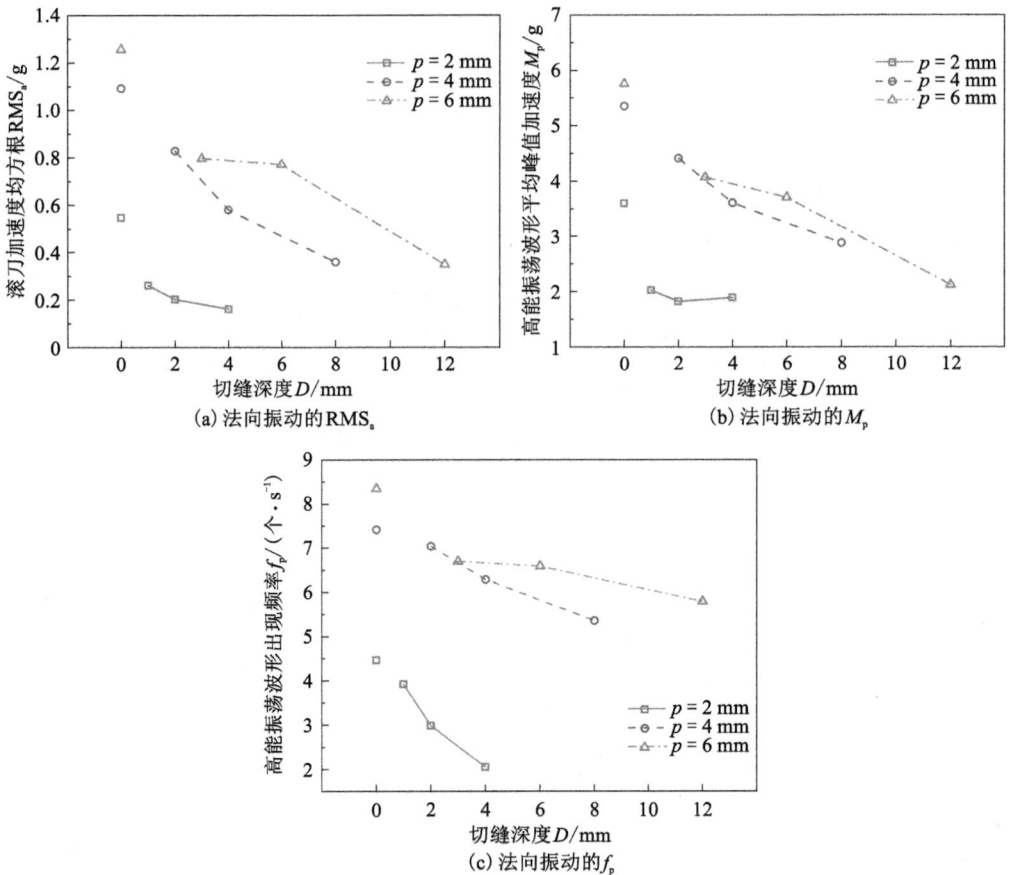

图 6-48　沿缝破岩滚刀法向振动的 RMS_a，M_p 与 f_p

振动强度的降幅同样与破岩模式相关，在 2 mm 低贯入度的扩槽模式下，RMS_a 远低于其他试验条件下的值。高能振荡波形的 M_p 不足 2 g 且随缝深增加而出现频率降低，说明岩石内裂纹开展不充分，因此收集的岩渣中除岩粉外仅有些许小碎片，切缝附近的局部岩石在低滚刀力的作用下被平稳地研磨成粉，没有强烈振动发生。

在 4 mm 和 6 mm 贯入度下的滚刀与切缝作用破岩模式中，虽然平均法向力与无切缝破岩相比没有减少许多，但振动参数却有较大降幅。而与其余有切缝破岩相比，振动强度因有侧向裂纹扩展与贯通而显著提高，再次证明了滚刀振动不仅取决于外力高低，也受裂纹开展情况影响，宏观裂纹密度越高，振动越强。三项时域参数在缝深最浅时最高，而在缝深提升至等同于贯入度后略有降低。当缝深变为 2 倍贯入度后，三项参数都有明显下降，说明深切缝的扩槽模式即便在高贯入度下也能大幅削弱滚刀振动。

f_{c1}，f_{c2} 与 E_R 三项频域参数的结果见图 6-49，对于高频子带的中心频率 f_{c1}，与缝间破岩的结果类似，三级贯入度下的结果均高于无切缝破岩，主要分布在 1040 Hz 至 1100 Hz 的范围内，相同贯入度下 f_{c1} 随缝深变化没有明显规律且变化幅度不大。

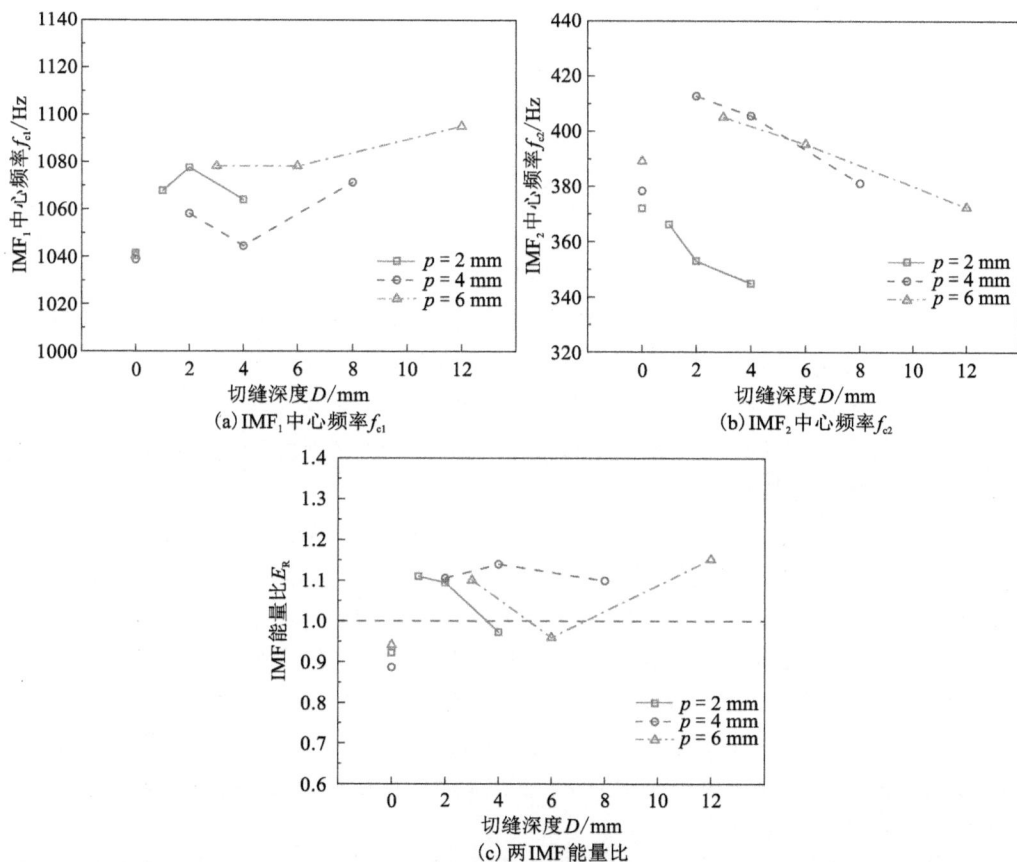

图 6-49　沿缝破岩滚刀法向振动的 f_c 与 E_R

低频子带的中心频率 f_{c2} 的分布范围为 340~420 Hz，且随缝深增加而降低。与时域参数结果类似，2 mm 贯入度扩槽模式下的 f_{c2} 显著低于其他试验条件下的值。而在发生滚刀与切缝作用的情况下，f_{c2} 较无切缝条件下的值更高。随着切缝深度增加，破岩模式转变成扩槽后，f_{c2} 再次大幅下降。f_{c2} 展现的规律表明该参数与破岩过程有关，宏观裂纹产生越频繁，f_{c2} 越高。

对于两频带所含能量之比 E_R，贯入度与缝深依旧没有显著影响，但与缝间破

岩 E_R 在 1 上下分布不同的是，沿缝破岩的 E_R 大多在 1.1 左右，说明高频子带所含能量略高。

6.4　本章小结

>>>

为了初步比选合理的水刀滚刀布局，通过大型室内线性破岩试验，采集了双刀联合破岩的滚刀力与岩渣数据，从多角度分析比较了不同布局下的滚刀破岩性能，最终确立了两种适宜布局，分别为滚刀沿缝破岩和滚刀于缝间破岩。在两种适宜布局的基础上，进一步深挖不同滚刀贯入度与切缝缝深组合下的破岩模式与性能，综合考虑滚刀间的相互作用及滚刀与切缝间的作用，经多层破岩展示出了更真实细致的破岩现象，从刀具力、振动特性、破岩比能等角度充分分析了预切缝条件下的破岩性能与机理。本章主要结论如下：

①在完整高强度岩石中，无辅助措施的滚刀破岩形式主要为滚刀间的相互作用。当贯入度为 2 mm 时，滚刀力与振动强度较低，侧向裂纹的积累大致需要 4 层破岩，但岩粉产生量低，滚刀破岩比能最小。当贯入度增加，滚刀力与振动强度迅速提升，侧向裂纹的积累层数减少，但岩石破碎程度变高，岩渣中的岩粉占比提高，导致破岩比能增加。

②当滚刀沿切缝间破岩时，破岩机制转变为滚刀与两侧切缝的作用，刃底的侧向裂纹朝缝底扩展。随切缝深度增加，侧向裂纹延伸路径与水平线的夹角增大，同时垂直方向的裂纹的数目与长度逐渐减小，刃底粉碎区的面积有所降低。滚刀破岩时的滚刀力与振动强度随贯入度增加而变大。滚刀破岩产生的岩渣粗糙度指数与特征粒径随缝深增加而增加，因此比能持续降低。贯入度为 2 mm 时破岩比能最小，并且发现缝间距与缝深的比值低于一个临界值后，滚刀破岩比能迅速下降，在本试验中该临界值约为 7。使用高 E_u 水刀切割的深缝能够同时有效降低滚刀法向力与破岩比能。

③当滚刀沿切缝破岩时，不同贯入度与缝深组合下存在两种破岩机制。在 2 mm 低贯入度或者缝深远超贯入度两种条件下，滚刀破岩主要将切缝扩挖成凹槽，切缝附近小范围的岩石在滚刀作用下被粉碎，形成的塑性区阻碍了宏观裂纹的产生与扩展，虽然滚刀力与振动强度显著降低，但产出的岩渣中岩粉占比极高，大岩片极少，导致破岩比能高。在滚刀贯入度较大且高于缝深时，刃底的侧向裂纹在多层破岩中得以积累，并能够扩展至相邻轨迹处的切缝底部，发生滚刀与切缝间的相互作用。在该机制下，滚刀力较无切缝条件下略有降低，相比之下滚刀振动强度降幅更大。虽然有大岩片产生，但岩渣粗糙度指数与特征粒径均低于无切缝条件下的值，4 mm 贯入度下的破岩比能最低。

此外试验未涉及不同切缝间距,尤其是在滚刀于切缝间破岩的条件下,滚刀力、比能与振动均明显降低,意味着切缝间距有提升的空间,将来可侧重分析切缝间距变化产生的综合影响,以降低滚刀与水刀联合破岩模式下的 TBM 运行成本。

参考文献

［1］ GONG Q, DU X, LI Z, et al. Development of a mechanical rock breakage experimental platform ［J］. Tunnelling and Underground Space Technology incorporating Trenchless Technology Research, 2016, 57: 129-136.

［2］ ALDERLIESTEN M. The Rosin-Rammler size distribution: physical and mathematical properties and relationships to Moment - Ratio defined mean particle diameters［J］. Particle & Particle Systems Characterization, 2013, 30(3): 244-257.

［3］ ROXBOROUGH F F, RISPIN A. Mechanical cutting characteristics of lower chalk［J］. Tunn Tunn Int, 1973, 5(3): 261-274.

［4］ HEYDARI S, HAMIDI K J, MONJEZI M, et al. An investigation of the relationship between muck geometry, TBM performance, and operational parameters: A case study in Golab Ⅱ water transfer tunnel［J］. Tunnelling and Underground Space Technology incorporating Trenchless Technology Research, 2019, 88: 73-86.

［5］ MOHAMMADI M, HAMIDI K J, ROSTAMI J, et al. A Closer Look into Chip Shape/Size and Efficiency of Rock Cutting with a Simple Chisel Pick: A Laboratory Scale Investigation［J］. Rock Mechanics and Rock Engineering, 2019, 53(3): 1-18.

［6］ ROSTAMI J. Development of a force estimation model for rock fragmentation with disc cutters through theoretical modeling and physical measurement of crushed zone pressure［D］. Golden: Colorado School of Mines, 1997.

［7］ 赵晓豹, 姚義和, 龚秋明, 等. 不同切深条件下滚刀线性侵入实验中岩石破裂模式研究［J］. 世界核地质科学, 2014, 31: 260-267.

［8］ HOSHINO K, NAGANO T, TSUCHISHIMA H. Rock cutting and breaking using high-speed water jets together with TBM cutters［C］//Proceedings 1st Int. Symp. on Jet Cutting Techno, 1972: 89-100.

［9］ LI B, HU M, ZHANG B, et al. Numerical simulation and experimental studies of rock - breaking methods for pre-grooving-assisted disc cutter［J］. Bulletin of Engineering Geology and the Environment, 2022, 81(3): 90.

［10］ LI B, ZHANG B, HU M, et al. Full-scale linear cutting tests to study the influence of pre-groove depth on rock-cutting performance by TBM disc cutter［J］. Tunnelling and Underground Space Technology, 2022, 122: 104366.

［11］ JIANG Y, ZENG J, JING L, et al. Numerical study on the rock breaking mechanism of high-pressure water jet-assisted TBM digging technique based on 2D-DEM modelling［J］. Frontiers in Earth Science, 2023, 10: 1047484.

第7章
万安溪引水工程 TBM 水力耦合破岩技术应用

7.1 引言

>>>

现场掘进试验可以充分考虑天然岩体环境对岩机相互作用的影响，考察机械设备的破岩性能与工作状态。然而真实搭载水刀系统进行 TBM 现场掘进试验成本高昂，早年仅有美国罗宾斯公司与德国海瑞克公司设计制作了小直径试验机，并于矿山进行试掘进试验。整个水刀系统除终端喷嘴外都设置在洞外，但即便在这种理想的工作环境中，也不能保障水刀系统长时间稳定运行，因为当时高压水射流技术刚走出实验室，处于商业化应用的初级阶段。而后滚刀与水刀联合破岩的研究停滞，未见现场应用实例。直到 2019 年，中铁工程装备与黄河设计院联合研制了高压水力耦合破岩 TBM"龙岩号"，应用于福建省万安溪引水工程中。由于初勘表明 TBM 施工段沿线有大量高强度完整岩体分布，设计洞径仅为 3.83 m，需要的水刀系统装机功率不至于过高，因此万安溪引水工程提供了绝佳的滚刀与水刀联合破岩测试场景。本章简述万安溪引水工程地质概况与 TBM"龙岩号"机械参数，并对现场采用水刀与滚刀联合破岩的掘进试验进行分析。

7.2 万安溪引水工程概况

>>>

福建省龙岩市万安溪引水工程旨在保障龙岩市中长期发展所需的水资源供应，工程位于龙岩市新罗区和连城县境内，以连城县大灌水电站发电尾水渠为取水源，通过输水隧洞及管道引至新罗区西陂镇规划北翼水厂，该输水系统的主要组成部分包括大灌尾水取水建筑物、引水隧洞及管道以及沿线的交叉建筑物，输水线路总长度约为 34.31 km，全程采用有压重力流输水方式，确保水流顺畅且稳定。其中引水隧洞长 27.94 km，以桩号 D13+000.00 为界，上游隧洞采用钻爆法施工，开挖断面为马蹄形，断面尺寸为 3.83 m×3.83 m；下游则采用 TBM 法施工，TBM 开挖段总长 14.94 km，断面为直径 3.83 m 的圆形。TBM 施工段的平面轴线如图 7-1 所示，从邻近林邦溪的终点桩号 DK27+936.00 始发，向北偏西 23.15°方向掘进，途中下穿富溪。

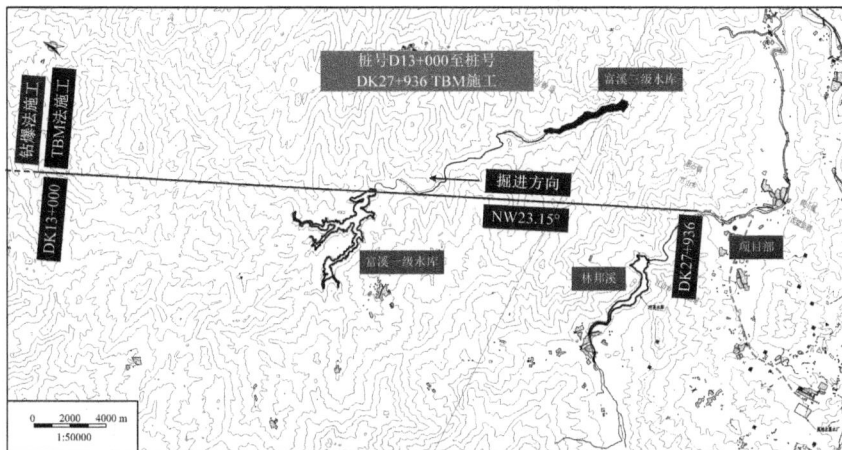

图 7-1　万安溪引水工程 TBM 施工段隧道轴线

7.3　TBM 施工段地质条件

7.3.1　地形地貌

TBM 施工区间属引水工程的麻林溪—林邦溪段，沿线山体雄厚，山峰众多，沟谷深切。东侧发育区内最高峰英哥石尖，峰顶高程为 1717.7 m；西侧发育两个峰顶，为岩头岭、九猴山，峰顶高程分别为 1534.7 m、1347.2 m；线路中间发育两个峰顶，为圭乾山、天宫山，峰顶高程分别为 1628.3 m、1594.9 m。该区域山高林密，植被茂盛，山坡坡度一般为 25°~35°，局部坡度为 35°~50°，细沟、冲沟发育，水系密布多呈钳状，沟头呈树枝状分布，少部分呈格状分布（受断裂控制），且主沟多由西北向东南发展，支沟多呈北东向。北端径流排泄基准面为麻林溪，高程为 385~390 m，南端径流排泄基准面为林邦溪，高程为 510~515 m。[1]

7.3.2　地层岩性

TBM 施工段沿线绝大部分为燕山早期侵入花岗岩，少部分为泥盆系上统沉积岩(图7-2)。以掘进方向为序,隧道沿线岩石岩性概述如下。

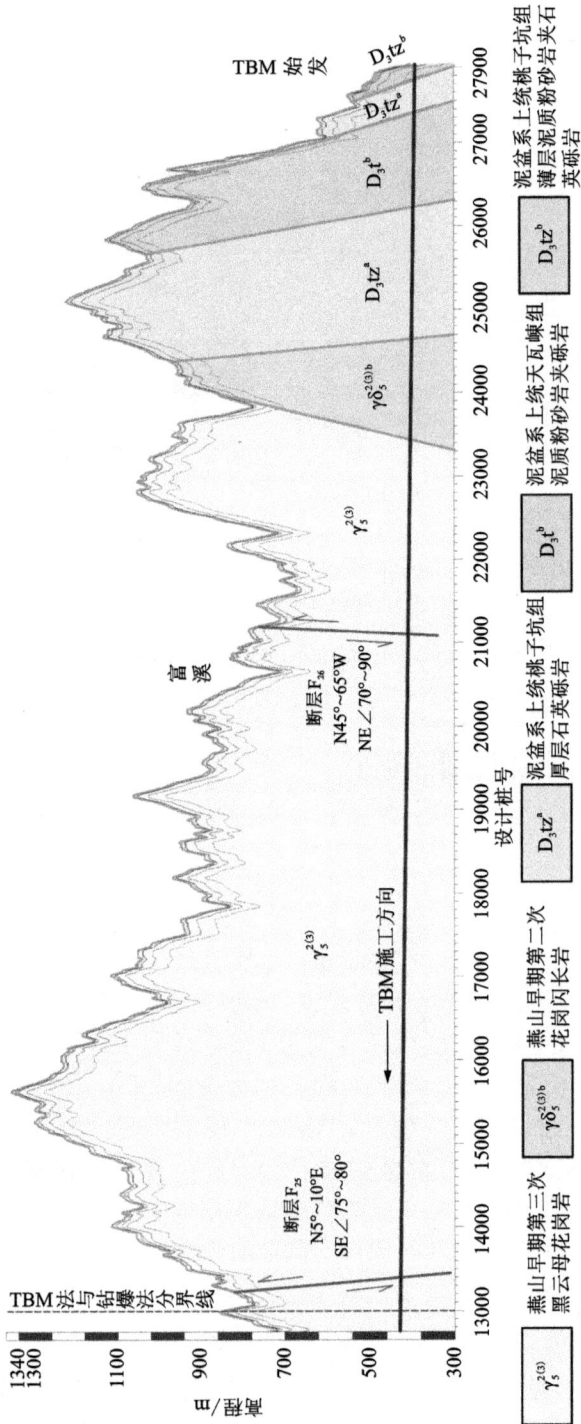

图7-2 TBM施工段地质纵断面图

1. 泥盆系上统桃子坑组

上段（D_3tz^b）：灰紫、紫红色薄层泥质粉砂岩夹灰白、黄白色石英砾岩，分布于隧道始发点，桩号范围 D27+760～D27+936，发育少。下段（D_3tz^a）：灰白色厚层石英砾岩，分布于林邦溪左岸，桩号范围 D27 +360～D27+760 及 D24+700～D26+230，发育较少。

2. 泥盆系上统天瓦崠组

上段（D_3t^b）：灰紫色薄层泥质粉砂岩夹灰白、黄白色砾岩，分布于林邦溪左岸，桩号范围 D26+230～D27+360，发育较少。

3. 燕山早期第二次

花岗闪长岩（$\gamma\delta_5^{2(3)b}$），灰白色，中粒或中细粒花岗结构，分布于桩号 D23+440～D24+700，发育较少。

4. 燕山早期第三次

黑云母花岗岩（$\gamma_5^{2(3)}$），肉红色，中细粒似斑状结构。桩号 D13+000～D23+440，大面积分布，为该段线路岩石的主要岩性。

7.3.3　地质构造

燕山早期侵入花岗岩体内断层等构造不发育或发育少，泥盆系沉积岩岩体内断层、节理等构造较发育。初勘阶段在 TBM 施工区段主要发现以下 2 条断层。

1. 断层 F25

在设计桩号 D13+400 左右发育，为压性断层，宽度为 2～4 m，延伸长度 4.3 km，产状为 N5°～10°E 走向，倾向倾角 SE∠75°～80°，与洞轴线交角较大。带内见挤压现象，多为碎裂岩、碎块岩，节理密集发育，地貌上表现为延续性较好的冲沟及凹槽。

2. 断层 F26

在设计桩号 D21+118 左右发育，为张性断层，宽度 3～8 m，延伸长度 13 km，产状为 N45°～65°W 走向，倾向倾角 NE∠70°～90°，与洞轴线交角较小。断层带内岩石极为破碎，对隧洞稳定性影响较大，可能发生涌水现象。

7.3.4　岩石物理力学参数

根据初勘岩芯测试结果，黑云母花岗岩、花岗闪长岩、石英砂岩、石英砾岩的最大单轴天然抗压强度分别为 228 MPa、126 MPa、171 MPa、178 MPa。岩石切片鉴定结果显示，黑云母花岗岩、花岗闪长岩的石英含量为 20%~35%，石英砂岩石英含量为 25%~36%，最高达 68%，石英砾岩石英含量为 25%~40%，最高达 81%。其他详细结果见表 7-1。

表 7-1　万安溪引水工程主要岩性的岩石物理力学测试结果

岩性	天然密度					抗压强度				
	组数/个	测试值/(g·cm⁻³)			组数/个	测试值/MPa			
		平均值	最大值	最小值		平均值	最大值	最小值
黑云母花岗岩	15	2.61	2.67	2.57	13	148.11	227.67	102.1
花岗闪长岩	3	2.75	2.75	2.74	3	122.58	126.03	120.37
砂岩	6	2.75	2.83	2.67	5	148.28	171	120.75
石英砾岩	6	2.62	2.63	2.6	6	156.78	178	136.65

岩性	抗拉强度				弹模			
	组数/个	测试值/(g·cm⁻³)			组数/个	测试值/MPa		
		平均值	最大值	最小值		平均值	最大值	最小值
黑云母花岗岩	7	8.01	10	5.98	13	53.07	65.77	41.67
花岗闪长岩	1	12.03	12.03	12.03	3	68.53	71.87	65.9
砂岩	2	12.89	15.3	10.47	5	50.17	66.2	32.4
石英砾岩					4	53.95	57.97	48.8

岩性	泊松比				三轴压缩强度							
					c/MPa				φ/(°)			
	组数/个	平均值	最大值	最小值	组数/个	平均值	最大值	最小值	组数/个	平均值	最大值	最小值
黑云母花岗岩	13	0.22	0.300	0.16	11	12.45	25.1	5.75	11	57.08	60.1	50.1
花岗闪长岩	3	0.25	0.26	0.22	2	7.59	12.4	2.78	2	53.1	56.1	50.1
砂岩	5	0.25	0.3	0.22	6	8.8	12.2	4.48	6	53.37	58.9	48.6
石英砾岩	4	0.17	0.19	0.13								

7.3.5　工程岩体分类

根据《水利水电工程地质勘察规范》(GB 50487—2008)[2]围岩分类标准对全长 15306 m 的 TBM 施工段岩体进行评价。桩号 D13+000~D24+700 范围内岩体为燕山早期侵入岩，岩体类别以Ⅱ、Ⅲ类为主，桩号 D24+700～D27+936 范围内岩体为泥盆系上统沉积岩，岩体类别以Ⅲ、Ⅳ类为主，断层带附近为Ⅴ类围岩。详细岩体分类见表 7-2，Ⅱ、Ⅲ类岩体占比为 82.4% 且岩石强度高，其长度占隧洞总长的 15.7%。

表 7-2　TBM 施工区段详细岩体分类

起始桩号	区段划分 终止桩号	岩体 长度/m	各类岩体长度/m				备注
			Ⅱ类	Ⅲ类	Ⅳ类	Ⅴ类	
D13+000	D13+350	350	220	130			
D13+350	D13+380	30			30		
D13+380	D13+420	40				40	断层 F25
D13+420	D13+450	30			30		
D13+450	D21+040	7590	5313	1518	683	76	
D21+040	D21+080	40			40		
D21+080	D21+140	60				60	断层 F26
D21+140	D21+180	40			40		
D21+180	D23+390	2210	1547	442	200	21	
D23+390	D23+490	100			100		
D23+490	D24+600	1110	777	222	100	11	
D24+600	D24+700	100			100		
D24+700	D26+200	60			60		
D26+260	D27+341	1081		649	432		
D27+341	D27+391	50			50		
D27+391	D27+738	347	104	139	70	34	
D27+738	D27+843	55		55			
D27+843	D27+936	93			93		TBM 始发段
合计		14936	8711	3605	2303	317	
百分比数/%		100	58.3	24.1	15.4	2.1	

7.4　TBM 选型

>>>

结合国内外 TBM 隧洞施工经验，对开敞式、单护盾和双护盾 3 种类型 TBM 的特点和适用范围进行综合对比。开敞式 TBM 主要适用于稳定性较好的 Ⅱ、Ⅲ 类围岩隧洞，万安溪引水工程 TBM 施工方案主洞 Ⅱ、Ⅲ 类围岩占隧洞总长度的 82.4%，且 Ⅱ、Ⅲ 类围岩较完整，围岩自稳能力较好。另外，开敞式 TBM 掘进时能进行喷锚初期支护，可结合专门的衬砌台车来施工二次衬砌，且占地面积小，符合工程区的施工场地条件。综合以上分析，开敞式 TBM 适合于万安溪引水工程引水隧洞施工。单护盾 TBM 最适合稳定性较差的 Ⅳ、Ⅴ 类围岩隧洞，在围岩条件较好的中、硬岩地层中不能发挥其优势，万安溪引水工程 TBM 施工方案主洞 Ⅳ、Ⅴ 类围岩所占比例为 19.3%。因此，单护盾 TBM 不适合于万安溪引水工程引水隧洞施工。双护盾 TBM 对 Ⅱ~Ⅳ 类围岩隧洞均有良好的适应性，在硬岩、稳定性好的围岩条件下采用双护盾模式掘进，掘进和管片安装同步时，掘进速度高，在软岩、稳定性差的围岩条件下采用单护盾模式掘进，管片安装在掘进停止后进行，掘进速度会有所降低。但由于隧洞衬砌紧接在机器后部进行，消除了开敞式掘进机因围岩支护而引起的停机延误，掘进速度可以有所补偿。万安溪引水工程 TBM 施工方案隧洞以 Ⅱ~Ⅳ 类围岩为主，适合双护盾 TBM 施工。

万安溪引水工程引水隧洞段地层以中硬岩为主，完整性较好。开敞式 TBM 因其盾壳短，岩面暴露早，可尽早对已开挖隧洞做地质描述和围岩分类，从而有的放矢地优化对暴露围岩的支护。同时较完整的围岩也为支撑系统提供了足够的支撑反力，推进刀盘掘进。虽然双护盾式 TBM 在后盾上也设置了支撑靴，也具备了在中硬地层中掘进的能力，但只能依靠判断岩渣和掘进参数的变化，间接地了解刀盘前方掌子面围岩变化情况来指导使用不同配筋率的管片安装，随意性比较大，容易造成支护强度过高或不足。与开敞式 TBM 的换步行程长及在中硬岩中可不支护或少支护相比较，双护盾式 TBM 存在换步行程短、管片安装耗时长和辅助工序复杂的不足。且双护盾 TBM 在设备费用及工程成本上较开敞式为高，在占地面积与环境保护方面也略差。

通过多种因素的对比和分析，综合工程的实际情况和国内外已有的 TBM 的实践经验，结合万安溪引水工程 TBM 施工方案引水隧洞围岩的地质条件，通过对所适用的 TBM 类型进行深入研究，建议采用开敞式 TBM 进行施工。

7.5　水力耦合破岩 TBM 技术参数 >>>

万安溪引水工程沿线分布有大量坚硬的花岗岩、石英砂岩与石英砾岩，平均抗压强度约 150 MPa，且初勘岩体分类表明，完整性高的 II 类岩体占比超 50%，因此满足可应用滚刀与水刀联合破岩技术的岩体条件。所以将中铁工程装备与黄河设计院联合研制的高压水力耦合破岩 TBM"龙岩号"应用于该工程中。TBM"龙岩号"刀盘直径为 3.83 m，安装有 27 把直径 432 mm 的盘型滚刀类双螺旋形分布（图 7-3）。TBM 主机刀盘功率为 1200 kW，额定扭矩与脱困扭矩分别为 1386 kN·m、2287 kN·m，额定推力与极限推力分别为 7177 kN、8972 kN，其余参数见表 7-3。龙岩号总长接近 280 m，采用矿车出渣，为提高岩渣与物资运输效率，洞内安装有错车平台。

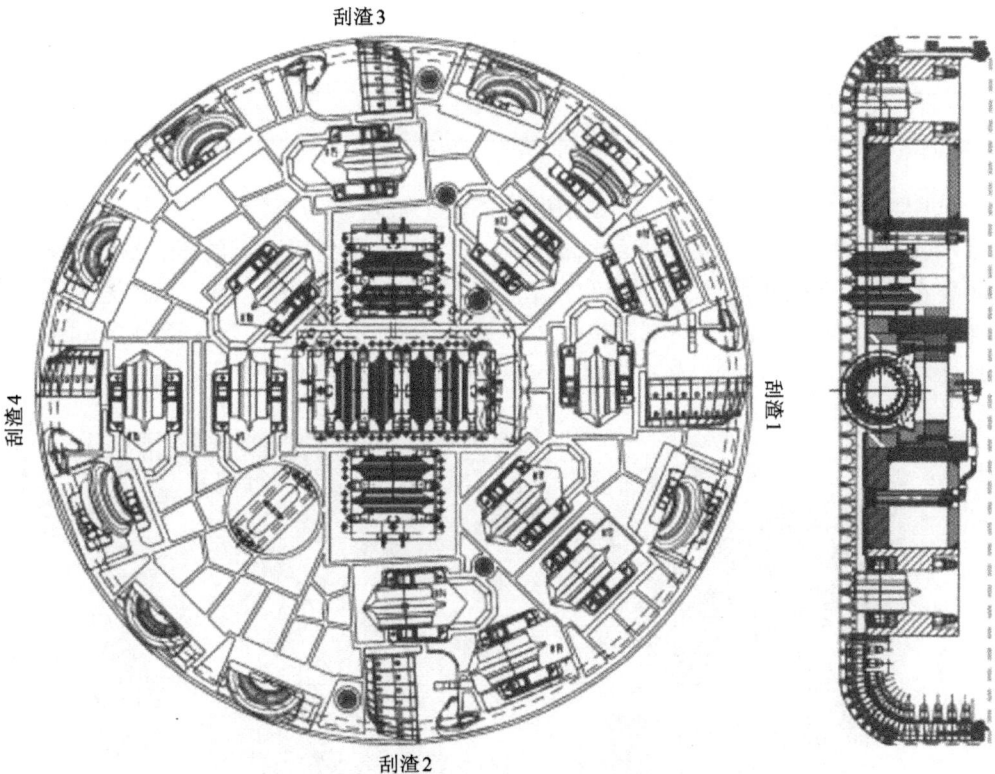

图 7-3　TBM 龙岩号初始刀盘设计图

表 7-3　龙岩号 TBM 主机机械参数

技术参数	设计值
刀盘直径/mm	3830
滚刀数量/把	27
滚刀直径/mm	432
面板刀平均间距/mm	81
刀盘功率/kW	1200
刀盘最大转速/rpm	15.8
刀盘额定扭矩/($kN \cdot m^{-1}$)	1386
刀盘脱困扭矩/($kN \cdot m^{-1}$)	2287
刀盘额定推力/kN	7177
刀盘极限推力/kN	8972
主推油缸行程/mm	2000
皮带机运载极限/($t \cdot h^{-1}$)	400
总质量/t	710

在制造"龙岩号"时，在 TBM 中设计搭载了整套水刀系统，主要由刀盘喷嘴、输水管路、升压泵组及供水系统组成。与国外试验原型机不同的是，整套系统均实装在 TBM 上而非洞外，因此可以进行真实的生产性试验，考察系统运行稳定性。刀盘上布置了 15 个喷嘴，其中 8 个直径为 0.53 mm，7 个直径为 0.74 mm，具体布置方案见图 7-4，部分喷嘴布置于滚刀旋转迹线上，部分布置于相邻滚刀

图 7-4　搭载水刀喷嘴的实际刀盘

旋转迹线之间。升压泵组安装在驾驶室后部,距离刀盘约 30 m 处,泵组由 8 台柱塞泵构成(图 7-5),采用了并联调压和自适应稳压控制系统提升工作稳定性,可提供最大 280 MPa 的水压力,水刀系统的详细参数见表 7-4。

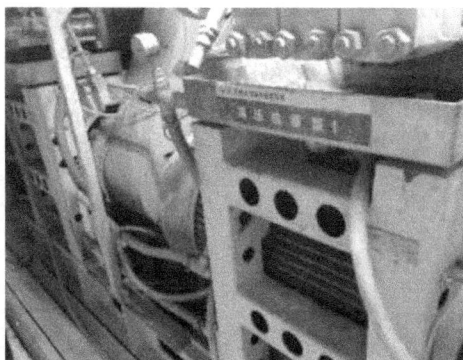

图 7-5　水刀系统泵组

表 7-4　龙岩号 TBM 水刀系统参数

水刀系统技术参数	设计值
最大水流量/(L·min^{-1})	150
最大水压力/MPa	280
喷嘴数量/个	15
喷嘴直径/mm	0.51, 0.7
喷嘴靶距/mm	40
总功率/kW	960

喷嘴与泵组间的输水管路由高压水软管与安装在刀盘内的中心旋转接头组成。软管使用小型槽钢覆盖,防止刀盘内部岩渣掉落时对软管造成磨损,不易布置槽钢的位置采用钢管夹与胶管护圈组合的方式进行防护。

水刀运行须使用纯水,水中若含有泥沙会导致喷嘴堵塞。随着掘进距离增加,长距离的纯水供应是另一项挑战。洞外山腰蓄水池的水通过管路先输送至后配套尾部的蓄水箱中(图 7-6),再通过水泵加压输送至前方的柱塞泵组。

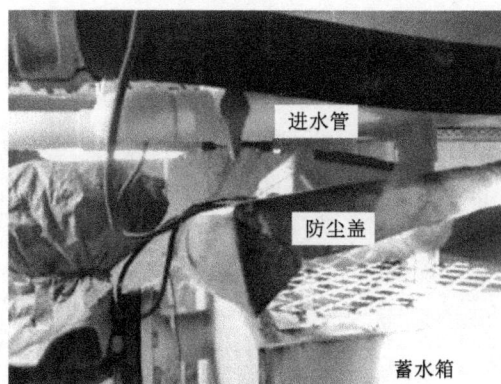

进水管

防尘盖

蓄水箱

图 7-6　后配套尾部蓄水箱

7.6 现场掘进效果分析

7.6.1 岩体条件与试验设计

在隧洞施工初期，龙岩号于桩号 DK27+653 处开展现场掘进试验，岩体岩性为石英砾岩，经取芯测试，该砾岩的单轴抗压强度为 162 MPa，石英含量高达 94%。掌子面与邻近洞壁照片表明岩体中无成组节理，仅数条随机节理分布，体积节理数 J_v 约为 3 条/m³，RQD 为 100%，RMR 分类节理状况评分 RMR_4 约 25 分，GSI 岩体质量指数约为 88，属完整岩体条件。[3]

试验以控制刀盘推力为 5500 kN，并观察贯入度变化的方式进行，设计有多级刀盘转速与水刀水压力值，二者均会影响水刀每转切缝深度，从而改变滚刀与水刀联合破岩的效果。其中刀盘转速设有三级，分别为 3 RPM、6 RPM、9 RPM；水刀水压力设有 4 级，分别为 30 MPa、200 MPa、240 MPa、270 MPa。30 MPa 水压力作为对照组用于还原水射流清洗岩面的影响，可视为传统的 TBM 纯滚刀破岩。由此共进行了 12 次试验，每次试验持续 5 分钟[4]。

7.6.2 现场掘进试验结果与分析

试验结果由合作单位黄河设计院提供，在 270 MPa 水压力、3 r/min 刀盘转速下，掌子面上切缝效果如图 7-7 所示，切缝深度为 2~5 mm。不同刀盘转速与水压力下的试验结果见表 7-5。

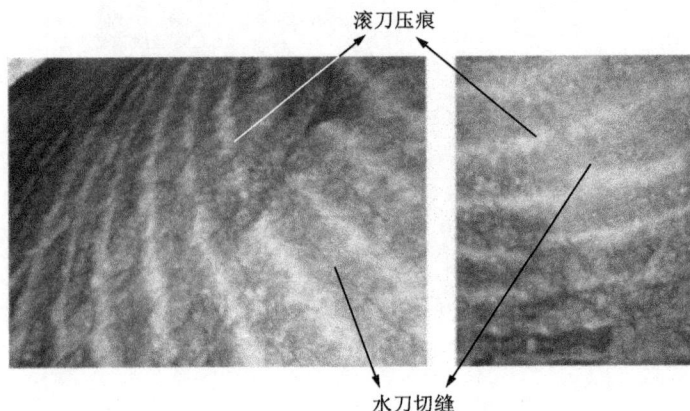

图 7-7 水刀切割掌子面效果

表 7-5　不同试验条件下净掘进速度[4]

水压力/MPa	净掘进速度/(r·mm⁻¹)		
	3	6	9
30	4.7	4.1	3.3
200	5.4	4.5	3.4
240	6.4	5.1	3.6
270	7.7	6.0	3.8

在未开启高压水刀的条件下，净掘进速度随刀盘转速增加略微降低。但在高压水刀运行后，低转速下的净掘进速度有明显提高，且随水压力增加而单调递增，在 270 MPa 最高水压力下，净掘进速度由 4.7 mm/r 提升至 7.7 mm/r，增幅约 67%。然而随着刀盘转速提高，TBM 净掘进速度提升效果减弱，在 9 RPM 的转速下，净掘进速度仅增加 0.5 mm/r。这是刀盘转速增加，水刀切缝深度降低导致的。这些结果表明高压水射流压力与喷嘴移速对水刀切缝效果有显著影响，从而改变了双刀联合破岩性能。

为反映水刀运行后的岩体可掘性变化，在此引入 Gong 等[5]建立的初版 RMC 模型，将表 7-5 中的试验数据代入到公式 $BI \approx SRMBI \cdot p^{-0.75}$ 中计算岩体特征可掘性指数 SRMBI，该指标消除了 TBM 操作参数带来的误差。但需要注意的是模型中使用的滚刀推力是扣除支撑盾摩擦力后的净推力，检查试验段之前的"龙岩号"掘进数据发现，刀盘空推时的平均推力为 800 kN，以此作为支撑盾的摩擦阻力，计算出 5500 kN 刀盘总推力下，平均单刀推力约为 174 kN。SRMBI 的计算结果见图 7-8，结果表明水刀启用后岩体的特征可掘性明显降低。但当刀盘转速为 9 RPM 时，高压水刀启用后岩体可掘性减少极小，在 270 MPa 最高水压力下，较未启用高压模式仅下降 3.5%，意味着极浅的切缝对提升掘进效率帮助不大。随着转速降低，SRMBI 的降低变得显著，可以看出喷嘴移速越慢，水压力越高，SRMBI 越低。在刀盘转速为 3 RPM 时，270 MPa 的最高水压能够切割出 2～5 mm 深的切缝，此时 SRMBI 较未启用高压模式下降了 11.6%。

由于诸多原因，现场仅进行了一次系统性试验，结果初步证明了水刀切缝能够有效降低完整坚硬岩体的可掘性，从而提高 TBM 的掘进速率。然而由于喷嘴部分布置在滚刀破岩轨迹之间，部分布置在轨迹之上，试验并没有考虑水刀喷嘴布局带来的影响。另外，由于试验是连续进行的，因此没有具体测量所有参数条件下的切缝形态，无法量化分析水刀切割效果与掘进速度提升的关联。试验中的缝深范围十分有限，仅能反映 5 mm 缝深下双刀联合破岩能使掘进速度有明显提升，需要更多的室内破岩试验以精细研究水刀布局与切缝效果所带来的破岩性能

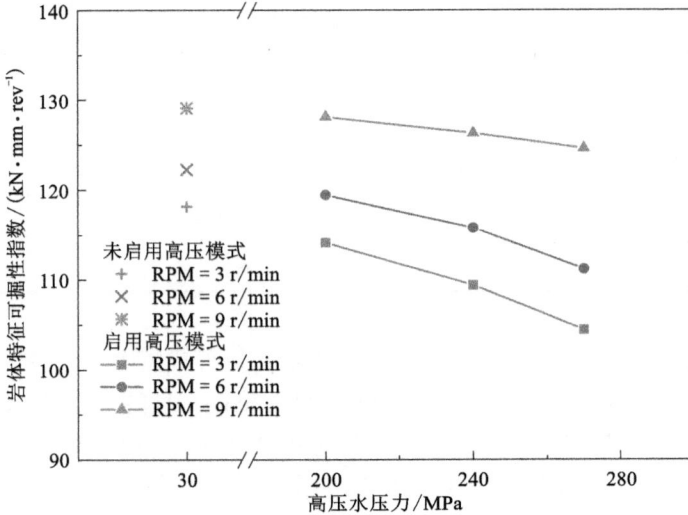

图 7-8　掘进试验中 SRMBI 变化

变化。最后，在现场试验过程中还发现水刀系统在长时间高压模式运行下会大幅提高洞内环境温度和刀盘喷水温度，在一些初期的试验测试中还出现了软管爆管、旋转接头松动、高压喷嘴堵塞等问题。因此高压水射流系统的设计还需要结合 TBM 施工环境进行优化，以保障其稳定运行，不妨碍 TBM 正常施工工序。

7.7　本章小结

　　本章主要介绍了万安溪引水工程的概况与搭载了水刀系统的 TBM"龙岩号"的具体参数，通过收集现场掘进试验资料，分析了高压水刀压力和刀盘转速对破岩效率的影响规律，试验结果表明：

　　①随着高压水压力提高和刀盘转速降低，切缝的深度增加，岩体可掘性降低，TBM 净掘进速度随之提升。

　　②水刀系统在低刀盘转速、270 MPa 水压力下能在 162 MPa 的高强石英砾岩上切割出深度为 2~5 mm 的环形切缝，TBM 净掘进速度较未启用高压模式提升67%，岩体特征可掘性指数 SRMBI 降低 11.6%。然而在高刀盘转速下，水刀的启用并不能有效提升破岩效率。

　　③现场试验初步验证了滚刀与水刀联合破岩的可行性，但未能就优化水刀喷嘴布局、切缝效果对滚刀破岩的影响等问题进行深入调查。

参考文献

［1］张金良.TBM 高压水力耦合破岩关键技术研发及应用［M］.郑州：黄河水利出版社，2021.

［2］中华人民共和国水利部.GB/T 50218—2014 工程岩体分级标准［S］.北京：中国计划出版社，2015.

［3］张金良，杨风威，曹智国，等.大线速度下超高压水射流破岩试验研究［J］.岩土力学，2023，44（3）：615-623.

［4］ZHANG J，YANG F，CAO Z，et al. In situ experimental study on TBM excavation with high-pressure water-jet-assisted rock breaking［J］. Journal of Central South University，2022，29（12）：4066-4077.

［5］GONG Q M，ZHAO J. Development of a rock mass characteristics model for TBM penetration rate prediction［J］. International journal of Rock mechanics and mining sciences，2009，46（1）：8-18.

第8章
结论与展望

8.1 结论

>>>

本书在全面总结常规 TBM 破岩理论与技术的基础上，针对深部硬岩地层水刀辅助 TBM 破岩机理及技术应用展开了系统研究。通过常规 TBM 破岩及水刀预切缝辅助 TBM 破岩平面贯入模型试验和离散元数值仿真，揭示了滚刀贯入过程中岩石损伤破裂细观过程机制与宏观力学响应，分析了不同因素对贯入过程的影响规律；在此基础上，通过水刀切割试验研究了水刀切缝形态变化与裂纹发展机理，并基于水刀预切缝辅助破岩全尺寸线性切割模型试验，分析揭示了不同水刀与滚刀布局下的破岩性能与破岩机理；最后，以福建龙岩万安溪引水工程为例，探讨了 TBM 水力耦合破岩技术的现场应用效果。主要研究结论如下。

1. 常规 TBM 破岩平面贯入模型试验研究

通过无损检测技术获取了常规 TBM 破岩平面贯入过程中岩石损伤破裂演化规律，并基于高精度的红外热像定量地划分了应力场作用下岩石不同损伤区的具体范围；在此基础上，对比了不同刃角、磨损宽度楔刀侵入破岩热成像结果，获取了不同刃角和磨损宽度压头贯入作用下岩石损伤区范围以及岩石切削效率。结果表明，楔角为 120°的压头的贯入作用产生的岩石损伤区更宽，具有更高的岩石切削效率；而具有一定磨损宽度的楔刀将导致刀盘破岩推力以及刀盘振动幅度增大，从而进一步加剧滚刀的非正常损耗，影响 TBM 掘进效率。

2. 预切缝辅助 TBM 破岩试验及数值模拟研究

通过声发射技术和高速摄影成像技术精确捕捉了完整岩样、预切缝岩样损伤破坏演化全过程，在此基础上，探究了不同围压、预切缝参数(预切缝深度、预切缝-刀具轴线间距)对高磨蚀性硬岩损伤破坏的过程及力学特性影响规律。结果表明，当围压为 10~15 MPa 时，TBM 掘进难度增大；预切缝深度越大，达到峰值贯入荷载所对应的贯入度越小，TBM 破岩掘进效率越高。

通过 PFC^{2D} 软件建立了水刀辅助 TBM 滚刀破岩平面贯入模型，分析了三种典型破岩模式应力场分布及裂纹扩展演化特征，在此基础上，探究了预切缝参数对力链场分布、岩样破裂形态、峰值荷载的影响。结果表明：随着预切缝深度的增加，峰值载荷有明显下降的趋势，TBM 滚刀破岩难度降低；随着预切缝-刀具轴线间距的增大，峰值载荷呈现上升趋势，TBM 滚刀破岩难度逐渐上升。

3. 水刀切缝岩石破裂模式试验研究

通过荧光裂纹检测技术和声发射技术分别获取了水刀切缝底部周围的宏观裂纹分布及压头贯入岩样时声发射特征，并基于水刀单位冲击岩样能量与切缝宽度、深度的相关性将水刀切缝划分为不同损伤等级；在此基础上，对比了不同水压力、喷嘴移动速度下水刀侵入岩样切缝形态变化规律，获取了不同水压力和喷嘴移动速度下岩样损伤效果及其辅助 TBM 破岩效果。结果表明，随着单位冲击能量增大，斜上裂纹的扩展角增大；当滚刀作用在切缝之上时，滚刀与低单位冲击能量输入岩样产生的预切缝相互作用效果较好；当滚刀作用在切缝一侧时，滚刀与高单位冲击能量输入岩样产生的预切缝相互作用效果较好。

4. 水刀-滚刀联合破岩布局模型试验研究

通过水刀预切缝辅助破岩全尺寸线性切割模型试验获取了双刀联合破岩的宏观力学特性与岩渣特征，多角度分析比较了不同布局下的滚刀破岩性能；在此基础上，对比了两种适宜布局(沿水刀切缝破岩、切缝间破岩)在不同滚刀贯入度、切缝深度下滚刀破岩比能、振动参数等结果，揭示了不同条件下水刀-滚刀联合破岩性能与破岩机理。结果表明，滚刀破岩时的法向力与振动强度随着贯入度的增大而增大，从而加剧滚刀磨损；而水刀切割形成深预切缝可降低滚刀法向力与破岩比能，从而提高 TBM 破岩效率。

5. 万安溪引水工程 TBM 水力耦合破岩技术应用

通过对高压水力耦合破岩 TBM"龙岩号"在万安溪引水工程现场开展的现场掘进试验研究，分析了高压水刀压力和刀盘转速对破岩效率的影响规律，探讨了 TBM 水力耦合破岩技术的现场应用效果。结果表明，随着高压水压力增大、刀盘转速降低，切缝深度增加，岩体可掘进性降低，TBM 净掘进速度随之提升，初步验证了滚刀与水刀联合破岩的可行性。

8.2 展望

　　本书主要通过模型试验、数值仿真、理论分析等手段，对深部硬岩地层水刀辅助 TBM 破岩宏细观机理及技术应用进行了较为系统的分析和总结。由于研究方法以及作者团队自身知识水平的局限性，依然存在一些问题需要进一步验证和完善。

　　①当下水刀系统已能搭载在 TBM 上进行辅助破岩施工，但在高刀盘转速下，水刀于高强掌子面岩体上的预切割效果有限。因此，在实际工程中如何在刀盘高转速条件下确保水刀预切缝深度亟待开展研究，如调整射流入射角，增加切割次数，改良射流液体特性，以及采用空化射流、脉冲射流等强化射流以提高切割效果。

　　②在硬岩地层 TBM 掘进过程中，刀盘刀具振动是影响设备稳定安全运行的关键因素之一。当采用水刀辅助 TBM 破岩技术时，在掌子面上产生的预切缝将导致滚刀贯压楔裂过程中受力更为复杂，可能进一步加剧对单个刀具乃至整个刀盘的冲击，进而诱发剧烈的振动。因此，如何在确保辅助破岩效率的基础上合理优化刀盘布局，并确保刀盘整体及局部刚度，是亟待研究的问题之一。

　　③深部地层岩体条件及赋存应力环境往往更为复杂，对水刀辅助 TBM 破岩机理及技术的适用性均存在极大影响。本书目前仅探讨了中高围压、完整岩体条件下水刀辅助破岩机理及影响规律，超高围压、非完整岩体等更为复杂条件下水刀辅助破岩技术的适用性及其破岩机理有待进一步探讨。此外，在不同条件下该新兴破岩技术的水耗能耗问题也值得进一步分析。